"十二五"职业教育国家规划教材
经全国职业教育教材审定委员会审定　高职高专教材

中国石油和化学工业优秀出版物奖（教材类）一等奖

HUAGONG
FANYING
YUANLI
YU
SHEBEI

化工反应原理与设备

第二版

◎ 杨西萍　李　倩　主编

U0390891

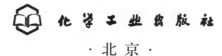
化学工业出版社
·北京·

本书是根据石油化工示范性专业建设中的课程建设要求编写的，旨在体现基于工作过程的课程体系，以加强工学结合，提高学生反应器的操作技能。在各反应器模块中强化了反应器的实际操作和仿真操作的内容。

　　全书共分为七个模块。介绍了化学反应器的基础知识，釜式反应器、管式反应器、固定床反应器、流化床反应器、气液相反应器的特点、结构、工业应用、设计选型以及日常运行和操作，对其他反应器也做了简要介绍。各模块后均附有知识点归纳和自测练习。

　　本书可作为高等职业院校石油化工类及其辐射专业（应用化工生产技术、无机化工生产技术、精细化工生产技术、煤化工生产技术等专业）的教材使用。也可为生产一线的技术工人及化工反应总控工提供参考。

图书在版编目（CIP）数据

化工反应原理与设备/杨西萍，李倩主编 . —2 版 . —北京：
化学工业出版社，2015.8（2016.10 重印）
　　"十二五"职业教育国家规划教材 . 中国石油和化学
工业优秀出版物奖（教材奖）一等奖
　　ISBN 978-7-122-24417-8

　　Ⅰ.①化… Ⅱ.①杨…②李… Ⅲ.①化学反应工程-高等
职业教育-教材 ②化学反应工程-化工设备-高等职业教育-教材
Ⅳ.①TQ03②TQ052

　　中国版本图书馆 CIP 数据核字（2015）第 138938 号

责任编辑：窦　臻	文字编辑：丁建华
责任校对：边　涛	装帧设计：刘剑宁

出版发行：化学工业出版社（北京市东城区青年湖南街 13 号　邮政编码 100011）
印　　　刷：北京永鑫印刷有限责任公司
装　　　订：三河市宇新装订厂
787mm×1092mm　1/16　印张 16½　字数 402 千字　　2016 年 10 月北京第 2 版第 2 次印刷

购书咨询：010-64518888（传真：010-64519686）　　售后服务：010-64518899
网　　址：http://www.cip.com.cn
凡购买本书，如有缺损质量问题，本社销售中心负责调换。

定　　价：33.00 元

第二版前言

《化工反应原理与设备》（第一版）是国家示范性高职院校建设规划教材。是根据化工、石油化工生产所需的高技能人才培养方案教学计划的要求而编写。书中主要介绍了化工生产过程中常用的各类反应器特点、结构、工业应用、设计选型以及反应器的日常运行和操作。该教材自2009年7月出版后，经过各中高职院校的使用后，获得好评，荣获第十届中国石油和化学工业优秀出版物奖（教材奖）一等奖。本教材第二版被教育部评定为"十二五"职业教育国家规划教材。

一本教材最大的读者是学生，教材的编写，要从学生的角度出发，用心体验学生对问题的理解能力，以学生为本。因此，根据该教材出版后的使用过程中出现的问题及各院校提出的要求，同时为了更好地体现职业教育特色，符合工学结合人才培养要求，同时突出产教结合的开发要求，我们在第一版的基础上，对该教材进行修订。修订的主要内容如下。

1. 新增加了石油化工生产过程中最新的反应器作为教学案例。通过对实际生产案例的阐述，使学生更好地掌握主要反应器的基本理论和简单工艺计算方法，以及设备操作与维护的基本技能，并学会分析和排除主要生产故障，使学生能够初步地了解工作过程的特点，为今后从事操作工作打下较为扎实的基础。

2. 进行部分整合，基本概念力求清晰，突出课程的重点和难点，增加部分习题及例题，便于学生学习。如：原教材模块一基础知识中，介绍了化工反应过程中所用到的所有的动力学基本知识，在教学中发现，由于内容太多，又比较抽象，学生理解起来非常难，导致学生丧失了学习兴趣。因此，在这次修订中，模块一中只介绍基本的动力学方程，使学生对动力学有简单的概念，其他的动力学内容放在与之对应的反应器模块中介绍。这样循序渐进，既可以提高学生的兴趣，又不至于使学生知难而退。

3. 本书的最后增加了附录，在附录中给出了本教材中用到的基本的高等数学公式，以便学生在学习时查阅。这主要是为了尽量消除学生在学习过程中由于数学能力的问题，导致对该课程的理解及计算中遇到的困难。

此次修订，主要由兰州石化职业技术学院的杨西萍和李倩完成，其中模块一、模块二、模块六和模块七由杨西萍修订；模块三、模块四、模块五由李倩修订；各反应器模块中的项目四技能训练由兰州石化乙烯厂谈存伟高工进行修订把关。在此次修订过程中，兰州石化职业技术学院的何小荣、魏刚、展宗瑞等老师也提供了大量的帮助。同时在修订过程中还得到了化学工业出版社、东方仿真公司及编者所在地石化企业的大力支持。在此一并表示衷心的感谢。

由于编者的水平有限，教材中难免会出现很多问题。恳请广大师生和读者批评指正，并深表感谢。

编　者
2015 年 5 月

第一版前言

随着我国高等职业教育的迅速发展，教育部、财政部制定了《关于实施国家示范性高等职业院校建设计划，加快高等职业教育改革与发展的意见》，同时确定了"国家示范性高等职业院校建设"方案。兰州石油化工职业技术学院石油化工专业入选了全国第一批高职高专示范性专业建设。根据高职高专示范性专业建设的要求，由专业教师和企业技术专家共同研究提出了石油化工生产技术专业高技能人才培养方案，按照石油化工生产流程，重构了课程体系，制订出了基于石油化工生产过程为主导的高技能人才培养专业教学计划。根据专业教学计划，在新的课程体系建设中，提出了按照石油化工流程设置能力课程体系框架的设想，并按照化工职业标准能力的构成，进行了专业课程体系设置。化工反应原理与设备这门课程就是在此基础上将原化学反应工程、化工设备基础等课程的核心知识点进行重组整合，构建成更加符合化工反应工艺操作技能和相关设备维护技能训练要求的一门实用型课程。

根据石油化工生产高技能人才培养专业教学计划的要求，在本书中，我们把化工生产过程中所用到的反应器的内容进行整合。首先介绍反应器计算过程中的理论知识，以"简单、够用"为原则，对基本概念的阐述较为详细，简化繁杂的数学运算；然后以反应器的结构为主线，分别介绍各类反应器的基本结构、特点、工业应用、简单工艺计算及设备维护等内容。为了突出实践技能的培养，在各反应器模块的介绍中，增加了反应器的日常运行操作特点、反应器的仿真实训和反应器的实际操作等内容。进一步体现了工学结合的教学特点。同时，在每个模块前设有学习目标要求，模块后设有本模块知识点归纳和自测练习，以使学生能够更好地理解各模块的知识点，掌握各模块的基本内容。由于各院校的专业不同，教学目标和教学课时不同、毕业生的去向不同等，各院校可根据自己的实际情况对教材的内容进行取舍。为方便教学，本书配有电子课件，使用本教材的学校可以与化学工业出版社联系（cipedu@163.com），免费索取。

本书由兰州石油化工职业技术学院的杨西萍主编，辽宁石油化工职业技术学院的周波主审。其中模块一、模块二、模块六由杨西萍编写；模块三和模块七由天津渤海职业技术学院的孙玉春编写；模块四由辽宁石油化工职业技术学院的雷振友编写；模块五由南京化工职业技术学院的刘健编写。兰州石油化工职业技术学院的何小荣、魏刚、袁科道等对本书的编写提供了大量的帮助。同时在编写过程中还得到了化学工业出版社、东方仿真公司及各编者所在学院的大力支持。在此一并表示衷心的感谢。

由于编者的水平有限，教材中难免会出现一些问题。希望使用本书的院校及广大读者给予批评指正。

编　者
2009 年 4 月

目　录

绪　　论

化学工业产品种类繁杂，生产工艺千差万别。但化工产品的生产工艺过程一般可以概括为以下三部分：原料的预处理、化学反应过程以及反应产物的分离与提纯过程。其中原料的预处理和反应产物的分离与提纯过程主要是物理过程，属于分离过程所研究的问题。而化学反应过程是整个化工产品生产的核心部分，实现化学反应过程的设备是反应器。而化工反应原理与设备这门课的主要目的就是研究如何选择一个合适的工业反应器来高效完成产品生产的化学反应过程。简单地说就是选择一个适宜的反应器结构型式、操作方式和工艺条件，使得在该反应器内进行化学反应过程时能够得到最大的经济效益。

在工业反应器中完成产品的生产过程包括两方面：化学反应和反应器。化学反应是反应过程的主体，反应本身的特性即反应动力学方程是代表反应过程的本质因素，而反应器是实现这种反应的客观环境。在工业反应器内进行的化学反应过程既有物理过程又有化学过程。物理过程和化学过程相互渗透、相互影响，导致化学反应特性和反应结果不同，使反应过程复杂化。反应器中对反应结果产生影响的主要物理过程是流体流动过程和传质传热过程。物理过程虽然不能改变化学反应的动力学规律，但是它可以改变反应器内操作条件如温度和浓度的变化规律，最终导致反应效果发生变化，影响反应结果。因此，不仅要研究化学反应的原理、动力学方程式，还要研究如何在工业上实现这些反应过程。即反应的工程问题。

化工反应原理与设备主要包括以下几方面的内容。

化学反应动力学特性　化学反应动力学是指反应过程中，操作条件如反应的温度、反应物的浓度、反应压力、催化剂等对反应速率的影响规律。这些规律一般是在实验室内，通过对小型反应器内的化学反应进行研究得到的，它不包括传递过程的影响。通常得到的是用简单的物理量所描述的影响反应速率的动力学方程式。它是对反应器进行设计、计算和分析的基础。

物理过程对反应的影响　工业反应器内的物理过程主要是指流体流动、传质和传热过程。这些过程会影响到反应器内的浓度和温度在时间和空间上的分布，使得反应的结果最终发生变化。因此，只有对这些物理过程进行分析，找出它们对反应过程的影响规律，定量描述，才能准确分析反应过程，对反应器进行设计和放大。

反应器的设计和优化　将反应动力学特性和反应过程中的传递特性结合起来，建立数学模型，利用计算机对化学反应过程进行分析、设计，并对反应进行最优生产条件的选择以及控制。

反应器的操作　反应器的计算包括设计计算和校核计算。而反应器的校核计算在化工生产装置中是必不可少的。校核计算和生产过程中反应器的操作有很大的关系。因此如何进行各类不同反应器的操作也是化工反应原理与设备的重要内容。

而上述这些内容的研究，并不是独立的，它需要和其他学科紧密联系。化工反应原理与设备和其他学科如物理化学、化学工艺、化学热力学、传递工程等课程存在着一定的关系。

在化学热力学中，主要分析反应的可能性、反应条件和可能达到的反应程度等，如计算反应的平衡常数和平衡转化率。而在化工反应原理与设备中，则需要对这些在热力学上具有一定的反应能动性的化学反应通过反应动力学研究，选择适宜的操作条件及反应器结构型式、确定反应器尺寸等来完成该反应，使其达到较好的反应效果。例如合成氨反应，该反应在热力学上有很大的能动性，化学平衡常数较大，但反应速率却很慢，如何实现工业化呢？通过动力学的研究，在体系中加入了催化剂后，反应速率得到大幅提高。并且在工业上选择了自热式固定床反应器，确定了合适的工艺条件，使其达到很好的反应效果。在传递工程中主要是讨论反应过程中的动量传递、热量传递和质量传递过程的基本规律。这些规律在化工反应原理与设备中直接影响到工业反应器内的流体流动与混合、温度与浓度的分布，使得反应效果发生改变。因此，化工反应原理与设备的研究和其他学科的研究是密不可分的。需要吸取其他学科的知识来不断地充实和完善自己，同时也为其他学科服务。它们是相互依存、相互促进的。

化工反应原理与设备是研究如何在工业规模上实现有经济价值的化学反应的一门应用技术学科。是通过对反应过程本身及所用设备的研究开发来达到有效地大规模生产化工产品的目的。既以化学反应作为对象，掌握这些化学反应的特性；同时又以工程问题为对象，熟悉装置的特性，并把这两者结合起来形成学科体系。它的基本研究方法是数学模型法。数学模型法的核心就是数学模型的建立。它是通过对客观实体人为地作出某些假设，设想一个简化的物理模型，并用数学的方法对其进行描述，通过修正各物理参数，对该过程进行数学运算，并用模型方程解讨论反应特性规律。

数学模型法的基本过程是：首先进行实验室规模的实验，主要进行催化剂的开发和反应动力学的研究，着重研究核心反应规律；同时进行小试，仍在实验室进行，只是采用与工业规模相类似的金属装置作实验，主要研究物理过程对化学反应的影响；在此基础上，进行大型冷模实验，摸索传递过程规律，研究传递过程对化学反应过程的影响；然后即可进行中间试验，简称中试。中试时所用的设备不仅仅是规模上的扩大，而且和生产车间的工艺流程及反应器的型式十分接近。此时主要是对数学模型的检验与修正，寻找优化条件。在这些过程中，需要利用计算机或其他手段对各步试验结果进行综合分析，预测大型反应器性能。

化工反应原理与设备这门课的主要任务就是如何设计一个合适的工业反应器，使其能够高效完成化工产品生产的化学反应过程，并且分析该工业反应器的操作性能。而反应器设计一般包含三项内容：反应器选型、反应器结构设计和结构参数的确定、反应器工艺参数的确定以及反应器的优化操作。本教材在内容编排上，把各类反应器设计计算时所需要的基本理论知识进行整合，在模块一内讲解。然后分门别类，在不同的模块内分别介绍不同类型反应器的结构、计算、性能、选择和操作。

模块一 基 础 知 识

📝 **目标要求**

- 掌握反应过程中的基本概念和常用物理量的计算。
- 理解动力学基本概念、常见动力学方程的表示方法和工程应用。
- 能分析反应活化能和反应温度间的关系，具备控制反应温度的技能。
- 掌握反应器内理想流动和非理想流动的特征。

化工反应原理与设备主要包括两部分内容：反应过程及反应过程所使用的反应器。由于在化工生产过程中会发生各种类型反应，导致为完成反应所使用的反应设备也不同。因此化工反应原理与设备的主要任务就是如何选择合适的反应器使反应过程所能达到的效率为最大。为完成这个任务，首先就要了解化学反应过程效率最大的判断指标。这个指标主要是指反应速率，即通过反应的动力学来进行判定。因此，反应的动力学方程是化工生产过程中最大化生产的一个重要指标。

项目一 化学反应器的类型

化工生产过程中用来进行化学反应的设备称为反应器。不同的化学反应由于具有不同的反应性质，所需要的反应器的型式也不同。因此，化学反应的类型对反应器的选择有一定的影响。

一、化学反应的类型

由于化工生产过程中发生的化学反应种类繁多，为了研究化工反应系统原理及设备的共同规律，有必要将化学反应进行分类。分类方法很多，可根据不同的要求进行分类。常见的有以下几种。

（一）反应特性分类

在化工生产过程中反应的特性有很多方面，主要的是指反应机理、反应的可逆性、反应分子数、反应级数等。

按反应机理可把反应分为：简单反应（只发生一个化学反应）、复杂反应（不只发生一个反应，如平行反应、连串反应、自催化反应）。

按反应级数可把反应分为：零级反应、一级反应、二级反应、分数级反应等。不同级数的反应，反应浓度对反应速率的贡献不同。

按反应分子数可把反应分为：单分子反应、双分子反应、三分子反应等。

按反应的可逆性可把反应分为：可逆反应、不可逆反应。

按反应的热效应可把反应分为：吸热反应、放热反应。

（二） 反应系统中相的类别与数目

根据反应过程中所涉及的物料的相态可把反应分为均相反应和非均相反应。

均相反应：指反应过程中只存在一个相态。如气相反应、液相反应、固相反应。

非均相反应：反应过程中不只存在一个相态。如气-液相反应、液-固相反应、气-液-固三相反应、气-固相反应。

需要注意的是：在反应过程中，催化剂的相态若和反应物料的相态一致则为均相反应，若不一致则为非均相反应。

（三） 反应过程进行的条件

反应过程进行的条件包括操作温度、操作压力和操作方式等各个方面。某些典型的分类方法如下：

操作温度：等温反应、变温反应。

操作压力：常压反应、加压反应、减压反应。

操作方式：间歇式、连续式、半连续式。

换热方式：自热式、对外换热式、绝热式。

以上只是根据化学反应过程的某一方面的特征来分类的。事实上，工业反应过程是综合了几个方面的结果。

二、反应器的操作方式

工业反应器在生产过程中有三种操作方式：间歇操作、连续操作、半连续操作。

（一） 间歇操作

间歇操作是指在反应过程中将进行反应所需的原料一次性装入反应器内，然后在其中进行化学反应，经一定时间后，达到所要求的反应程度时卸出全部物料，其中主要是反应产物以及少量未被转化的原料。接着是清洗反应器，继而进行下一批原料的装入、反应和卸料。因此，间歇反应器又称为分批反应器。

间歇反应过程是一个非定态过程，反应器内物系的组成随时间而变，这是间歇过程的基本特征。间歇反应器在反应过程中既没有物料的输入，也没有物料的输出，即不存在物料的流动，整个反应过程都是在恒容下进行的。反应物系若为气体，则必充满整个反应器空间；若为液体，虽不充满整个反应器空间，但由于压力的变化而引起液体体积的改变通常可以忽略，因此按恒容处理也足够准确。

采用间歇操作的反应器几乎都是釜式反应器，其余类型则工业上极为罕见。间歇反应器主要适用于反应速率较慢的化学反应，对于产量小的化学品生产过程也很适用。尤其是那些批量少而产品的品种又多的企业尤为适宜。例如医药洗涤剂等精细化工产品生产往往就属于这类情况。

（二） 连续操作

连续操作是指在反应过程中连续地将进行反应所需的原料通入反应器，反应产物也连续地从反应器流出。采用连续操作的反应器叫做连续反应器或流动反应器。一般情况下，各种结构类型的反应器都可采用连续操作。对于工业生产中某些类型的反应器，连续操作是唯一可采用的操作方式。

连续操作的反应器多属于定常态操作过程，即反应器内任何部位的物系参数，如浓度及反应温度等均不随时间而改变，只随位置而变。大规模工业生产的反应器绝大部分都是采用连续操作，因为它具有产品质量稳定，劳动生产率高，便于实现机械化和自动化等优点。这些都是间歇操作无法与之相比的。然而连续操作系统一旦建立，想要改变产品品种是十分困难的，有时甚至要较大幅度地改变产品产量也不易办到，但间歇操作系统则较为灵活。

（三） 半连续（半间歇）操作

原料与产物只要其中的一种为连续输入或输出而其余则为分批加入或卸出的操作，均属半连续操作，相应的反应器称为半连续反应器或半间歇反应器。由此可见，半连续操作具有连续操作和间歇操作的某些特征：有连续流动的物料，这点与连续操作相似；也有分批加入或卸出的物料，因而生产是间歇的，这反映了间歇操作的特点。由于这些原因，半连续反应器的反应物系组成必然既随时间而改变，也随反应器内的位置而改变。管式、釜式、塔式以及固定床反应器都可采用半连续操作方式。

三、反应器的类型

化学反应器是用于化学反应的设备。是生产过程中关键性的设备。通常，化学反应需要适宜的反应操作条件，例如温度、压力（对气相反应）、原料组成等。操作条件不同，会导致反应效果不同。尤其是温度的变化更是对反应过程有不可控制的影响。由于任何化学反应过程均是伴随着热效应，欲维持合适的反应温度，必须采取有效的换热措施。为了提高反应速率，缩短反应时间，增加反应设备生产能力，常需要选择活性高的催化剂，同时提高扩散速率，改善流体流动状况等。因此，只有综合考虑化学反应动力学、流体流动、传热、传质等因素的影响，才能做得正确选择、合理设计、有效放大反应器和实现反应器的最佳控制。为了选择合适的反应器，下面介绍几种常用反应器的类型。

（一） 釜式反应器

又叫槽式反应器。该反应器高度和直径之比大约 1～2.5。反应器内装有搅拌器，热效应不大时是在反应器外装夹套进行换热。也可根据不同的情况在反应器内装换热装置或在反应器外进行强制换热。釜式反应器的操作条件比较缓和，操作方式即可采用连续式，也可采用间歇式。一般情况该类反应器适用于液相均相反应。也可用于多相反应如气液反应、液固反应等。例如：聚合反应、酯化反应、硝化反应等。

（二） 管式反应器

管式反应器的结构，一般管长与管径之比大于 100。通常管内不设任何内部构件。适用于热效应比较大的均相反应。也可用于高压反应。烃类裂解生产乙烯即是典型的应用管式反应器的反应。高压聚乙烯反应也属此类。

（三） 固定床反应器

固定床反应器是指反应器内装有固定不动的固体颗粒的反应器。反应时，流体通过这些颗粒所形成的床层进行反应，固体颗粒可参加反应也可不参加反应。根据反应过程中是否和外界进行热交换又可分为绝热式固定床和换热式固定床。根据换热方式的不同换热式固定床又分为自热式和外热式。该反应器适用于气固相催化和非催化反应。工业上许多反应都是应用该类反应器。例如：乙苯脱氢生产苯乙烯、乙烯氧化生产环氧乙烷等。

（四） 流化床反应器

流化床反应器是利用固体流态化技术进行气固相反应的装置。将大量的固体颗粒悬浮于运动的流体从而使颗粒具有类似流体的某些宏观表观特性。与固定床不同的是反应器内固体颗粒处于运动状态，根据运动方式不同，可分为循环流化床（即固体颗粒被流体带出，经分离后固体颗粒循环使用）和沸腾床反应器。沸腾床反应器是指固体在反应器内运动，流体与固体所构成的床层犹如沸腾的液体。流化床反应器主要用于固体的物理加工、颗粒输送、催化和非催化化学反应。例如丙烯氨氧化生产丙烯腈、丁烯氧化脱氢生产丁二烯、催化裂化反应装置等。

（五） 鼓泡塔反应器

鼓泡塔反应器是指气体以鼓泡形式通过催化剂液层进行反应，反应器内不设任何内部构件。反应器的高度一般是直径的数倍。这类反应器若设有增加两相接触的内部构件还有板式塔、填料塔。若液体呈雾滴状分散于气体中（即喷雾塔）也属于该类反应器。一般情况下，这类反应器主要适用于气液相反应器。

以上是几种典型的反应器。实际生产中所用的反应器还有很多，不可能一一列举。反应器的型式各种各样，不同型式的反应器具有不同的流体流动特征和传质传热的方式。因此反应器的类型不同，对动力学方程的影响也不同。这样，就导致即使同样的反应过程在不同的反应器中进行，反应效果也是不同的。

表 1-1　反应器的分类

分类方法	类型		本质
相态	均相——气相、液相		动力学特性
	非均相——气固、气液、液固等		
结构型式	管式		流体流动和传递特性
	釜式		
	塔式		
操作方式	连续操作		是否稳态
	间歇操作		
	半连续（半间歇）操作		
温度和传热方式	温度	等温	热量衡算
		非等温	
	传热方式	绝热式	
		自热式	
		换热式	

反应器的分类方法有很多种，不同的分类方法所针对的目标也不同。常见的反应器分类见表 1-1。同一个反应器在不同的分类中处于不同的类型。如乙苯脱氢生产苯乙烯的反应器：按相态分，它属于非均相气固相反应器，催化剂是固相的，反应物料是气相的；按反应器的结构型式分，它属于固定床反应器，反应器的高径比大约为 10：1；按操作方式分，它属于连续式反应器，反应过程属于稳态操作；按传热方式分，该反应器是两段式绝热反应器，反应过程中与外界没有热交换，反应过程所吸收的热量靠通入的稀释剂水蒸气来提供；按温度分，它属于变温反应器。

项目二　反应器设计的基本方程

反应器的工艺设计应包括两方面的内容。一是反应器的设计计算，即根据生产任务计算完成该任务所需要的反应器的结构尺寸；二是反应器的校核计算，即根据已知的反应器尺寸计算该反应器能否完成一定质量要求下的生产任务。设计计算主要包括选择合适的反应类型、确定最佳的工艺条件、计算所需反应器的体积；校核计算主要是用来对运行一定时间后的反应器进行标定。

反应器计算的基本方程包括：描述浓度变化的物料衡算式；描述温度变化的热量衡算式；描述压力变化的动量衡算式；描述反应速率变化的动力学方程式。

一、物料衡算式

（一）基本方程

物料衡算式是在所选的衡算范围内，根据质量守恒定律对系统内某一关键组分进行衡算。是计算反应器体积的基本方程。它给出反应物浓度或转化率随反应器位置或反应时间变化的函数关系。对任何型式的反应器，关键组分既可以是反应组分也可以是产物。而衡算范围的选择原则是把反应速率视为定值的最大空间范围。若不知其传递特性，则可认为在反应器的微元体积内参数是均一的，即在微元时间内取微元体积建立衡算式：

$$\begin{Bmatrix} 微元时间内 \\ 进入微元体积 \\ 关键组分量 \end{Bmatrix} - \begin{Bmatrix} 微元时间内 \\ 离开微元体积 \\ 关键组分量 \end{Bmatrix} + \begin{Bmatrix} 微元时间微元 \\ 体积内变化的 \\ 关键组分量 \end{Bmatrix} = \begin{Bmatrix} 微元时间微 \\ 元体积内 \\ 关键组分的累积量 \end{Bmatrix} \quad (1\text{-}1)$$

（二）注意事项

式(1-1)是物料衡算式的普遍式，对任何系统都适用，但不同情况下可作相应简化。对于间歇反应器，由于是分批加料、卸料，在反应过程中无加料卸料，因此微元时间内进入和离开微元体积的关键组分量为零；而对于连续操作反应器则微元时间内在微元体积内关键组分量的累计量为零。若关键组分是反应物，则微元时间微元体积内变化的关键组分量前应为"－"。若关键组分是生成物，则微元时间微元体积内变化的关键组分量前应为"＋"。只有对不稳定过程中的半连续半间歇操作的反应器才需要同时考虑上述四项。

二、热量衡算式

（一）基本方程

热量衡算式是在所选的衡算范围内，根据能量守恒与转换定律对系统内整个反应混合物进行衡算。它给出了温度随反应器位置或反应时间变化的函数关系，反映换热条件对过程的影响。计算时应注意在同一衡算式中各热量计算项取同一个基准温度。微元时间对微元体积所作的热量衡算如下：

$$\begin{Bmatrix} 微元时间内进入 \\ 微元体积的物料 \\ 带入的热量 \end{Bmatrix} - \begin{Bmatrix} 微元时间内离开 \\ 微元体积的物料 \\ 带出的热量 \end{Bmatrix} + \begin{Bmatrix} 微元时间微元 \\ 体积内反应过程 \\ 的热效应 \end{Bmatrix} + \begin{Bmatrix} 微元时间微元 \\ 体积内和外界 \\ 的热交换量 \end{Bmatrix} = \begin{Bmatrix} 微元时间微元 \\ 体积内热量的 \\ 累积量 \end{Bmatrix}$$

$$(1\text{-}2)$$

（二）注意事项

式(1-2)是热量衡算式的普遍式，对任何系统都适用，但不同情况下可作相应简化。对于间歇反应器，由于是分批加料、卸料，在反应过程中无加料卸料，因此微元时间内进入和离开微元体积的物料所带的热量为零；而对于连续操作反应器则微元时间内在微元体积内累积的热量为零。对于等温过程微元时间内进入和离开微元体积的物料所带的热量相等，此时热量衡算式的目的只是为了计算为维持等温操作所需要的热量及换热面积，并不是为了计算温度随反应器位置或反应时间变化的关系；对于绝热过程，微元时间微元体积内和外界的热交换量为零。计算时应注意对于放热反应，热效应为负值，则微元时间微元体积内和外界的热交换量项前为"－"；吸热反应，热效应为正值，微元时间微元体积内和外界的热交换量项前为"＋"。

（三） 动量衡算式

动量衡算式以动量守恒与转化定律为基础，计算反应器的压力变化。当气相流动反应器的进出口压差很大，以致影响到反应组分浓度时，就要考虑流体的动量衡算。一般情况下，反应器计算可以不考虑此项。

三、动力学方程式

动力学方程式是指反应速率与影响反应速率的影响因素之间的函数表达式。对于均相反应，需要有本征动力学方程；对于非均相反应，则需要得到包括相际传递过程在内的宏观动力学方程。

（一） 反应速率

任何化学反应都是以一定的速率进行。通常在反应系统中，以某一物质在单位时间、单位反应体系内的变化量来表示该反应的速率。

$$反应速率 = \frac{变化量}{反应时间 \times 反应体系} \tag{1-3}$$

反应速率中某一物质的变化量一般用物质的量（mol）来表示，也可用物质的质量或分压等表示。反应速率是针对反应体系中某一物质而言的，这种物质可以是反应物，也可以是生成物。如果是反应物，由于其量总是随反应进行而减少，为保持反应速率值总为正，在反应速率前赋予负号，即：

$$(-r_A) = -\frac{1}{V}\frac{dn_A}{dt}$$

如果是产物，其量则随反应进行而增加，反应速率取正号，如 r_R 表示产物 R 的生成速率。

$$r_R = \frac{1}{V}\frac{dn_R}{dt}$$

因此，在一般情况下，对于同一个反应若按不同物质计算的反应速率在数值上常常是不相等的。对于多组分单一反应系统，各个组分的反应速率受化学计量关系的约束，存在一定比例关系。因此，对于反应 $\alpha_A A + \alpha_B B \Longrightarrow \alpha_R R + \alpha_S S$ 则各组分的反应速率必然有如下关系：

$$\frac{(-r_A)}{\alpha_A} = \frac{(-r_B)}{\alpha_B} = \frac{r_R}{\alpha_R} = \frac{r_S}{\alpha_S}$$

式中　α_A，α_B，α_R，α_S——各组分的化学计量系数；

$\quad\quad (-r_A)$，$(-r_B)$——组分 A、B 的消耗速率；

$\quad\quad r_R$，r_S——组分 R、S 的生成速率。

而对于复杂反应系统，即反应体系中不只发生了一个化学反应。此时，反应体系中某一组分的反应速率就应该考虑它所参加的所有化学反应。因此它的反应速率等于它所参加的所有化学反应速率的代数和。即：$r_i = \sum r_{i,j}$。其中 $r_{i,j}$ 表示组分 i 在第 j 个反应中的速率。如

平行反应：$\begin{array}{c} A \xrightarrow{k_1} R \\ A \xrightarrow{k_2} S \end{array}$，此时反应物 A 的消失速率为：$(-r_A) = (-r_A)_1 + (-r_A)_2$。而对于

连串反应 $A \xrightarrow{k_1} R \xrightarrow{k_2} S$，产物 R 的生成速率为：$r_R = (r_R)_1 - (-r_R)_2$。

通常情况下，反应速率习惯用反应物的消失速率来表示。

另外：反应速率定义中的反应体系针对不同的体系可取不同的量。对于均相反应过程的反应体系通常取反应混合物总体积，则反应速率单位以 kmol/(m³·h) 表示。

$$(-r_A) = -\frac{1}{V}\frac{dn_A}{dt}$$

而气固催化反应过程的反应体系可以选择催化剂颗粒体积（V_{cat}）、催化剂质量（w_{cat}）、催化剂堆积体积（$V_{床层}$）。则反应速率（$-r_A$）单位为 kmol/(m³ 催化剂·h)、kmol/(kg 催化剂·h)、kmol/(m³ 床层·h)。

$$(-r_A) = -\frac{1}{V(V_{床层}, V_{cat}, w_{cat})}\frac{dn_A}{dt}$$

气液非均相反应过程通常可以选择液相体积（$V_{液相}$）、气液混合物体积（$V_{气液混合物}$）、单位气液相界面积（$S_{相界}$）作为反应体系的量，反应速率（$-r_A$）单位为 kmol/(m³·h)、kmol/(m³·h)、kmol/(m²·h)。

$$(-r_A) = -\frac{1}{V(V_{液相}, V_{气液混合物}, S_{相界})}\frac{dn_A}{dt}$$

因此，对于不同的反应系统，由于反应体系的选择不同，会导致反应速率数值上的不同。必须注意，反应区域应该是实际反应进行的场所，而不包括与其无关的区域。

（二）化学动力学方程

定量描述反应速率与影响反应速率因素之间关系的方程式称为化学动力学方程。影响反应速率的因素有反应温度、组成、压力、溶剂的性质、催化剂的性质等。然而对于绝大多数的反应，最主要的影响因素是反应物的浓度和反应温度。因而化学动力学方程一般都可以写为：

$$r = f(T, c)$$

式中，T 表示反应过程中的温度；c 为浓度向量，它表示影响反应速率的组分不只一个。对一个由几个组分组成的反应系统，其反应速率与各个组分的浓度都有关系。当然，各个反应组分的浓度并不都是相互独立的，它们受化学计量方程和物料衡算关系的约束。

1. 基本方程

对于基元反应（即反应物分子按化学反应式在碰撞中一步直接转化为生成物分子的反应），可以根据质量作用定律写出动力学方程。

对于基元反应：$\nu_A A + \nu_B B \Longrightarrow \nu_R R$ 则动力学方程式可写为：

$$r_A = k_c c_A^{\nu_A} c_B^{\nu_B} \tag{1-4}$$

式中 r_A——反应速率，kmol/(m³·h)；

c_A，c_B——反应物的浓度，kmol/m³；

ν_A，ν_B——反应物 A、B 的反应级数，总反应级数为 $n = \nu_A + \nu_B$；

k_c——以反应物浓度表示的反应速率常数，$(\text{kmol/m}^3)^{1-n} \cdot \text{h}^{-1}$。

对于气相反应而言，反应物的浓度通常情况下是用反应物的分压或摩尔分数来表示的。此时，动力学方程式可表示为：

$$r_A = k_p p_A^{\nu_A} p_B^{\nu_B} \qquad r_A = k_y y_A^{\nu_A} y_B^{\nu_B}$$

式中，k_p 为以反应物分压表示的反应速率常数；k_y 为以反应物摩尔分数表示的反应速率常数。若为理想气体，则它们之间的关系可以用气体状态方程进行换算，即：

$$k_c = (RT)^n k_p = (RT/p)^n k_y \tag{1-5}$$

一般情况下，大多数反应都是非基元反应。而非基元反应是不能直接根据质量作用定律写出动力学方程的。但非基元反应可以看成若干个基元反应的综合结果，因此可以把非基元反应分为几个基元反应，选取其中一个基元反应为控制步骤，一般为对反应起决定性作用的那一个基元反应即反应速率最慢的那一个基元反应，其余各步基元反应达到平衡。然后根据质量作用定律推导出动力学方程。

2．反应级数

反应的级数，是指动力学方程式中浓度项的指数，它是由实验确定的常数。对基元反应，反应级数 ν_A、ν_B 即等于化学反应式的计量系数值；而对非基元反应，都应通过实验来确定。一般情况下，反应级数在一定温度范围内保持不变，它的绝对值不会超过 3，但可以是分数，也可以是负数。反应级数的大小反映了该物料浓度对反应速率影响的程度。反应级数的绝对值愈高，则该物料浓度的变化对反应速率的影响愈显著。如果反应级数等于零，在动力学方程式中该物料的浓度项就不出现，说明该物料浓度的变化对反应速率没有影响。如果反应级数是正值，说明随着该物料浓度的增加反应速率增加，通常称为正常反应；如果反应级数是负值，说明该物料浓度的增加反而阻抑了反应，反而使反应速率下降，通常称为反常反应。总反应级数等于各组分反应级数之和，即 $n = \nu_A + \nu_B + \cdots$。

因此反应级数的高低并不能单独决定反应速率的快慢，只是反映了反应速率对物料浓度的敏感程度。级数愈高，物料浓度对反应速率的影响愈大。这可以为选取合适的反应器提供依据。

3．反应速率常数 k

反应速率常数也称反应的比速率，即动力学方程式中的 k_c 值。它等于所有反应组分的浓度为 1 时的反应速率值。它的单位与反应的级数有关，如一级反应，它的单位为 h^{-1}；二级反应，单位则为 $\text{m}^3/(\text{kmol} \cdot \text{h})$。

k 值大小直接决定了反应速率的高低和反应进行的难易程度。不同的反应有不同的反应速率常数，对于同一个反应，速率常数随温度、溶剂、催化剂的变化而变化。其中温度是影响反应速率常数的主要因素。温度对速率常数的影响可用阿伦尼乌斯（Arrhenius）方程描述

$$k = k_0 \exp\left(-\frac{E}{RT}\right) \tag{1-6}$$

式中　k_0——指前因子或频率因子，决定于反应物系的本质，与操作条件无关；

E——反应的活化能，J/mol；

R——气体常数，$R = 8.314 \text{J}/(\text{mol} \cdot \text{K})$。

活化能 E 的物理意义是指把反应物分子"激发"到可进行反应的"活化状态"所需要的能量。由此可见活化能的大小是表征化学反应进行难易程度的标志。活化能高，反应难以

进行；活化能低，则容易进行。但活化能 E 不仅决定反应的难易程度，它还决定了反应速率对温度的敏感程度。活化能愈大，温度对反应速率的影响就愈显著，即温度的改变会使反应速率发生较大的变化。例如在常温下，若反应活化能 E 为 42kJ/mol，则温度每升高 1℃，反应速率常数约增加 5%；如果活化能为 126kJ/mol，则将增加 15% 左右。当然，这种影响的程度还与反应的温度水平有关。对于同一反应，即当活化能 E 一定时，反应速率对温度的敏感程度随着温度的升高而降低。例如反应活化能为 150kJ/mol，当反应温度由 300K 上升 10K 时，反应速率增加了 7 倍；而当温度由 400K 上升了 10K 时，反应速率确只增加了 3 倍。即高温时温度对反应速率的影响不如低温时影响大。

由阿伦尼乌斯方程可知：若以 $\ln k$ 对 $1/T$ 作图可得一条直线，即：

$$\ln k = \ln k_0 - \frac{E}{RT} \tag{1-7}$$

直线的斜率为 $(-E/R)$。如果在实验条件下测得不同温度下的反应速率值，就可以根据式(1-7) 作图得到该反应活化能的值。

由此可见，影响反应速率的因素主要是温度和反应物的浓度。而温度的影响尤为重要。一般情况下，温度升高，则反应速率是增加的。但对于可逆反应而言，则需要具体问题具体分析。因为可逆反应的速率等于正逆反应速率之差，温度升高，正逆反应速率均升高，但正逆反应速率差值的变化却不一定升高。通过对可逆反应速率的计算，可以知道：对于可逆吸热反应，反应速率是随着温度的升高而增加的；而对于可逆放热反应则不然。可逆放热反应随着温度的增加，反应速率的变化规律是先增加然后再下降，存在一极大值。因此，对于可逆放热反应而言，若要提高反应速率，不一定要增加反应温度，因为可逆放热反应存在一最佳温度，反应应在最佳温度下进行，此时的反应速率最大。

四、反应器计算中常用的几个物理量

在反应器计算中通常要用到动力学方程式，其中动力学方程式中有一项为反应物的浓度，而在反应过程中浓度的变化经常用转化率来表示。同时反应过程的效率也可用收率表示。生产中还有一些关于时间的概念也需要进一步阐述。

（一）生产中的三率

对于下列化学反应　　$\alpha_A A + \alpha_B B \Longrightarrow \alpha_R R + \alpha_S S$

式中，α_i 为化学计量系数。对反应物而言为"－"，对生成物而言为"＋"。反应时，各组分的起始时物质的量分别为 n_{A0}、n_{B0}、n_{R0}、n_{S0}。反应进行到一定程度，反应终态物质的量分别为 n_A、n_B、n_R、n_S。

1．反应程度

从化学计量方程可知：任何一个反应在反应进行过程中，反应物的消耗量与产物的生成量之间存在一定的比例，即化学计量系数关系。

$$\frac{n_A - n_{A0}}{\alpha_A} = \frac{n_B - n_{B0}}{\alpha_B} = \frac{n_R - n_{R0}}{\alpha_R} = \frac{n_S - n_{S0}}{\alpha_S}$$

从上式可以看出：任何组分的反应量（或生成量）与其化学计量系数的比值均相同且为一定值。把该值叫做反应程度。表示为：

$$\xi = \frac{n_i - n_{i0}}{\alpha_i} \tag{1-8}$$

反应程度 ξ 可以用来描述反应进行的程度。反应程度是一累计量，其值永远为正且随反应时间而变化，是一广度性质的量。反应进行到一定时刻，各组分的物质的量与反应程度的关系为：

$$n_i = n_{i0} + \alpha_i \xi \tag{1-9}$$

2．转化率

生产中经常用转化率来表示反应进行的程度。所谓转化率是指某一反应物转化的百分率或分率：

$$x_A = \frac{某一反应物的转化量}{该反应物的起始量} = \frac{n_{A0} - n_A}{n_{A0}} \tag{1-10}$$

转化率是针对反应物而言的。如果反应物不只一种，根据不同反应物计算所得的转化率数值就有可能不同，但它们反映的都是同一客观事实。因此用哪一个反应物计算才能得到更多的有用的信息就是一个问题。一般情况下选择关键组分即反应物中价值最高且不过量的反应物来计算转化率。反应进行到一定时刻，各组分的物质的量与转化率的关系为：

$$n_i = n_{i0} + \frac{\alpha_i}{(-\alpha_A)} n_{A0} x_A \tag{1-11}$$

一些反应系统由于化学平衡的限制或其他原因，反应过程中的转化率很低。为了提高原料的利用率从而降低成本，通常将反应器出口处的产物分离出来，余下的反应原料再返回反应器的入口，和新鲜的反应原料一起加入到反应器中再反应，组成一个循环反应系统。这样该系统的转化率定义就有两种含义。一种叫单程转化率，指原料通过反应器一次达到的转化率，即是以反应器入口物料为基准的转化率；另一种叫全程转化率，指新鲜物料进入反应系统到离开反应系统所达到的转化率，即以新鲜进料为基准的转化率。显然，全程转化率必定大于单程转化率，因为物料的循环提高了反应物的转化率。

转化率和反应程度都是表示化学反应进行的程度，因此，二者之间有一定的关联。

$$x_A = \frac{-\alpha_A}{n_{A0}} \xi \tag{1-12}$$

【例 1-1】 合成氨的方程式如下：$N_2 + 3H_2 \Longrightarrow 2NH_3$ 假设反应开始时，N_2、H_2 和 NH_3 的物质的量分别为：2mol、3mol、1mol，求反应进行到一定程度时，各组分的物质的量。

解：反应进行程度用 ξ 来表示：

$$n_{N_2} = 2 - \xi \qquad n_{H_2} = 3 - 3\xi \qquad n_{NH_3} = 1 + 2\xi$$

反应进行程度用 N_2 的转化率来表示：

$$n_{N_2} = 2 - 2x_A \qquad n_{H_2} = 3 - 6x_A \qquad n_{NH_3} = 1 + 4x_A$$

由此可见：反应程度 ξ 只与初始量有关，与物质的种类没有关系，而转化率则不仅和物质的初始状态有关，还和物质的种类有关。

3．膨胀因子和膨胀率

对于化学反应方程式，若反应前后的化学计量系数相等，则称为恒容反应。即 $\sum \alpha_i = 0$。若反应前后的化学计量系数不相等，则称为变容反应。不论恒容反应还是变容反应，反应前后物质的量的变化关系是一样的。但浓度的变化则不同。

对于恒容反应而言，由于反应前后体积不变，即 $V = V_0$，所以存在

$$c_A = c_{A0}(1 - x_A)$$

而对于变容反应，定义一个新物理量——组分 A 的膨胀因子 δ_A：

$$\delta_A = \frac{\sum \alpha_i}{(-\alpha_A)} \tag{1-13}$$

它的物理意义是指关键组分 A 消耗了 1mol 时，引起整个体系物质的量的变化。当 $\delta_A > 0$ 时，是体积增大的反应；当 $\delta_A < 0$ 时，是体积减小的反应；均为变容反应。当 $\delta_A = 0$ 时，是体积不变的反应，即恒容反应。

此时反应前后的体积关系如下：

$$V = V_0(1 + y_{A0}\delta_A x_A)$$

反应过程中某一时刻的浓度与转化率则存在如下关系。

$$c_A = \frac{n_A}{V} = \frac{n_{A0}(1 - x_A)}{V_0(1 + y_{A0}\delta_A x_A)} \tag{1-14}$$

式中　V_0——初始状态下反应体系的总体积；

n_{A0}——反应物 A 的初始浓度；

V——末了状态下反应体系的总体积；

c_A——反应物 A 的末了浓度；

y_{A0}——反应物 A 的初始状态下的摩尔分数。

同时还可以用另一个参数表示反应的变容程度即膨胀率。若物系体积随转化率变化呈线性关系，则：$V = V_0(1 + \varepsilon_A x_A)$，其中 ε_A 叫膨胀率，其物理意义为反应物 A 全部转化后反应系统体积的变化率。

$$\varepsilon_A = \frac{V_{x_A = 1} - V_{x_A = 0}}{V_{x_A = 0}} \tag{1-15}$$

膨胀率和膨胀因子的关系为：$\varepsilon_A = y_{A0}\delta_A$ 即膨胀因子只和化学反应方程式有关，而膨胀率不仅和反应方程式有关，还和体系中 A 的进料量有关。

浓度的变化关系为：

$$c_A = \frac{n_A}{V} = \frac{n_{A0}(1 - x_A)}{V_0(1 + \varepsilon_A x_A)} \tag{1-16}$$

【例 1-2】　乙烷裂解生成乙烯的反应如下：$C_2H_6 \Longrightarrow C_2H_4 + H_2$，反应开始时通入 C_2H_6 的量为 5mol，稀释水蒸气为 3mol，求反应过程中的膨胀因子和膨胀率。

解：膨胀因子：

$$\delta_A = \frac{\sum \alpha_i}{(-\alpha_A)} = \frac{1 + 1 - 1}{1} = 1$$

反应过程中物质的量的变化：

	C_2H_6	C_2H_4	H_2	H_2O	$\sum$
当 $x_A = 0$ 时	5	0	0	3	8
当 $x_A = 1$ 时	0	5	5	3	13

膨胀率：

$$\varepsilon_A = \frac{V_{x_A = 1} - V_{x_A = 0}}{V_{x_A = 0}} = \frac{13 - 8}{8} = \frac{5}{8}$$

由此可见：膨胀因子的大小与反应过程中物质的量的变化没有关系，是由反应本身的特性决定的，而膨胀率则和反应的初始状态有关。

4．收率和产率

在化工生产过程中，一般都是复合反应体系。单一体系中只用转化率就可以衡量反应的效果，但复合反应体系如果只用转化率去衡量反应的效果，那是非常不准确的。因此引入生产中常用的指标收率和产率。

所谓收率是指通入反应器的原料量中有多少生成了目的产品。

$$Y = \frac{在系统中生成目的产物消耗的关键组分的物质的量}{加入系统中的关键组分的物质的量} \qquad (1\text{-}17)$$

所谓产率是指参加反应的原料量中有多少生成了目的产品，也叫选择性。

$$S = \frac{在系统中生成目的产物消耗的关键组分的物质的量}{参加反应的关键组分的物质的量} \qquad (1\text{-}18)$$

三率的关系为：
$$Y = x_A S$$

【例 1-3】 每 100kg 乙烷裂解产生 46.4kg 乙烯，乙烷的单程转化率为 60%，裂解气分离后，所得到的产物气体中含有 4kg 乙烷，其余未反应的乙烷返回裂解装置。求乙烯的选择性、收率及乙烷的全程转化率。

解：反应过程如下：

```
                  ┌──────────→ 循环装置 ──────────┐
                  │                               │
新鲜乙烷 ──────→ 裂解装置 ──────→ 分离装置 ────────→ 产物
         A        M                N
```

对 M 点衡算，设 M 点进入裂解装置的乙烷为 100kg。由于乙烷的单程转化率为 60%，根据转化率的定义参加反应的乙烷为：$H = 100 \times 0.6 = 60$（kg）

乙烷的循环量为：$Q = 100 - H - 4 = 100 - 60 - 4 = 36$（kg）

补充的新鲜乙烷为：$F = 100 - Q = 100 - 36 = 64$（kg）

乙烯的选择性：

$$S = \frac{生成目的产物消耗的关键组分的物质的量}{参加反应的关键组分的物质的量} = \frac{46.4/28}{60/30} = 0.83 = 83\%$$

乙烯的收率：

$$Y = \frac{生成目的产物消耗的关键组分的物质的量}{加入系统中的关键组分的物质的量} = \frac{46.4/28}{64/30} = 0.78 = 78\%$$

乙烷的全程转化率：

$$x_A = \frac{某一反应物的转化量}{通入反应器的反应物新鲜量} = \frac{60}{64} = 0.94 = 94\%$$

（二）生产中常用的几个概念

在设计和分析反应器时，经常涉及反应持续时间、停留时间、空间时间和空间速度等概念，在这里有必要阐述一下。

1. 反应持续时间

反应持续时间也叫反应时间，主要用于间歇反应器。指反应物料进行反应达到所要求的转化率所需要的时间。其中不包括装料、卸料、升温等非生产时间。

2. 停留时间

停留时间又称接触时间，主要用于连续流动反应器，指流体微元从进入反应器到离开反应器所经历的时间。在反应器中，由于流动状况和化学反应的不同，同时进入反应器的流体微元并不能同时离开反应器，导致流体微元在反应器内的停留时间各不相同，存在一个分布，称停留时间分布。各流体微元从反应器入口到出口所经历的平均时间称为平均停留时间。即：

$$\bar{t} = \int_0^{V_R} \frac{dV_R}{V} \tag{1-19}$$

式中　V_R——反应器的有效体积；

　　　V——反应过程中流体特征体积流率。

3. 空间时间

所谓空间时间（简称空时）是指反应器的有效体积 V_R 与流体特征体积流率 V_0（即在反应器入口条件下及转化率为零时的体积流率）的比值。

$$\tau = \frac{V_R}{V_0} \tag{1-20}$$

空间时间是一个人为规定的参数，可以作为过程的自变量，用空间时间可以方便地表示连续流动反应器的基本设计方程。空间时间表示处理在进口条件下一个反应器流体体积的流体所需要的时间。空时越小，表示该反应器所能处理的物料量越大，空时大则相反。如 $\tau = 1\text{min}$ 表示每 1min 可处理与反应器有效容积相等的物料量，反映了连续流动反应器的生产强度。在生产过程中，有些时候用空间时间来代替停留时间，但空间时间和停留时间绝不是同一个概念，只有在恒容均相反应过程中，它们的值才是相等的。

4. 空间速度

空间速度（简称空速）指单位有效反应器容积所能处理的反应混合物料的标准体积流率。

$$s_v = \frac{\overline{V}_{0N}}{V_R} \tag{1-21}$$

式中，$\overline{V}_{0N}$ 表示反应器入口物料在标准状况下的体积流率。对液体通常是指 25℃下测量的体积流率；对气体是指在 0℃，0.1013MPa 下测量的体积流率。空速越大，反应器的生产能力越大。对气固相催化反应，空速的定义是指单位催化剂体积（或催化剂质量）所能处理的反应混合物料的标准体积流率，因此有质量空速和体积空速之分。质量空速是基于单位催化剂质量计算的，而体积空速是在单位催化剂的堆体积的基础上计算的。在实际应用中，许多时候会认为空时和空速是互为倒数的，这是不对的。在计算时，这两个概念中所用到的体积流率是在不同状态下的，在空速中是指反应器入口物料在标准状况下的体积流率，而在空时中是指反应器入口操作条件下的体积流率。

$$\tau = \frac{1}{s_v} \times \frac{p}{p_0} \times \frac{T_0}{T}$$

式中　p_0，T_0——标准状况的压力和温度；

　　　p，T——反应器入口的操作状态下的压力和温度。

项目三　流　体　流　动

在工业反应器中，物料的流体流动是复杂的，而反应器的计算是和流体的流动特征有密切关系的。所谓流体的流动特征主要是指反应器内流体的流动状态和混合情况，它们随反应器的几何结构（包括内部构件）和几何尺寸不同发生变化。正是由于反应流体在反应器内流动的复杂性导致反应器内不仅存在流体流速的分布，更重要的是还存在浓度和温度的分布。

使得反应器内存在不同停留时间的流体粒子以及不同停留时间流体粒子之间的混合（即返混），从而导致反应器内反应物料在不同的温度和浓度下进行反应。影响反应速率和反应选择性，使反应结果发生变化。因此，为合理地进行反应器的设计计算，反应器内的流体流动的研究是必不可少的。

一、流体流动的描述

化学反应进行的完全程度与反应物料在反应器内的停留时间的长短有关，因此研究反应物料在反应器内的停留时间问题具有十分重要的意义。停留时间通常是指流体从进入反应系统开始到离开反应系统为止，在反应系统内停留的时间。一般情况下，由于流体流动的复杂性，同时进入反应系统的流体不一定能够同时离开反应器，存在一个停留时间分布。流体在反应系统内的停留时间分布是一个随机过程，因此可以按照概率论进行描述。

（一）停留时间分布

在一个稳定的连续流动系统中，在某一瞬间同时进入系统一定量流体，其中各流体粒子将经历不同的停留时间后依次从反应系统中流出。这时可以用两种概率分布规律即停留时间分布函数 $F(t)$ 和停留时间分布密度函数 $E(t)$ 来定量描述物料在流动系统中的停留时间分布。

1. 停留时间分布密度函数

停留时间分布密度函数是指同时进入反应器的 N 个流体粒子中，停留时间介于 $t \sim t + dt$ 的流体粒子所占的分率 dN/N 为 $E(t)dt$。$E(t)$ 的单位为 ［时间］$^{-1}$。根据定义则停留时间分布密度函数具有归一性

$$\int_0^\infty E(t)dt = 1 \tag{1-22}$$

即：

$$\sum \Delta N/N = 1 \tag{1-23}$$

2. 停留时间分布函数

停留时间分布函数是指流过反应器的流体粒子中停留时间小于 t（或停留时间介于 $0 \sim t$ 之间）的流体粒子所占的分率。

$$F(t) = \frac{N_t}{N_\infty} \tag{1-24}$$

式中，N_t 表示停留时间小于 t 的流体粒子量；N_∞ 表示流出的流体粒子总量，即流出的停留时间在 $0 \sim \infty$ 之间的流体粒子的量。根据定义，可知：

$$F(t) = \int_0^t E(t)dt \tag{1-25}$$

从图 1-1 不难看出，$F(t)$ 曲线是一条单调递增的函数。当 $t \leqslant 0$ 时，$F(t) = 0$；当 $0 < t < \infty$ 时，$0 < F(t) < 1$；当 $t = \infty$ 时，$F(t) = 1$。总之 $F(t)$ 永远为正值。既然 $F(t)$ 为停留时间小于 t 的流体粒子所占的分率，那么 $1 - F(t)$ 则为停留时间大于 t 的流体粒子所占的分率。同时 $F(t)$ 和 $E(t)$ 的关系还可用下式表示：

$$E(t) = \frac{dF(t)}{dt} \tag{1-26}$$

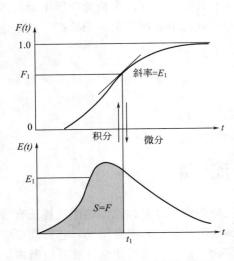

图 1-1　$E(t)$ 和 $F(t)$ 示意及其关系

由此可知，$E(t)$ 是一个点函数，而 $F(t)$ 是一个累积函数。$F(t)$ 曲线上任一点的斜率即为对应点的 $E(t)$ 值。在 $E(t)$ 曲线上，$0 \sim t$ 之间曲线下的面积即为该点对应的 $F(t)$ 值，即对 $E(t)$ 曲线进行积分即可得到对应 $F(t)$ 曲线。因此，两种停留时间分布，只要知道其中一种就可以求出另外一种。

（二）停留时间分布的特征值

为了比较不同的停留时间分布规律，可以采用随机函数的特征值来描述。常用的随机函数特征值有两个，即数学期望和方差。

1．数学期望

数学期望表示随机变量的分布中心，对停留时间分布而言即为平均停留时间，在概率计算中数学期望是指 $E(t)$ 曲线对原点的一次矩。量纲为 [时间]。

$$\bar{t} = \int_0^{1.0} t \, \mathrm{d}F(t) = \int_0^{\infty} t E(t) \mathrm{d}t \tag{1-27}$$

2．方差

方差表示随机变量与其均值的偏差程度，对停留时间分布而言，在概率计算中方差是指 $E(t)$ 曲线对平均停留时间的二次矩。量纲为 [时间]^2。

$$\sigma_t^2 = \int_0^1 (t - \bar{t})^2 \, \mathrm{d}F(t) = \int_0^{\infty} t^2 E(t) \mathrm{d}t - \bar{t}^2 \tag{1-28}$$

方差越大，则说明对均值的离散程度越大，即分布越宽；对停留时间分布而言是指停留时间长短不一参差不齐的程度越大。方差为零时，说明流体粒子的停留时间都相等而且等于平均停留时间。

（三）用对比时间表示停留时间分布规律

为了消除由于时间单位不同所导致的平均停留时间和方差之值发生变化而带来的不便，可用无量纲对比时间来表示停留时间分布的特征。

无量纲对比时间：
$$\theta = \frac{t}{\bar{t}} \tag{1-29}$$

这样，以对比时间为自变量的停留时间分布规律为：

停留时间分布函数：
$$F(\theta) = \frac{N_\theta}{N_\infty} \tag{1-30}$$

停留时间分布密度函数：
$$E(\theta) = \frac{\mathrm{d}F(\theta)}{\mathrm{d}\theta} \tag{1-31}$$

平均停留时间：
$$\bar{\theta} = \int_0^{1.0} \theta \, \mathrm{d}F(\theta) = \int_0^{\infty} \theta E(\theta) \mathrm{d}\theta \tag{1-32}$$

方差：
$$\sigma_\theta^2 = \int_0^{1.0} (\theta - \bar{\theta})^2 \, \mathrm{d}F(\theta) = \int_0^{\infty} (\theta - \bar{\theta})^2 E(\theta) \mathrm{d}\theta \tag{1-33}$$

两种不同自变量所表示的停留时间分布规律之间的关系如下。

停留时间分布函数：$\qquad F(\theta) = F(t)$

停留时间分布密度函数：$\qquad E(\theta) = \bar{t} E(t)$

平均停留时间：$\qquad \bar{\theta} = \bar{t}/\bar{t} = 1$

方差：$\qquad \sigma_\theta^2 = \sigma_t^2 / \bar{t}^2$

（四）停留时间分布规律的测定

停留时间分布通常是用实验的方法确定。主要的方法是示踪响应法，即用一定的方法将示踪物加入反应器进口，然后在反应器出口物料中检测示踪物信号，从而得到反应器内物料的停留时间分布规律。根据示踪物加入的方法不同可分为脉冲法、阶跃法及周期输入法。经常使用的是脉冲法和阶跃法。

示踪响应法中示踪剂的选择很重要，对实验的结果有很大的影响。一般示踪剂的选择应满足以下几点要求：示踪剂与原物料是互溶的，但与原物料之间无化学反应发生；示踪剂的加入必须对主流体的流动形态无影响；示踪剂必须是能用简便而又精确的方法加以确定的物质；示踪剂尽量选用无毒、不燃、无腐蚀、价格便宜的物质。

1．脉冲法

脉冲法是在反应器中流体达到定态流动后，在极短的时间内将示踪物注入进料中，或者将示踪物在瞬间代替原来不含示踪物的进料，然后立刻又恢复原来的进料，即给进料一个示踪物脉冲信号，此时入口示踪物与时间的关系称为激励曲线。与此同时立刻检测分析出口流体中示踪物的变化规律，得到出口示踪物与时间的关系即响应曲线，用以确定流体粒子停留时间的分布。脉冲法测流体粒子停留时间的分布的激励曲线和响应曲线如下。

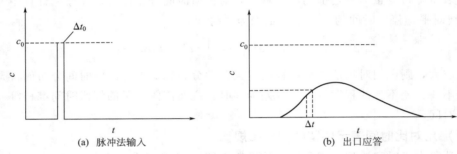

图 1-2　脉冲法测定停留时间分布

从图 1-2 中可以看出：脉冲法测得的停留时间分布代表了流体粒子在反应器中的停留时间分布密度函数即 $E(t)$。脉冲法的主要问题是如何使示踪剂的输入时间缩到最短，以保证脉冲信号的实现。

2．阶跃法

阶跃法是在反应器中流体达到定态流动后，自某一瞬间起将原来在反应器中流动的流体切换为含有示踪物的流体，使进料中示踪物的浓度有一个阶跃性的突变。同时立刻检测分析出口流体中示踪物的变化规律，用以确定流体粒子停留时间的分布。

从图 1-3 中可以看出：阶跃法测得的停留时间分布代表了流体粒子在反应器中的停留时间分布函数即 $F(t)$。阶跃法的主要问题是示踪剂的使用量比较大，而实际过程中应用最多的是 $E(t)$ 曲线，阶跃法需要对 $F(t)$ 曲线做微分计算来求得 $E(t)$。

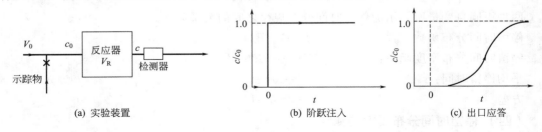

图 1-3　阶跃法测定停留时间分布

二、反应器内流体的理想流动模型

由于反应器的型式和结构的不同，导致反应器内的流体流动也有所不同，而流体流动对反应器的计算、选型和优化有很大的影响。因此，把反应器内的流体流动分为两类，一类是理想流动模型，另一类是非理想流动模型。无论什么样的流体流动模型都可以用上述的流体流动停留时间的分布来描述。

（一）理想置换流动模型

1．理想置换流动模型的特点

理想置换流动模型也称为平推流或活塞流。它是在流体在反应器内高速湍流的基础上提出的，认为流体在反应器内平行地像活塞一样向前移动。是一种返混程度为零的理想流动模型。该模型的主要特点是：由于流体沿同一方向以相同的速度推进，所有流体粒子在反应器内的停留时间相等；在定态下，沿流体流动方向上，流体的参数（如温度、浓度、压力等）不断变化，而与流动方向相垂直的径向方向上所有的参数均相同；一般情况下，长径比较大、流速较快的管式反应器内的流体流动可认为是理想置换流动模型。

2．理想置换流动模型的停留时间描述

根据理想置换流动模型的定义，所有流体粒子的停留时间都相等，且等于平均停留时间。所以，无论以何种形式输入的示踪剂都将在 $t = \bar{t}$ 时以同样的形式输出。因此，理想置换流动模型的停留时间分布函数 $F(t)$ 和停留时间分布密度函数 $E(t)$ 如下（图1-4）。

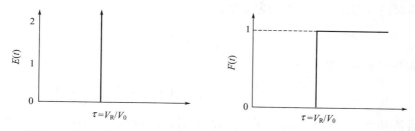

图1-4　理想置换流动模型停留时间分布函数和停留时间分布密度函数

停留时间分布函数 $F(t)$：

$$
\begin{array}{llll}
F(t)=0 & t<\bar{t} & F(\theta)=0 & \theta<1 \\
F(t)=1 & t\geqslant\bar{t} & \text{或：} \quad F(\theta)=1 & \theta\geqslant1
\end{array}
\tag{1-34}
$$

停留时间分布密度函数 $E(t)$：

$$
\begin{array}{llll}
E(t)=0 & t\neq\bar{t} & E(\theta)=0 & \theta\neq1 \\
E(t)\to\infty & t=\bar{t} & \text{或：} \quad E(\theta)\to\infty & \theta=1
\end{array}
\tag{1-35}
$$

停留时间分布特征值，方差： $\sigma_t^2=0$ $\qquad\qquad$ $\sigma_\theta^2=0$ $\qquad\qquad$ (1-36)

平均停留时间： $\bar{t}=\tau=V_R/V_0$ $\qquad\qquad$ $\bar{\theta}=1$ $\qquad\qquad$ (1-37)

（二）理想混合流动模型

1．理想混合流动模型的特点

理想混合流动模型也可称为全混流模型。是在反应釜高效搅拌的基础上提出的，认为进入反应器的新鲜流体粒子与存留在反应器内流体粒子能在瞬间混合均匀。是一种返混程度为无穷大的理想流动模型。由于搅拌的作用，使进入反应器的部分流体粒子有可能刚进入反应器就从出口流出，停留时间非常短；也有可能部分流体粒子刚到出口附近又被搅了回来，停

留时间很长。造成反应器内流体粒子的停留时间不同，形成返混。由于搅拌的剧烈程度不同，返混的程度也不同。理想混合流动模型理论认为在反应器中的这种搅拌非常剧烈，导致反应器内不同停留时间的流体粒子达到了完全混合，使反应器内所有流体粒子具有同样的温度、同样的浓度且等于反应器出口的温度和浓度。

2．理想混合流动模型的停留时间描述

用阶跃法对理想混合流动模型反应器测定其停留时间分布。设进入反应器的示踪剂的浓度为 c_0，出口处示踪物的浓度为 c，物料流量为 V，则进入反应器和离开反应器的示踪物的量分别为 Vc_0 和 Vc，由于反应器内示踪剂的浓度均一且等于出口物料流中的示踪剂浓度，所以，单位时间内反应器内示踪剂的累积量为 $V_R \mathrm{d}c/\mathrm{d}t$，对示踪剂作物料衡算：

$$Vc_0 - Vc = V_R \frac{\mathrm{d}c}{\mathrm{d}t}$$

由于 $V_R/V = \tau$，所以

$$\frac{\mathrm{d}c}{c_0 - c} = \frac{V}{V_R}\mathrm{d}t = \frac{1}{\tau}\mathrm{d}t = \mathrm{d}\theta$$

此即理想混合流动模型的数学表达式，积分的边界条件为：$t = 0$，$\theta = 0$，$c = 0$

$$\int_0^\tau \frac{\mathrm{d}c}{c_0 - c} = \frac{1}{\tau}\int_0^t \mathrm{d}t = \int_0^\tau \mathrm{d}\theta$$

得：

$$\ln \frac{c_0 - c}{c_0} = -\frac{t}{\tau} = -\theta$$

根据停留时间分布函数 $F(t)$ 的定义得：

$$F(t) = \frac{c}{c_0} = 1 - \mathrm{e}^{-\frac{t}{\tau}} \qquad F(\theta) = \frac{c}{c_0} = 1 - \mathrm{e}^{-\theta} \tag{1-38}$$

停留时间分布密度函数 $E(t)$：

$$E(t) = \frac{\mathrm{d}F(t)}{\mathrm{d}t} = \frac{1}{\tau}\mathrm{e}^{-t/\tau} \qquad E(\theta) = \frac{\mathrm{d}F(\theta)}{\mathrm{d}\theta} = \mathrm{e}^{-\theta} \tag{1-39}$$

理想混合流动模型停留时间分布函数和停留时间分布密度函数如图 1-5 所示。

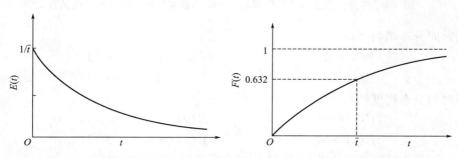

图 1-5　理想混合流动模型停留时间分布函数和停留时间分布密度函数

停留时间分布特征值如下。

平均停留时间：
$$\bar{t} = \tau = V_R/V_0 \qquad \bar{\theta} = \int_0^\infty \theta \mathrm{e}^{-\theta}\mathrm{d}\theta = 1 \tag{1-40}$$

方差：
$$\sigma_t^2 = \tau^2 \qquad \sigma_\theta^2 = \int_0^\infty \theta^2 \mathrm{e}^{-\theta}\mathrm{d}\theta - 1 = 1 \tag{1-41}$$

从上述两种理想流动模型的停留时间分布规律可以看出：当反应器内流体完全不返混时，$\sigma_\theta^2 = 0$；当反应器内流体返混程度无穷大时，$\sigma_\theta^2 = 1$。若反应器处于部分返混时亦即处于

非理想流动时，$0<\sigma_\theta^2<1$，即可以用 σ_θ^2 的大小判别反应器内流体流动状况，并确定返混程度的大小。

三、反应器内流体的非理想流动模型

理想流动模型是两种极端状况下的流体流动，返混程度为零或充分返混。而实际流动反应器中的流动过程介于两者之间，返混程度在 $0\sim\infty$ 之间。所有偏离理想流动模型的流动模式均称为非理想流动模型。

（一）非理想流动形成的原因

导致非理想流动的原因有很多，归纳起来主要有以下几类。

1．滞留区的存在

所谓滞留区是指反应器内流体流动极慢以至几乎不流动的区域，也称死角、死区。由于滞留区的存在，使得部分流体粒子的停留时间极长，在停留时间分布密度函数曲线 $E(t)$ 上出现一很长的拖尾。因此反应器内是否存在滞留区，可通过停留时间分布密度函数曲线来判断。滞留区主要产生于设备的死角中，如设备两端、挡板与设备壁的交接处以及设备设有的其他障碍物时，最易产生死角。若要减少滞留区的存在，主要通过合理的设计来保证。

2．沟流和短路

在固定床反应器、填料塔以及滴流床反应器中，由于催化剂颗粒或填料装填不匀，造成一低阻力通道，使得部分流体快速从此通道流过从而形成沟流。而短路则是在设备设计不良时产生的现象，流体在设备内的停留时间极短，例如当设备的进出口离得太近时就会出现短路。若流动系统中出现沟流和短路，则在停留时间分布密度函数曲线上存在双峰。

3．循环流

在实际的釜式反应器、鼓泡塔和流化床中都存在着流体的循环流动。当反应器存在循环流时，停留时间分布密度函数曲线的特征是呈现多峰现象。

4．流体流速分布不均匀

由于流体在反应器内的径向流速分布不均匀，从而造成流体在反应器内的停留时间不同。当反应器内流体的流速较小时，形成滞流，此时流体在径向方向上的流速呈抛物线分布；当反应器内流体的流速较大时，形成湍流，此时流体在径向方向上的流速分布比较平坦。

5．扩散

由于分子扩散及涡流扩散的存在而造成了流体粒子之间的混合，使停留时间的分布偏离理想流动状况。

以上是形成非理想流动的原因。对于一个流动系统而言，导致非理想流动的原因很多，可能是上述中的一种，也可能是几种，甚至是上述所有因素同时存在，抑或是还有其他的原因存在。因此，非理想流动是由多种原因造成的，要具体问题具体分析。

（二）非理想流动模型

在实际工业反应器计算中，为了考虑非理想流动的情况，一般总是基于一个反应过程的初步认识，首先分析其实际流动状况，从而选择一较为切合实际的合理简化的流动模型，并用数学模型方法关联返混与停留时间分布的定量关系，然后通过停留时间分布的实验测定来检验假设的模型的正确程度，确定在假设模型时所引入的模型参数，最后结合反应动力学数据来感觉反应结果。

1．轴向扩散模型

由于分子扩散、涡流扩散及流速分布不均匀等原因造成的非理想流动可用轴向扩散模型来描述。主要用于返混程度比较小的管式反应器、固定床反应器和塔式反应器。轴向扩散模型实际上就是在平推流模型上叠加了一个轴向扩散的校正。它的假设是：①在垂直于流体流动方向的每一截面上，具有均匀的径向流速；②在流体流动方向上（轴向）存在扩散，并以轴向扩散系数 E 来表示，并可用费克定律来描述；③轴向扩散系数在反应器内是恒定的，不随轴向位置发生变化。

轴向扩散模型中的主要参数是：

$$Pe = \frac{uL}{E} = \frac{主体流动流速}{轴向扩散速率} \tag{1-42}$$

Pe 称为贝克来数（Peclet），表示轴向对流流动与扩散传递的相对大小。反映了流体流动过程中返混程度的大小。Pe 越大，返混程度越小；Pe 越小，返混程度越大。当 $Pe \to 0$ 时，对流流动速率比扩散速率慢得多，可以认为是全混流；当 $Pe \to \infty$ 时，轴向扩散系数接近 0，可以认为是平推流。

用轴向扩散模型对该系统进行示踪剂的物料衡算，可得出停留时间分布的特征值为：

$$\bar{\theta} = 1$$

$$\sigma_\theta^2 = \frac{2}{Pe} - \frac{2}{Pe^2}(1 - e^{-Pe}) \tag{1-43}$$

这样，对实际流动系统作停留时间分布的实验，得到停留时间分布函数和停留时间分布密度函数，并计算出数学期望和方差，根据上式就可得到该系统的轴向扩散模型参数 Pe。

2．多釜串联模型

多釜串联模型是把实际的工业反应器模拟成是由几个容积相等串联的全混流区所组成。主要用于返混较大的釜式反应器、流化床反应器等。它的假设是：①它是由 N 个体积相等的全混流反应器组成；②从一个全混流反应器到另一个全混流反应器之间的物料不发生任何反应；③认为每个全混流反应器内的反应均为等容过程。

多釜串联模型的主要参数是 N，代表模型中串联的釜数。反映了返混程度的大小。N 越大，返混程度越小；N 越小，返混程度越大。当 $N=1$ 表示为全混流；当 $N=\infty$ 表示为平推流；$1<N<\infty$ 时，表示为实际流动反应器。

对该系统进行示踪剂的物料衡算，可得出停留时间分布的特征值为：

$$\bar{\theta} = 1 \qquad \sigma_\theta^2 = \frac{1}{N} \tag{1-44}$$

这样，对实际流动系统做停留时间分布的实验，得到停留时间分布函数和停留时间分布密度函数，并计算出数学期望和方差，根据上式就可得到该系统的多釜串联模型参数 N。

还有一种模型是离析流模型。它的基本假设是：反应器内的流体粒子之间不存在任何形式的物质交换，或者说它们之间不发生微观混合，那么流体就像一个有边界的个体，从反应器的进口向反应器的出口运动。这样，就可以把实际反应器内的流体设想为像许多个停留时间不同的间歇反应器一样进行反应。那么出口处的流体的浓度即为各个停留时间不同的间歇反应器的浓度之和。即：

$$c_A = \int_0^\infty c_A(t)E(t)dt \tag{1-45}$$

由于离析流模型是将停留时间分布密度函数直接引入数学模型方程，因此，离析流模型是没有模型参数的。

（三）非理想流动的改善

在实际流动反应器中，非理想流动是不可避免的。由于非理想流动，导致实际流动反应器中出现返混。返混程度的大小对反应的效果有很大的影响。因为返混改变了反应器内的浓度分布，使反应器进口处反应物的高浓度区消失或下降，导致反应器内反应物的浓度下降。当然，这种浓度分布对反应效果来说是好是坏还不一定，主要取决于化学反应过程对浓度的依赖性。即要考虑到化学反应的动力学特征。

非理想流动的改善实际上就是改善流体在反应器中的停留时间分布，使之接近理想的停留时间分布。降低或提高流体的返混程度，要从反应器的型式、操作方式及流体的性质等方面考虑。因为反应器的型式、大小、有无内部构件和催化剂，操作温度、流量以及流体的黏度、扩散系数等性质，都会不同程度地影响着流体流动状况，导致反应结果不同。

若对化学反应希望采取平推流流型，通常可以采取以下措施：①增大流体在设备内的湍流程度，以消除轴向扩散而造成的停留时间分布不均匀的现象；②在反应器内装设填充物，以改变设备内速度分布和浓度分布，从而使停留时间分布趋于均一化，但要注意避免沟流和短路现象的发生；③增加设备级数或在设备内增设挡板；④采用适当的气体分布装置，或调节各组反应管的阻力，使其均匀一致。若对化学反应希望采取全混流，则希望反应器内流体的返混程度非常大，物料的混合十分均匀。这可以通过改变釜式反应器的搅拌器的型式或者搅拌器的功率，达到强化流体的混合，避免出现搅拌死区等的目的。

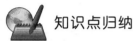 知识点归纳

一、常用物理量

反应程度：$\xi = \dfrac{n_i - n_{i0}}{\alpha_i}$　　　　转化率：　　$x_A = \dfrac{n_{A0} - n_A}{n_{A0}}$

膨胀因子：$\delta_A = \dfrac{\sum \alpha_i}{(-\alpha_A)}$　　　　膨胀率：$\varepsilon = \dfrac{V_{x_A=1} - V_{x_A=0}}{V_{x_A=0}} = y_{A0} \delta_A$

反应进行到一定程度时存在：$V = V_0(1 + y_{A0} \delta_A x_A)$

$$c_A = \frac{n_A}{V} = \frac{n_{A0}(1 - x_A)}{V_0(1 + y_{A0} \delta_A x_A)}$$

反应速率：$(\pm r_A) = \pm \dfrac{dn_A}{V dt}$　　　（＋）表示产物的生成速率；

　　　　　　　　　　　　　　　　　　（－）表示反应物的消失速率

动力学方程式：　　　　$(-r_A) = k_c c_A^{\nu_A} c_B^{\nu_B}$

收率：　　　$Y = \dfrac{\text{在系统中生成目的产物消耗的关键组分的物质的量}}{\text{加入系统中的关键组分的物质的量}}$

产率：　　　$S = \dfrac{\text{在系统中生成目的产物消耗的关键组分的物质的量}}{\text{参加反应的关键组分的物质的量}}$

平均停留时间：$\bar{t} = \displaystyle\int_0^{V_R} \dfrac{dV_R}{V}$　　空时：$\tau = \dfrac{V_R}{V_0}$　　空速：$s_v = \dfrac{\overline{V_{0N}}}{V_R}$

二、流体流动

停留时间分布函数：$F(t) = \dfrac{N_t}{N_\infty}$　　无量纲量：$F(\theta) = \dfrac{N_\theta}{N_\infty}$　　关系：$F(\theta) = F(t)$

停留时间分布密度函数：$E(t)=\dfrac{\mathrm{d}F(t)}{\mathrm{d}t}$　　无量纲量：$E(\theta)=\dfrac{\mathrm{d}F(\theta)}{\mathrm{d}\theta}$　　关系：$E(\theta)=\bar{t}E(t)$

平均停留时间：$\bar{t}=\displaystyle\int_0^\infty tE(t)\mathrm{d}t$　　无量纲量：$\bar{\theta}=\displaystyle\int_0^\infty \theta E(\theta)\mathrm{d}\theta$　　关系：$\bar{\theta}=\bar{t}/t=1$

方差：$\sigma_t^2=\displaystyle\int_0^\infty t^2E(t)\mathrm{d}t-\bar{t}^2$　　无量纲量：$\sigma_\theta^2=\displaystyle\int_0^\infty (\theta-\bar{\theta})^2E(\theta)\mathrm{d}\theta$　关系：$\sigma_\theta^2=\sigma_t^2/\bar{t}^2$

理想混合流动模型：$F(\theta)=1-\mathrm{e}^{-\theta}$　　　　　$E(\theta)=\mathrm{e}^{-\theta}$　　　　　$\bar{\theta}=1$　　　$\sigma_\theta^2=1$

理想置换流动模型：$\begin{aligned}&F(\theta)=0(\theta<1)\\&F(\theta)=1(\theta\geqslant1)\end{aligned}$　　$\begin{aligned}&E(\theta)=0(\theta\neq1)\\&E(\theta)\rightarrow\infty(\theta=1)\end{aligned}$　　$\bar{\theta}=1$　　　$\sigma_\theta^2=0$

非理想流动模型：轴向扩散流动模型、多釜串联模型、离析流模型

 自测练习

填空题

1. 化学反应器按操作方法分为 ＿＿＿＿ 、＿＿＿＿ 、＿＿＿＿ 操作。

2. 数学模型法进行均相反应器设计时，必须选择＿＿＿＿ 和 ＿＿＿＿ 作为物料衡算和热量衡算的范围。在所选范围内物料的 ＿＿＿＿ 和 ＿＿＿＿ 均一。

3. 反应 $3A\longrightarrow P$，已知速率常数 $k=0.15\mathrm{mol}/(\mathrm{m}^3\cdot\mathrm{s})$，则反应级数 $n=$＿＿＿＿。若用压力表示动力学方程，则速率常数 $k_p=$＿＿＿＿。

4. 对于气相均相反应 $A+2B\longrightarrow R$，若进料时无惰性气体存在。就关键组分 B 而言，膨胀因子 $\delta_B=$＿＿＿＿，膨胀率 $\varepsilon_B=$＿＿＿＿。

5. 速率常数的表达式是＿＿＿＿，其中 ＿＿＿＿ 反映温度对反应速率的敏感程度

6. 理想置换流动模型中当 $t=\bar{t}$ 时，$E(t)$ ＿＿＿＿，方差 $\sigma_\theta^2=$＿＿＿＿。

7. 气相反应 $4A+B\longrightarrow 3R+S$ 进料时无惰性气体，A 与 B 以 $3:1$ 的摩尔比进料，则膨胀因子 $\delta_A=$＿＿＿＿，膨胀率 $\varepsilon_A=$＿＿＿＿。

8. 化学反应工程中的"三传一反"中的三传是指＿＿＿＿ 、＿＿＿＿ 和 ＿＿＿＿。

9. 反应器按相态分类，可分为 ＿＿＿＿ 和 ＿＿＿＿ 反应器；其实质是按 ＿＿＿＿ 分类。

10. 有如下反应体系 $2A+B\xrightarrow{k_1}C$、$A+C\xrightarrow{k_2}D$　　$2B+D\xrightarrow{k_3}E$
则 $(-r_A)=$＿＿＿＿。

判断题

1. 反应程度 ξ 是描述反应进行程度的物理量。当组分 i 为反应物时则 $\xi>0$；而当组分 i 为产物时则 $\xi<0$。

2. 化学反应速率是单位时间内单位反应混合物体积中反应物的反应量或产物的生成量。若有一反应 $aA+bB\longrightarrow cC$，则反应物的反应速率 $r_A<0$、$r_B<0$ 而产物的反应速率 $r_C>0$。

3. 返混就是在连续流动反应器中物料的混合。

4. 当流体的 σ_θ^2 值靠近 0 时，则近似理想置换流动。σ_θ^2 靠近 1 时，近似理想混合流动。

5. 某一反应的动力学方程为 $-r_A=kc_A^{1.5}c_B$，则该反应的反应级数为 2.5 级。

6. 已知某复杂反应过程的收率为 78%，全程转化率为 94%，则选择性为 83%。

7. 化学反应的反应程度不仅和化学反应方程式有关，还与物质的初始状态有关。

8. 对于一个可逆放热反应，升高温度将有利于正反应的进行。

9. 在化工生产过程中，转化率越大，说明反应效果越好。

10. 理想置换流动模型是指反应器内轴向上浓度均相同，而径向上浓度均不相同。

思考题

1. 一般的工业反应器有哪几种操作方式，它们各自的特征是什么？

2. 什么是返混，造成返混的原因有哪些。

3. 理想混合流动模型的停留时间分布有何特征。

4. 理想置换流动模型的停留时间分布有何特征。

5. 物料衡算的基本方程是什么，针对不同情况方程式中的每一项如何处理。

6. 热量衡算式的基本方程如何表达，方程式中的每一项如何表达。

7. 针对不同反应体系反应速率定义式中的单位反应体系如何选择？

8. 什么是动力学方程式，复杂反应的动力学方程式应该如何处理？

9. 活化能如何影响化学反应速率常数？

10. 试述化工生产中的三率。

计算题

1. 三级气相反应 $2NO+O_2 \longrightarrow 2NO_2$。在 30℃ 及 $1 \times 10^5 Pa$ 下，已知反应的速率常数 $k=2.654 \times 10^4 L^2/(mol^2 \cdot s)$，今如以 $-r_A = k_p p_A^2 p_B$ 表示，反应的速率常数 k_p 应为何值？

2. 在等温下进行液相反应 $A+B \longrightarrow C+D$。反应的初始条件为 $c_{A0}=c_{B0}=3mol/L$。在该条件下的动力学方程式为：$(-r_A)=0.8c_A^{1.5}c_B^{0.5}[mol/(L \cdot min)]$ 求当反应时间为 4min 时，组分 A 的转化率。

3. 系统中发生如下反应：$CH_4+H_2O \longrightarrow CO+3H_2$，假设系统体积为 $1m^3$。初始状态下有 $2molCH_4$，$1molH_2O$，$1molCO$，$4molH_2$，试求各组分摩尔量与反应进度 ξ 以及各组分浓度与转化率 x_A 关系。

4. 在 473K 等温及常压下进行气相反应 $A \longrightarrow 3R$，其动力学方程式为：$r_R=1.2c_A$。原料中组分 A 和惰性气体以等摩尔比反应。求当组分 A 的转化率为 85% 时，其转化速率为多少。

5. 乙炔气相加氢反应式为 $C_2H_2+H_2 \longrightarrow C_2H_4$。反应开始时初始混合物组成：$H_2$ 为 3mol，C_2H_2 为 1mol，CH_4 为 1mol。求膨胀因子 $\delta_{C_2H_2}$，膨胀率 $\varepsilon_{C_2H_2}$

$$A \longrightarrow 3R, \quad r_R=1.2c_A \ [mol/(L \cdot min)]$$

6. 在 473K 等温及常压下进行气相反应：$A \longrightarrow 2S, \quad r_S=0.5c_A \ [mol/(L \cdot min)]$ 在

$$A \longrightarrow T, \quad r_T=2.1c_A \ [mol/(L \cdot min)]。$$

进料中原料 A 和惰性气体各为一半（体积比）。求当 A 的转化率达到 85% 时，其转化速率为多少。

7. 若某一恒温恒容不可逆反应的动力学方程为 $(-r_A)=0.52c_A^2[mol/(L \cdot min)]$。若组分 A 的初始浓度分别为 $1mol/L$ 和 $5mol/L$ 时，求当组分 A 的残余浓度为 $0.01mol/L$ 时分别需要多少时间。

8. 在一套乙烯液相氧化制乙醛的装置中，通入反应器的乙烯量为 7000kg/h，得到产品乙醛的量为 4400kg/h，尾气中乙烯的量为 4500kg/h。求原料乙烯的转化率和产品乙醛的

收率。

9. 在银催化剂上进行的甲醇氧化为甲醛的反应。

$$2CH_3OH + O_2 \longrightarrow 2HCHO + 2H_2O$$
$$2CH_3OH + 3O_2 \longrightarrow 2CO_2 + 4H_2O$$

进入反应器的原料中,甲醇:空气:水蒸气=2:4:1.3(摩尔比),反应后甲醇的转化率为72%,甲醛的收率为69.2%。试计算反应器出口的气体组成。

10. 某气相一级反应 $A \longrightarrow 2R + S$ 在等温、等压的实验室反应器内进行,原料中组分 A 和惰性气体的进料比为 3:1(摩尔比),经 8min 后反应气体的体积增加了一倍,求此时的转化率及该反应在此温度下的速率常数。

 主要符号

A——关键组分

E——反应的活化能,kJ/kmol

$E(t)$,$E(\theta)$——分别为以 t 和 θ 为时标的停留时间分布密度函数

$F(t)$,$F(\theta)$——分别为以 t 和 θ 为时标的停留时间分布函数

k——反应速率常数,$kmol^{1-n}/[(m^3)^{1-n} \cdot h]$

k_c——以反应物浓度表示的反应速率常数

k_p——以反应物分压表示的反应速率常数

k_y——以反应物摩尔分数表示的反应速率常数

N——串联的反应釜的个数

N_t——停留时间小于 t 的流体粒子量

N_∞——流出的流体粒子总量

n——总反应级数

n_A——组分 A 物质的量,kmol

Pe——贝克莱数(Peclet)$Pe = uL/E$

S——产率(选择性)

S_v——空速

T——反应温度,K

$\bar{t}$——平均停留时间

V——反应过程中流体特征体积流率,m^3/h

V_0——初始状态下反应原料的流体特征体积流率,m^3/h

$\bar{V}_{0N}$——标准状况下反应原料的体积流率,m^3/h

V_R——反应器的有效体积,m^3

x_A——组分 A 的转化率

Y——收率

δ_A——组分 A 的膨胀因子

ε_A——组分 A 的膨胀率

θ——无量纲对比时间

ξ——反应程度

τ——空时

模块二 釜式反应器

- 了解釜式反应器的基本结构、特点及工业应用。
- 掌握各类釜式反应器的计算。
- 了解釜式反应器的热稳定性问题。
- 掌握釜式反应器的操作技能。

釜式反应器又称为槽式反应器，是各类反应器中应用范围比较广泛的一类反应器，主要用于液-液均相反应，同时也可用于气-液、液-液非均相反应。操作方式非常灵活，可根据生产的不同要求采用间歇操作、连续操作及半间歇半连续的操作方式。釜式反应器的主要特点是：适用的温度和压力范围宽；操作弹性大；适应性强。通常情况下，釜式反应器的操作条件都是比较缓和的。

项目一 釜式反应器的结构

釜式反应器从外形上来看是一高径比接近于 1 的圆筒形反应器。反应器结构主要包括反应器筒体、各种接管、搅拌装置、密封装置和换热装置等。

一、釜式反应器的基本结构

釜式反应器的基本结构如图 2-1 所示。釜式反应器壳体及搅拌器所用材料，一般为碳钢，根据特殊需要，可在与反应物料接触部分衬有不锈钢、铅、橡胶、玻璃钢或搪瓷，个别情况也有衬贵重金属如银等。有时根据反应要求，反应器壳体也可直接用铜、不锈钢制造。

釜式反应器的筒体通常为一圆柱形壳体，它提供反应所需的空间。传热装置的作用是满足反应所需的温度条件；搅拌装置包括搅拌器，搅拌轴等，是实现搅拌的工作部件；传动装置包括电动机、减速器、联轴器及机架等附件，它能提供搅拌的动力；密封装置是保证在工作时能形成密封条件，阻止反应器内介质向外泄漏的部件。

釜式反应器的筒体皆为圆筒形。底、盖常用的形状有平面形、碟形、椭圆形和球形，也有的釜底为锥形。平面形结构简单容易制造，一般在釜体直径小、常压（或压力不大）条件下操作时采用；碟形和椭圆形应用较多，多用于高压反应器。当反应后的物料需用分层法使其分离时可用锥形底。

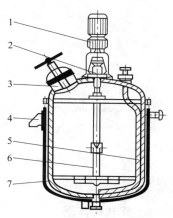

图 2-1 釜式反应器结构

1—传导装置；2—轴封；3—人孔；
4—支座；5—压出管；6—搅拌轴；
7—夹套

27

反应釜的顶盖也叫上封头，为满足拆卸方便以便于维护检修一般做成可拆式，即通过法兰将顶盖与筒体相连接。在反应釜的顶盖上通常开有工艺接管、人孔、手孔、视镜等。此外，反应釜的传动装置也大多直接支承在顶盖上，所以，反应釜的顶盖必须有足够的强度和刚度。

工艺接管口主要用于进、出物料及安装温度、压力的测定装置。进料管或加料管应做成不使料液的液沫溅到釜壁上的形状，以避免由于料液沿反应釜内壁向下流动而引起釜壁局部腐蚀。出料管根据工艺过程可分为上出料管和下出料管两种。下部出料主要适用于黏性大或含有固体颗粒的介质；而当物料需要输送到较高位置或密闭输送时，必须装设压料管，使物料从上部排出。

手孔或人孔的安设是为了检查内部空间以及安装和拆卸设备内部构件。手孔的直径一般为 0.15～0.20m，它的结构一般是在封头上接一短管，并盖以盲板。当釜体直径比较大时，可以根据需要开设人孔，人孔的形状有圆形和椭圆形两种，圆形人孔直径一般为 0.40m，椭圆形人孔的最小直径为 0.40m×0.30m。

釜式反应器的视镜主要是为了观察反应器内物料的混合情况及反应情况，其结构应满足具有比较宽阔的视察范围。

釜式反应器的所有人孔、手孔、视镜和工艺接管口，除出料管口外，一般均开在顶盖上。

二、釜式反应器的搅拌装置

釜式反应器的搅拌装置主要包括搅拌器、搅拌轴、支承结构以及挡板、导流筒等部件。它是釜式反应器的关键部件。反应器内的物料借助搅拌器的搅拌，达到物料的充分混合，增强物料分子碰撞，强化反应器内物料的传质传热。因此，合理选择搅拌装置是提高釜式反应器生产能力的重要手段。

（一）搅拌器的类型

常用的搅拌器有桨式、框式、锚式、旋桨式、涡轮式和螺带式等（图 2-2）。

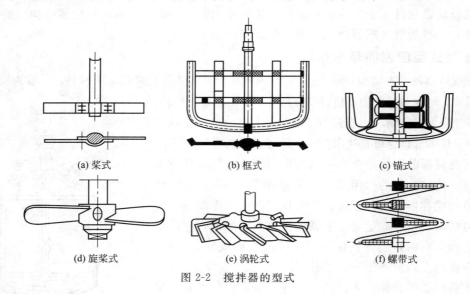

(a) 桨式　　　　　(b) 框式　　　　　(c) 锚式

(d) 旋桨式　　　　(e) 涡轮式　　　　(f) 螺带式

图 2-2　搅拌器的型式

1．桨式搅拌器

桨式搅拌器一般由扁钢或角钢加工制成，也可由合金钢或有色金属等制造。结构简单，由两块平桨叶组成，按桨叶的安装方式分为平直叶和折叶式两种。如图 2-2(a) 所示。搅拌器直径一般是釜内径的 0.35～0.8 倍。转速一般为 20～80r/min。平直叶桨式搅拌器的叶片与旋转方向垂直，在低速运转时，产生的主要是切线流；转速高时以径向流为主。对于折叶桨式搅拌器，由于叶片与旋转方向有一定的角度，因此除了径向流外还会产生轴向流，宏观混合效果较好。桨式搅拌器的适用范围：可以在较宽的黏度范围内适用，黏度高的可达100Pa·s，可用于黏度小于2Pa·s的液体的搅拌。当液层较高时，常装多层桨叶，而且相邻两层桨叶交错90°安装。

2．涡轮式搅拌器

涡轮式搅拌器的结构与离心泵的翼轮相似，轮叶上的叶片有平直形、弯曲形等。涡轮式搅拌器的类型主要分为圆盘涡轮搅拌器和开启涡轮搅拌器两种。如图 2-2(e) 所示。搅拌器的直径一般是釜内径的 0.2～0.5 倍。转速一般为 2～10r/min。当涡轮旋转时，液体经由中心沿轴被吸入，在离心力的作用下，沿叶轮间通道，由中心甩向涡轮边缘，并沿切线方向以高速甩出。循环速度高，剪切作用也大。它既产生很强的径向流，又产生较强的轴向流。涡轮式搅拌器的适用范围：适用于大量液体的连续搅拌操作，主要应用于低黏度或中等黏度液体的搅拌（黏度小于 50Pa·s）。

3．旋桨式搅拌器

旋桨式搅拌器又名推进式搅拌器，它的形状与船舶用螺旋桨相似。桨叶上表面为螺旋面，叶片数一般为三个，如图 2-2(d) 所示。旋桨式搅拌器的直径一般是釜内径的 0.2～0.5 倍。转速一般为 100～500r/min。旋桨式搅拌器由于转轴的高速旋转，桨叶将液体搅动使之沿器壁和中心流动，在上下之间形成激烈的循环运动，产生很强的轴向流。旋桨式搅拌器的适用范围：主要适用于低黏度（黏度小于 2Pa·s）液体的搅拌。

4．锚式搅拌器和框式搅拌器

锚式搅拌器是由垂直桨叶和形状与底封头形状相同的水平桨叶组成。若在锚式搅拌器的桨叶上加固横梁即为框式搅拌器。结构示意如图 2-2(b)、(c) 所示。锚式搅拌器和框式搅拌器的直径和搅拌釜的内径之比为 0.9～0.98，常用转速为 1～100r/min。锚式搅拌器的循环速度及剪切作用都较小，主要产生切线流。当物料黏度高时，可产生一定的径向流和轴向流。它的适用范围：主要用于高黏度物料的搅拌和传热。

5．螺带式搅拌器和螺杆式搅拌器

螺带式搅拌器和螺杆式搅拌器主要是由螺旋带、轴套和支撑杆所组成，结构示意如图 2-2(f) 所示。其桨叶是一定宽度和一定螺距的螺旋带，通过横向拉杆与搅拌轴连接。这两种搅拌器主要产生轴向流，加上导流筒后，可形成筒内外的上下循环流动。它们的转速都较低，通常不超过 50r/min，主要用于高黏度液体的搅拌。

（二）挡板和导流筒

1．挡板

挡板一般是指固定在反应釜内壁上的长条形板。挡板宽度与筒体内径之比为 1/12～1/10。挡板的数目视釜径而定，当反应釜直径小于 1m 时，可安装 2～4 块；当反应釜直径大于 1m 时，可安装 4～6 块，一般为 4 块板。挡板型式及安装方式见图 2-3。一般情况下，挡板的上边缘可与静止的液面平齐，下边缘可至釜底；当流体黏度小时，挡板可紧贴内壁安装；当流体黏度较大或含有固体颗粒时，挡板应与壁面保持一定距离，也可将

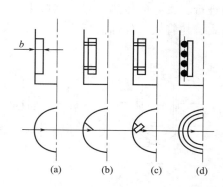

图 2-3　挡板型式及安装方式

挡板倾斜一定角度安装；若物料黏度高且使用桨式搅拌器，还可装横向挡板。

反应釜内安装挡板后，做圆周运动的液体碰到挡板后改变方向，或顺着挡板作轴向运动或垂直于挡板作径向运动。因此，挡板可把切线流转变为轴向流和径向流，增大了液体的湍动程度，从而改善了搅拌效果。当然并不是所有的反应釜均安装挡板装置，在低速搅拌高黏度液体的锚式和框式搅拌器的反应釜内安装挡板就是毫无意义的，因为在层流状态下，挡板不影响流体的流动。

2．导流筒

导流筒是一个圆筒，搅拌操作中若需要控制流体的流型，就要用导流筒。导流筒一般安装在搅拌器的外面，主要是用于旋桨式和涡轮式搅拌器。对于涡轮式搅拌器，导流筒安置在叶轮的上方，使叶轮上方的轴向流得到加强。而对于旋桨式搅拌器，导流筒安置在叶轮的外面，以便旋桨式搅拌器所产生的轴向流得到进一步加强。总之导流筒的作用主要是使从搅拌器排出的液体在导流筒内部和外部形成上下循环的流动，以增加流体的湍动程度，减少短路机会，增加循环流量和控制流型。

工业上搅拌器的选型主要根据流体的流动状态、流体性质、搅拌目的、搅拌容量及各种搅拌器的性能特征来进行。一般情况下，流体的黏度对搅拌的影响较大，所以，可根据液体黏度来选型。对于低黏度液体，应选用小直径、高转速搅拌器，如旋桨式、涡轮式；对于高黏度液体，应选用大直径、低转速搅拌器，如锚式、框式和桨式。另外，搅拌目的和工艺过程对搅拌的要求也是选型的关键。对于低黏度均相液体混合，要求大的循环流量，因此主要选择旋桨式搅拌器。对于非均相液液分散过程，要求液体涡流湍动剧烈和较大的循环流量，应优先选择涡轮式搅拌器。对于固体悬浮操作，必须让固体颗粒均匀悬浮于液体之中，当固液密度差小，固体颗粒不易沉降的固体悬浮操作时，应优先选择旋桨式搅拌器。当固液密度差大，固体颗粒沉降速度大时，应选用开启式涡轮搅拌器。对于结晶过程，往往需要控制晶体的形状和大小，需要有较大的循环流量，所以应选择涡轮式搅拌器和桨式搅拌器。对于以传热为主的搅拌操作，控制因素为总体循环流量和换热面上的高速流动。因此可选用涡轮式搅拌器。当反应过程需要更大的搅拌强度或需使被搅拌液体作上下翻腾运动时，可在反应器内装设挡板和导流筒。

三、釜式反应器的传热装置

反应器的传热装置是反应过程中用来加热或冷却反应物料，维持反应温度条件的装置。化学反应需要维持在一定的温度下进行，而且在反应过程中常伴随着热效应的产生（放热或吸热），为了维持最佳的反应温度条件，反应器需要配有传热装置进行换热来保证反应过程的进行。良好的传热装置是维持化学反应顺利进行的重要保证。反应釜的传热装置主要有夹套式、蛇管式、外部循环式等（图 2-4）。

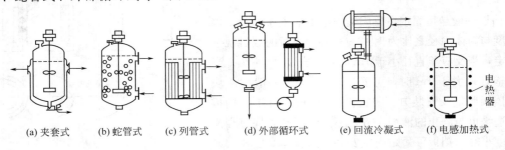

(a) 夹套式　　(b) 蛇管式　　(c) 列管式　　(d) 外部循环式　　(e) 回流冷凝式　　(f) 电感加热式

图 2-4　釜式反应器的换热方式

（一）夹套式换热

夹套式换热是反应釜最常用的传热装置。由圆柱形壳体和底封头组成，通过焊接将夹套连接在内筒上。它是一个套在反应器筒体外面能形成密封空间的容器，夹套上设有蒸汽、冷却水或其他加热、冷却介质的进出口，既简单又方便。当需要加热反应物料时，夹套内通蒸汽，进口管靠近夹套上端，冷凝液从底部排出，根据反应釜的温度不同，常用的加热介质有水蒸气、高压汽水混合物、有机载热体等；当需要冷却反应物料时，夹套内通冷凝水，进口管设在底部，使冷凝水下进上出。当反应器的直径大或者加热蒸汽压力较高时，夹套必须采取加强措施。当反应釜的温度不同时，夹套与反应釜内壁的间距视反应釜直径的大小采用不同的数值，一般取 25～100mm。夹套的高度取决于传热面积，而传热面积由工艺要求确定。但必须注意夹套高度一般应高于料液的高度，比釜内液面高出 50～100mm 左右，以保证充分传热。

夹套式换热一般适用于传热面积较小且传热介质压力较低的情况。

（二）蛇管式换热

当工艺过程中需要的较大的传热面积，单靠夹套传热不能满足要求时，或者是反应器内壁衬有橡胶、瓷砖等非金属材料不宜使用夹套式换热时，可采用蛇管、插入套管、列管式换热器等传热。

工业上常用的蛇管有两种：水平式蛇管和直立式蛇管，如图 2-5 所示。排列紧密的水平式蛇管能同时起到导流筒的作用，排列紧密的直立式蛇管同时可以起到挡板的作用，它们对于改善流体的流动状况和搅拌的效果起积极的作用。

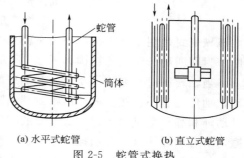

(a) 水平式蛇管　　　　(b) 直立式蛇管

图 2-5　蛇管式换热

蛇管一般置于釜内，浸没在反应物料中，热量能够充分利用，且由于蛇管内传热介质流速高，它的给热系数比夹套大很多。但对于含有固体颗粒的物料及黏稠的物料，容易引起物料堆积和挂料，同时还可能因冷凝液积聚而导致传热效果降低。

蛇管结构复杂，检修困难。一般蛇管的进出口最好设在上封头处，以使结构简单，装卸方便。

插入式传热构件也是目前反应釜中使用较多的传热装置，工业上常用的几种插入式传热构件有垂直管、指型管和 D 型管。这些插入式结构适用于反应物料容易在传热壁上结垢的场合，检修、除垢都比较方便。

对于大型反应釜，需高速传热时，可在釜内安装列管式换热器。

除了采用夹套和蛇管等内插传热构件使反应物料在反应器内进行换热之外，还可以采用各种型式的换热器使反应物料在反应器外进行换热，即将反应器内的物料移出反应器，经过外部换热器换热后再循环回反应器中。另外当反应在沸腾温度下进行且反应热效应很大时，可以采用回流冷凝法进行换热，即使反应器内产生的蒸汽通过外部的冷凝器加以冷凝，冷凝液返回反应器中。采用这种方法进行传热，由于蒸汽在冷凝器以冷凝的方式散热，可以得到很高的给热系数。有时若进行反应釜小试时，还可以采用电加热的方式。

四、釜式反应器的传动装置及密封装置

（一）传动装置

釜式反应器的传动装置，通常设置在反应釜顶部，采用立式布置。传动装置一般包括电动机、减速器、联轴器及搅拌轴等，如图2-6所示。传动装置的工作原理是电动机经减速器将转速减至按工艺要求的搅拌转速下，再通过联轴器带动搅拌轴旋转。

反应釜的传动装置是通过机架安装在釜体顶盖上。一般在封头上焊一底座，整个传动装置连机座及轴封都一起安装在这个底座上。便于装卸和检修。

（二）密封装置

反应釜的密封装置除了各种接管的静密封外，主要考虑静止的搅拌釜封头和转动的搅拌轴之间设有密封装置，也称动密封或轴封。对轴封的基本要求是：结构简单、密封可靠、维修装拆方便、使用寿命长。反应釜常用的轴封装置有机械密封和填料密封两种。

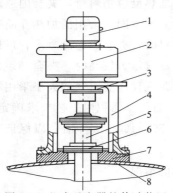

图 2-6　釜式反应器的传动装置
1—电动机；2—减速器；3—联轴器；
4—支架；5—搅拌轴；6—轴封装置；
7—凸缘；8—顶盖

1．机械密封

机械密封是用垂直于轴的平面来密封转轴的装置。它是由动环、静环、弹簧加荷装置和辅助密封圈四部分组成。结构如图2-7所示。工作时，由于弹簧力的作用使动环紧紧压在静环上，当轴转动时，弹簧加荷装置和动环等零件随轴一起旋转，而静环则固定在座架上静止不动，动环与静环相接触的环形密封端面阻止了物料的泄漏。

动环和静环是机械密封中最重要的元件。由于工作时，动环和静环产生相对运动的滑动摩擦，所有动静环材质要选择耐磨性、减摩性和导热性好的材料，同时，为保证密封效果，动环和静环的接触端面加工精度要求也很高。弹簧加荷装置是由弹簧、弹簧座、弹簧压板等组成。它的作用主要是弹簧通过压缩变形产生压紧力，使动环和静环两端面在不同的工况下都能保持紧密接触。密封元件是通过在压力作用下自身变形来形成密封条件的。

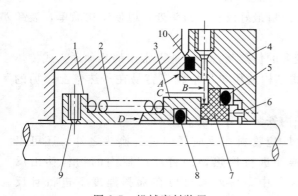

图 2-7　机械密封装置
1—弹簧座；2—弹簧；3—动环；4—静环座；5—静环
密封圈；6—防转销；7—静环；8—动环密封圈；
9—紧定螺钉；10—静环座密封圈

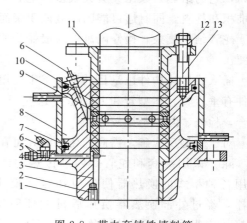

图 2-8　带夹套铸铁填料箱
1—本体；2—螺钉；3—衬套；4—螺塞；5—油圈；
6—油杯；7—O形密封圈；8—水夹套；9—油杯；
10—填料；11—压盖；12—螺母；13—双头螺栓

机械密封结构复杂，但与填料密封相比，具有功耗小、泄漏率低、密封性能可靠、使用寿命长等特性。

2.填料密封

填料密封由填料、填料箱本体、衬套、压盖、螺栓、油杯等组成。结构如图 2-8 所示。填料箱本体是固定在反应釜顶盖的底座上。旋紧螺栓时，在压盖压力的作用下，装在搅拌轴和填料箱本体之间的填料被压缩，以至于填料（一般为石棉织物，并含有石墨和黄油作润滑剂）发生变形，紧贴在轴的表面上，阻塞了物料泄漏的通道，从而起到密封的作用。

填料是填料密封的主要元件，对密封效果起着至关重要的作用。因此填料必须要具有足够的塑性，在压紧力的作用下能够产生较大的变形；同时还必须具有足够的弹性，吸振性能好以及较好的耐介质及润滑浸泡、腐蚀性能等。填料的选择应根据介质的特性、工艺条件、搅拌轴的轴径等选择。一般情况下，对于低压、无毒、非易燃易爆介质，可选用石棉绳；对于压力较高且有毒、易燃易爆介质，可选用油浸石墨石棉或橡胶石棉；若操作条件为高温高压，则可选铅、紫铜、铝、不锈钢等。油杯是为了在填料密封中适时加油以确保搅拌轴和填料之间的润滑所设置的。

填料密封是通过压盖施加压紧力使填料变形来获得的。压紧力过大，将使填料过紧地压在转动轴上，会加速轴与填料间的磨损，导致间隙增大反而使密封快速失效；压紧力过小，填料不能紧贴转动轴，就会产生较大的间隙泄漏。所以，工程上从延长密封寿命考虑，允许有一定的泄漏量，一般为 $150\sim450\text{mL/h}$。泄漏量和压紧程度通过调整压盖的压紧力来实现。并规定更换填料的周期，以确保密封的效果。

项目二　理想间歇操作釜式反应器的计算

理想间歇操作釜式反应器简称为 BR，是指所有的反应物料在操作前一次性加入，待反应达到要求的转化率后，一次性排出反应物料，而在反应进行过程中既不加料也不出料的釜式反应器。在化工生产中广泛用于液相反应，在液-固相反应、气-液-固相和气-液相反应中亦可采用。

间歇操作釜式反应器若搅拌非常充分，则可认为是理想流动反应器，即反应器内的流体流动符合全混流理想流动模型。因此，对于间歇操作釜式反应器而言，反应器内的有效空间中各位置的物料具有相同的温度、浓度；由于是一次性加料和出料，反应器内所有物料的停留时间相等，返混程度为零，即不存在返混；反应器的出料组成与反应器内物料的最终组成相同。因为是间歇操作，反应过程中的操作条件随着反应时间发生变化，因此，反应器内的浓度是处处相等，而时时却不相等。是一个非稳态过程。由于间歇操作釜式反应器存在辅助生产时间即反应物料的加料时间、出料时间、清洗时间等，使得反应设备生产效率较低。

间歇操作釜式反应器的结构简单、加工方便；传质效率高，温度分布均匀；由于是分批装料和卸料，操作灵活性大，适用于多品种、小批量的化学品生产。因此在精细化学品、高分子聚合物和生物化工产品的生产中使用较多。

间歇操作釜式反应器的计算主要包括反应时间和反应器的体积。

一、基本方程

反应器计算的基本方程是物料衡算式。根据间歇操作釜式反应器的特点，衡算范围可选为单位时间、整个反应器的体积，并对反应物 A 作物料衡算：

$$\begin{Bmatrix} 微元时间内 \\ 进入微元体积 \\ 关键组分量 \end{Bmatrix} - \begin{Bmatrix} 微元时间内 \\ 离开微元体积 \\ 关键组分量 \end{Bmatrix} - \begin{Bmatrix} 微元时间微元 \\ 体积内转化掉 \\ 关键组分量 \end{Bmatrix} = \begin{Bmatrix} 微元时间微 \\ 元体积内 \\ 关键组分的累积量 \end{Bmatrix}$$

$$\qquad 0 \qquad\qquad\qquad 0 \qquad\qquad (-r_A)V_R dt \qquad\qquad dn_A$$

即：
$$0 - 0 - (-r_A)V_R dt = dn_A \tag{2-1}$$

式中，$(-r_A)$ 为化学反应速率，$kmol/(m^3 \cdot s)$；V_R 为反应器的有效体积，m^3；n_A 为反应物 A 的物质的量，mol；t 为反应时间，h 或 min。

若用转化率来表示反应进行的程度：

$$n_A = n_{A0}(1 - x_A) \qquad dn_A = -n_{A0} dx_A$$

则式（2-1）即为：
$$dt = \frac{n_{A0} dx_A}{(-r_A)V_R} \tag{2-2}$$

二、反应时间的计算

间歇操作釜式反应器的生产时间包括两部分：反应时间和辅助时间。反应时间是指装料完毕后算起至达到反应所要求的转化率时所需的时间；辅助时间是指反应物料的加料时间、出料时间、清洗时间等，一般情况下，辅助时间由经验确定。反应时间可由式（2-2）计算：

式（2-2）积分得：
$$t = n_{A0} \int_0^{x_A} \frac{dx_A}{(-r_A)V_R} \tag{2-3}$$

1.恒温过程

恒温过程是指在反应过程中温度不发生变化，这样速率常数 k 值就不随反应发生变化，在反应过程中可看出是常数。而液相反应，反应前后物料的密度变化很小，因此，一般情况下，多数液相反应都可看做是恒容反应。

$$t = c_{A0} \int_0^{x_A} \frac{dx_A}{(-r_A)} \tag{2-4a}$$

若用浓度来表示，则：

$$c_A = c_{A0}(1 - x_A) \qquad dc_A = -c_{A0} dx_A$$

反应时间为：
$$t = -\int_{c_{A0}}^{c_A} \frac{dc_A}{(-r_A)} \tag{2-4b}$$

从式（2-4）可以看出，间歇操作釜式反应器内为达到一定的转化率所需要的反应时间，只是动力学方程式的直接积分而与反应器的大小及物料的投入量无关。

若知道反应动力学的函数表达式时，就可以把表达式代入式（2-4）进行计算。

例如：一级反应 $(-r_A) = kc_A = kc_{A0}(1 - x_A)$

代入式（2-4）则：
$$t = \frac{1}{k} \ln \frac{1}{1 - x_A} = \frac{1}{k} \ln \frac{c_{A0}}{c_A}$$

二级反应：$(-r_A) = kc_A^2 = kc_{A0}^2(1 - x_A)^2$

则反应时间为：
$$t = \frac{1}{k}\left(\frac{1}{c_A} - \frac{1}{c_{A0}}\right) = \frac{1}{kc_{A0}} \times \frac{x_A}{1 - x_A}$$

若反应的反应动力学表达式相当复杂或不能用函数表达式表示时，则可以用图解法计算。如图 2-9 所示。

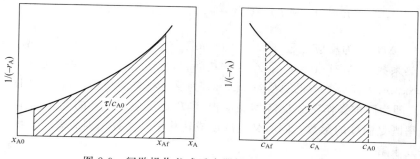

图 2-9　间歇操作釜式反应器恒温过程图解计算

【例 2-1】　在理想间歇操作釜式反应器中用己二酸和己二醇为原料，等摩尔进料进行比缩聚反应生产醇酸树脂。反应温度 70℃，催化剂为 H_2SO_4。实验测得动力学方程式为：$(-r_A) = kc_A^2 \text{kmol(A)}/(\text{L} \cdot \text{min})$，其中，速率常数 $k = 1.97 \text{L}/(\text{kmol} \cdot \text{min})$，反应物的初始浓度 $c_{A0} = 0.004 \text{kmol/L}$。若每天处理 2400kg 己二酸，求转化率分别为 0.5、0.6、0.8、0.9 时所需反应时间。

解：该反应为恒温恒容二级反应。达到一定的转化率所需的时间为：

$$t = \frac{1}{kc_{A0}} \times \frac{x_A}{1 - x_A}$$

当 $x_A = 0.5$ 时：　　$t = \dfrac{1}{1.97 \times 0.004} \times \dfrac{0.5}{(1 - 0.5)} = 126.9(\text{min}) = 2.10 \text{ (h)}$

　　　　$x_A = 0.6$　　$t = \dfrac{1}{1.97 \times 0.004} \times \dfrac{0.6}{(1 - 0.6)} = 190.4 \text{ (min)} = 3.17 \text{ (h)}$

同理：当 $x_A = 0.8$ 时，$t = 8.5(\text{h})$；当 $x_A = 0.9$ 时，$t = 19.0(\text{h})$

从上述结果可以看出：随着转化率的提高，反应所需的时间急剧增加。但在高转化率的条件下，若要再提高转化率，所需要的时间太多，没有任何意义。因此在确定反应的最终转化率时，需要考虑这一点。

2．非恒温过程

在计算过程中，涉及速率常数 k，而速率常数 k 的大小与温度有一定的关系。反应过程中，由于存在热效应问题，即便是采取了换热措施，也未必能够保证反应是在恒温下进行。而实际生产过程中并不一定要求反应必须在恒温下进行，更多的情况是要求反应在一定的温度序列下进行，以保证反应产物的分布为最佳。因此，需要知道反应过程中温度的变化规律，这需要通过热量衡算来计算。

对于间歇操作釜式反应器，热量衡算的范围与物料衡算的范围相同，仍为单位时间、整个反应器的体积。基准温度为 0℃，对反应器内所有物料进行衡算。

单位时间内进入反应器的物料带入的热量：0

单位时间内离开反应器的物料带出的热量：0

单位时间反应器内的物料发生反应的热效应热量：$(-\Delta H_r)(-r_A)V_R \mathrm{d}t$

单位时间反应器内的物料和外界交换的热量：$KA(T_w - T)\mathrm{d}t$

单位时间内反应器内累积的热量：$m_t c_{pt} \mathrm{d}T$

根据热量衡算基本方程式(1-2) 得：

$$KA(T_w - T) + V_R(-r_A)(-\Delta H_r) = m_t c_{pt} \frac{\mathrm{d}T}{\mathrm{d}t} \tag{2-5}$$

式中，$(-\Delta H_r)$ 为反应过程热效应，J/mol；$(-r_A)$ 为化学反应速率，kmol/(m³·s)；K 为传热系数，kW/(m²·K)；A 为传热面积，m²；T_w 为换热介质的温度，K；T 为反应温度，K；m_t 为反应物料的总质量 kg；c_{pt} 为反应物料的平均比热容，kJ/(kg·K)。

式(2-5) 即为间歇操作釜式反应器反应温度 T 随反应时间 t 的变化规律。在计算过程中，由于速率既是温度的函数，同时又是浓度或转化率的函数，因此需要将物料衡算式与热量衡算式联立求解。

将物料衡算式(2-2) 带入热量衡算式(2-5) 得：

$$KA(T_w - T) + (-\Delta H_r)n_{A0}\frac{\mathrm{d}x_A}{\mathrm{d}t} = m_t c_{pt}\frac{\mathrm{d}T}{\mathrm{d}t} \tag{2-6}$$

积分：

$$\int_0^t KA(T_w - T)\mathrm{d}t + \int_{x_{A0}}^{x_A} (-\Delta H_r)n_{A0}\mathrm{d}x_A = \int_{T_0}^T m_t c_{pt}\mathrm{d}T$$

即：

$$\int_0^t KA(T_w - T)\mathrm{d}t + (-\Delta H_r)n_{A0}(x_A - x_{A0}) = m_t c_{pt}(T - T_0) \tag{2-7}$$

式中，T_0 为反应物料的初始温度；x_{A0} 为反应物料的初始转化率。式(2-7) 说明对一定的反应系统而言，温度与转化率的关系取决于系统与换热介质的换热速率。

若反应过程采用绝热操作，即反应过程中与外界无热量交换，热量衡算式中与外界交换的热量这一项为 0。则式(2-7) 为：

$$T - T_0 = \frac{(-\Delta H_r)n_{A0}}{m_t c_{pt}}(x_A - x_{A0}) \tag{2-8}$$

式(2-8) 称为绝热方程式。定义 $\lambda = (-\Delta H_r)n_{A0}/(m_t c_{pt})$，称为绝热温变。其物理意义是当反应系统中的组分 A 全部转化时，系统温度的变化值。一般情况下 $(-\Delta H_r)$ 和 c_{pt} 在反应过程中的变化可忽略不计，因此 λ 可看成常数，则式(2-8) 为线性关系。

$$T - T_0 = \lambda(x_A - x_{A0}) \tag{2-9}$$

三、反应体积的计算

间歇操作釜式反应器的总体积应包括反应器的有效体积、分离空间、辅助部件占有的体积。在计算过程中反应器的有效体积由物料衡算而得，而分离空间、辅助部件占有的体积则根据具体的反应情况而定。

1．反应器的有效体积 V_R

$$V_R = V_0(t + t') \tag{2-10}$$

式中 V_0——每小时处理的物料体积，m³/h；

      t——达到要求的转化率所需要的反应时间，h；

      t'——辅助时间，h。

2．反应器的体积 V

在间歇操作釜式反应器中，由于要考虑到反应物料的性质、反应釜物料上部的空间大小、反应釜内是否装有蛇管换热器、搅拌器的类型等因素，因此，实际反应器的体积不能仅以生产任务来确定，需要考虑装填系数。

$$V = \frac{V_R}{\varphi} \qquad (2-11)$$

式中，φ 表示装填系数，是一经验值，根据具体情况而定，一般为 $0.4 \sim 0.85$，对于沸腾或起泡沫的物料取 $0.4 \sim 0.6$；对于不沸腾或不起泡沫的物料取 $0.7 \sim 0.85$；搅拌剧烈的反应釜可取 $0.6 \sim 0.7$。

如果物料的处理量很大，需要采用多釜并联操作时，反应釜的台数 m 为：

$$m = \frac{V}{V'}\beta \qquad (2-12)$$

式中 V'——每台反应釜的体积；

β——反应器生产能力的后备系数，一般为 $1 \sim 1.5$。

3．反应釜的结构尺寸

反应釜的实际体积包括圆筒部分和底封头，计算时，若忽略底封头体积，则：

$$V = 0.785 D^2 H \qquad (2-13)$$

式中，D 为筒体的直径；H 为筒体的高度。当体积一定时，若直径过大，将使水平搅拌发生困难；若高度过大，会使垂直搅拌发生困难，同时还增加夹套的换热面积。一般情况下，反应釜的高径比接近 1。反应釜结构尺寸尽量选择标准设备尺寸。

【例 2-2】 在［例 2-1］中，若每批操作的辅助生产时间为 1h，反应器的装填系数为 0.75，求当转化率为 80% 时，反应器的体积。

解：己二酸的相对分子质量为 146，每小时己二酸的进料量为：

$$F_{A0} = \frac{2400}{24 \times 146} = 0.684 \ (\text{kmol/h})$$

处理的物料的体积：

$$V_0 = \frac{F_{A0}}{c_{A0}} = \frac{0.684}{0.004} = 171 \ (\text{L/h})$$

当 $x_A = 0.8$ 时，反应时间 $t = 8.5(\text{h})$

反应器的体积：$V_R = V_0(t + t') = 171 \times (8.5 + 1) = 1625 \ (\text{L}) \approx 1.63 \ (\text{m}^3)$

反应器的实际体积：$V = \dfrac{V_R}{\varphi} = \dfrac{1.63}{0.75} = 2.17 \ (\text{m}^3)$

项目三 理想连续操作釜式反应器的计算

理想连续操作釜式反应器简称为 CSTR。是指在反应过程中反应物料连续加入反应器，同时在反应器出口连续不断地引出反应产物的釜式反应器。即采用连续操作方式的釜式反应器。由于是连续操作，不存在间歇生产中的辅助生产时间问题，是一稳态操作过程。因此，容易实现自动控制，操作简单，节省人力，产品质量稳定，可用于产量大的产品生产。

对于连续操作釜式反应器而言，由于强烈的搅拌作用，使进入反应器的反应物料瞬间与存留在反应器内的物料混合均匀，同时在反应器出口处即将流出的物料也与釜内物料浓度相同，导致反应器内物料的温度、浓度处处相等，且等于反应器出口物料的浓度和温度。即在连续操作釜式反应器中，反应物的浓度处于出口状态的低浓度，产物的浓度处于出口状态的高浓度。因此，高效搅拌的连续操作釜式反应器可认为是理想流动反应器，反应器内的流体流动符合全混流理想流动模型。流体达到充分混合，返混程度为无穷大。在反应过程中，操作条件的变化规律如图 2-10 所示。与间歇操作釜式反应器不同的是：由于连续操作釜式反应器的操作方式是连续的，因此，反应器内的浓度不仅处处相等，而且时时也相等。

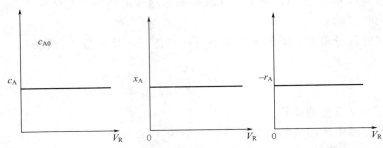

图 2-10　连续操作釜式反应器操作条件变化示意图

一、基本方程

反应器计算的基本方程是物料衡算式。根据理想连续操作釜式反应器的特点，衡算范围可选为单位时间、整个反应器的体积，并对反应物 A 作物料衡算：

$$
\begin{Bmatrix} 微元时间内 \\ 进入微元体积 \\ 关键组分量 \end{Bmatrix} - \begin{Bmatrix} 微元时间内 \\ 离开微元体积 \\ 关键组分量 \end{Bmatrix} - \begin{Bmatrix} 微元时间微元 \\ 体积内转化掉 \\ 关键组分量 \end{Bmatrix} = \begin{Bmatrix} 微元时间微 \\ 元体积内 \\ 关键组分的累积量 \end{Bmatrix}
$$

$$
F_{A0}\mathrm{d}t \qquad F_{A}\mathrm{d}t \qquad (-r_{A})V_{R}\mathrm{d}t \qquad 0
$$

即：
$$
F_{A0}\mathrm{d}t - F_{A}\mathrm{d}t - (-r_{A})V_{R}\mathrm{d}t = 0 \tag{2-14}
$$

式中，$(-r_{A})$ 为化学反应速率，$kmol/(m^3 \cdot s)$；V_R 为反应器的有效体积，m^3；F_{A0} 为进料中反应物 A 的流率，mol/s；F_A 为出料中反应物 A 的流率，mol/s。

若用转化率来表示反应进行的程度：
$$
F_{A} = F_{A0}(1 - x_{A})
$$

则式(2-14) 即为：
$$
V_{R} = F_{A0}\frac{x_{A}}{(-r_{A})} \tag{2-15}
$$

由于液相反应一般情况下都可以看成是恒容反应，因此式(2-15) 也可用浓度表示：
$$
V_{R} = c_{A0}V_{0}\frac{x_{A}}{(-r_{A})} = V_{0}\frac{c_{A0} - c_{A}}{(-r_{A})} \tag{2-16}
$$

式中，V_0 表示反应釜进口物料的体积流量，m^3/h。在计算时必须注意，公式中反应速率必须是以出口时的温度和浓度计算。

反应过程的空时：
$$
\tau = \frac{V_{R}}{V_{0}} = c_{A0}\frac{x_{A}}{(-r_{A})} = \frac{c_{A0} - c_{A}}{(-r_{A})} \tag{2-17}
$$

因为在连续操作操作釜式反应器中主要是进行液相反应，而液相反应一般都可以看成是恒容反应，所以该釜式反应器平均停留时间与空时相等。

$$
\bar{t} = \tau
$$

二、单一连续操作釜式反应器

反应过程中使用一个连续操作釜式反应器来完成生产任务，则反应器的体积和空时的计算可按式(2-15) 和式(2-17) 来计算。

若知道反应动力学的函数表达式时，就可以把表达式代入式(2-15) 和式(2-17) 进行计算。

例如：一级反应 $(-r_A)=kc_A=kc_{A0}(1-x_A)$

代入式(2-15) 和式(2-17) 则：$V_R=\dfrac{V_0}{k}\times\dfrac{x_A}{1-x_A}$ $\qquad \tau=\dfrac{V_R}{V_0}=\dfrac{1}{k}\times\dfrac{x_A}{1-x_A}$

二级反应：$(-r_A)=kc_A^2=kc_{A0}^2\,(1-x_A)^2$

则：
$$V_R=\frac{V_0}{kc_{A0}}\times\frac{x_A}{(1-x_A)^2}$$

$$\tau=\frac{V_R}{V_0}=\frac{1}{kc_{A0}}\times\frac{x_A}{(1-x_A)^2}$$

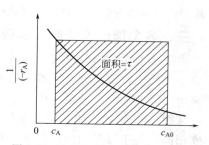

图 2-11 CSTR 图解法计算示意图

若反应的动力学表达式相当复杂或不能用函数表达式表示时，则可以用图解法计算。如图 2-11 所示。图中曲线为反应器内所进行的化学反应的动力学曲线，对于单一连续操作釜式反应器而言，完成一定的生产任务所需要的空时就等于图中所示矩形的面积。

值得注意的是：由于全混流反应器是在出口浓度下进行工作的，因此，所对应的反应速率值一定是出口浓度时的反应速率。

【例 2-3】 用一搅拌良好的釜式反应器连续生产醇酸树脂，反应条件同〔例 2-1〕，试计算当反应转化率为 80% 时反应器的体积和空时。

解：反应釜的空时为：

$$\tau=\frac{1}{kc_{A0}}\times\frac{x_A}{(1-x_A)^2}=\frac{1}{1.97\times0.004}\times\frac{0.8}{(1-0.8)^2}$$
$$=2538\,(\text{min})=42.3\,(\text{h})$$

反应釜的初始体积流量为：

$$V_0=\frac{F_{A0}}{c_{A0}}=\frac{2400}{24\times146\times0.004}=171\,(\text{L/h})$$
$$=2.85\,(\text{L/min})$$

反应釜的有效体积为：

$$V_R=V_0\tau=2.85\times2538=7233\,(\text{L})=7.23\,(\text{m}^3)$$

通过〔例 2-1〕和〔例 2-3〕的反应结果可以看出：完成相同的生产任务，连续操作釜式反应器的生产时间比间歇操作釜式反应器的生产时间要长。主要原因是连续操作釜式反应器内的化学反应是在出口处的低浓度下进行的。

【例 2-4】 有一分解反应 $\begin{array}{l}A\to R(\text{目的产物}),\ r_R=c_A^2[\text{mol}/(\text{L}\cdot\text{min})]\\A\to S\ (\text{副产物}),\ r_S=2c_A[\text{mol}/(\text{L}\cdot\text{min})]\end{array}$ 在一搅拌良好的釜式反应器中进行。其中 $c_{A0}=4.0\text{mol/L}$，$c_{R0}=c_{S0}=0$，物料的体积流量为 5.0L/min，试求当反应物 A 的转化率为 80% 时，反应器的有效体积为多少。

解：反应釜的空时为：

$$\tau=\frac{V_R}{V_0}=c_{A0}\frac{x_A}{(-r_A)}=\frac{c_{A0}-c_A}{(-r_A)}$$

该分解反应为一复杂反应，反应物 A 的动力学方程式为：$(-r_A)=c_A^2+2c_A$

而 $$c_A = c_{A0}(1-x_A) = 4 \times (1-0.8) = 0.8 \ (\text{mol/L})$$

所以：$$\tau = \frac{V_R}{V_0} = c_{A0} \frac{x_A}{(-r_A)} = \frac{c_{A0}-c_A}{c_A^2+2c_A} = \frac{4-0.8}{0.8^2+2\times0.8} = 1.43 \ (\text{min})$$

反应釜的有效体积为：

$$V_R = V_0\tau = 5.0 \times 1.43 = 7.14 \ (\text{L})$$

由此可见，不论在反应器内进行的是什么类型的反应，简单反应也好，复杂反应也好，连续操作釜式反应器空时的计算公式都是相同的，只是公式中的动力学方程式的表达方式不同而已。

三、多个理想连续釜式反应器的串联（n-CSTR）

由于单个连续操作釜式反应器内反应物的工作浓度较低，使得反应速率降低。为了改善反应釜内反应物浓度低而导致反应速率下降的问题，可以采用多个反应釜串联操作。即由一个釜所完成的生产任务现在用几个釜串联完成。

从图 2-12 可以看出，串联操作中，反应物的浓度只有在最后一个釜时与单釜操作时的浓度相同，处于最低的出口浓度，其他各釜的浓度均比单釜操作时的浓度高。这就使得多釜串联操作的总体工作浓度大于单釜操作的浓度，反应速率也比单釜快。因此多个串联的连续釜式反应器生产能力要大于单个连续釜式反应器的生产能力。需要注意的是，对于多个串联操作的釜式反应器，每一个釜式反应器内的浓度是均一的，等于该釜出口浓度，而各釜之间的浓度是不相同的。

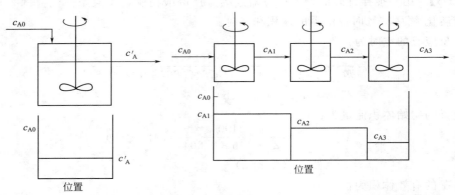

图 2-12　单釜和多釜连续操作充分搅拌釜式反应器浓度变化示意图

假设串联操作的釜式反应器均为搅拌良好的连续操作釜式反应器，且各釜之间不存在混合，每一个反应釜都是在定态的等温条件下反应，反应过程中物料的体积不发生变化。

根据图 2-13 所示，对其中任一釜进行物料衡算如下：

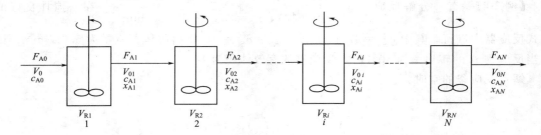

图 2-13　多釜连续操作充分搅拌釜式反应器物料衡算示意图

$$F_{A(i-1)}\mathrm{d}t - F_{Ai}\mathrm{d}t - (-r_A)_i V_{Ri}\mathrm{d}t = 0$$

整理得：
$$V_{Ri} = \frac{F_{Ai-1} - F_{Ai}}{(-r_A)_i}$$

若用转化率来表示：
$$F_{Ai} = F_{A0}(1 - x_{Ai})$$

则：
$$V_{Ri} = F_{A0}\frac{(x_{Ai} - x_{Ai-1})}{(-r_A)_i} = c_{A0}V_0\frac{(x_{Ai} - x_{Ai-1})}{(-r_A)_i} \tag{2-18}$$

空时为：
$$\tau_i = \frac{V_{Ri}}{V_0} = c_{A0}\frac{x_{Ai} - x_{Ai-1}}{(-r_A)_i} = \frac{c_{Ai-1} - c_{Ai}}{(-r_A)_i} \tag{2-19}$$

式中　V_{Ri}——第 i 釜的有效体积，m^3；

$\quad\quad \tau_i$——第 i 釜的空时或平均停留时间，h；

$\quad\quad x_{Ai}$——经过第 i 釜后反应物料达到的转化率；

$\quad x_{Ai-1}$——经过第 $i-1$ 釜后反应物料达到的转化率；

$\quad\quad c_{Ai}$——第 i 釜内反应物料的浓度，mol/m^3；

$\quad c_{Ai-1}$——第 $i-1$ 釜内反应物料的浓度，mol/m^3；

$\quad\quad F_{Ai}$——第 i 釜内反应物料的流率，mol/s；

F_{Ai-1}——第 $i-1$ 釜内反应物料的流率，mol/s。

串联操作釜式反应器的总体积和空时为：
$$V_R = \sum V_{Ri} \qquad \tau = \sum \tau_i \tag{2-20}$$

1. 解析法

当反应的动力学方程式可以用一函数表达式表示时，根据串联操作釜式反应器的特征，前一釜反应物的出口浓度是后一釜反应物的入口浓度的关系，利用式（2-18）或式（2-19）逐釜依次计算，直到达到要求的转化率。

例：一级不可逆反应：$(-r_A) = kc_A = kc_{A0}(1 - x_A)$

则第一釜的体积为：$V_{R1} = \dfrac{V_0}{k_1} \times \dfrac{x_{A1} - x_{A0}}{1 - x_{A1}}$

则第二釜的体积为：$V_{R2} = \dfrac{V_0}{k_2} \times \dfrac{x_{A2} - x_{A1}}{1 - x_{A2}}$

$\vdots$

则第 N 釜的体积为
$$V_{RN} = \frac{V_0}{k_N} \times \frac{x_{AN} - x_{AN-1}}{1 - x_{AN}}$$

【例 2-5】　用 2 个搅拌良好的连续操作釜式反应器串联生产醇酸树脂，要求经过第一釜操作后转化率达到 50％，反应条件同［例 2-1］，试计算当反应最终转化率达到 80％时反应器的体积。

解：根据［例 2-1］知：$V_0 = 2.85L/min$

根据式（2-18）则第一釜的体积为：

$$\begin{aligned}
V_{R1} &= \frac{c_{A0}V_0(x_{A1} - x_{A0})}{(-r_A)_i} = \frac{c_{A0}V_0(x_{A1} - x_{A0})}{kc_{A0}^2(1 - x_{A1})^2} \\
&= \frac{2.85 \times (0.5 - 0)}{1.97 \times 0.004 \times (1 - 0.5)^2} = 723.35\ (L)
\end{aligned}$$

第二釜的体积为：

$$V_{R2} = \frac{c_{A0}V_0(x_{A2} - x_{A1})}{kc_{A0}^2(1 - x_{A2})^2} = \frac{2.85 \times (0.8 - 0.5)}{1.97 \times 0.004 \times (1 - 0.8)^2} = 2712.6 \text{ (L)}$$

反应的总体积为：$V_R = V_{R1} + V_{R2} = 723.35 + 2712.6 = 3436$ （L）$= 3.436\text{m}^3$

通过［例 2-3］和［例 2-5］的计算结果可以看出：完成相同的生产任务，多个连续操作釜式反应器的串联所需的反应体积比单个连续操作釜式反应器所需的反应体积要小。主要原因就是因为多个连续操作釜式反应器的串联操作改变了反应过程中反应物的浓度变化。串联的釜数越多，则浓度的改变越大，所需的反应器的体积越小。一般情况下，釜数不宜太多，否则会造成设备投资或操作费用的增加大于反应总体积减小的费用。

【例 2-6】 有一不可逆一级连串反应 $A \xrightarrow{k_1} P \xrightarrow{k_2} S$，$k_1 = 0.15\text{min}^{-1}$，$k_2 = 0.05\text{min}^{-1}$，进料流量为 $0.5\text{m}^3/\text{min}$，$c_{A0} = 0.73\text{mol/m}^3$，$c_{P0} = c_{S0} = 0$，试求：（1）当采用一个 $V_R = 1\text{m}^3$ 的 CSTR，出口中各组分的浓度；（2）当采用两个 $V_R = 1\text{m}^3$ 的 CSTR 串联，出口中各组分的浓度。

解：此为一复杂反应体系，反应中，不同组分的动力学方程式为：

$$(-r_A) = 0.15c_A \qquad r_P = 0.15c_A - 0.05c_P \qquad r_S = 0.05c_P$$

（1）当采用一个 $V_R = 1\text{m}^3$ 的 CSTR 时：$\tau = V_R/V_0 = 1/0.5 = 2$

对组分 A 做物料衡算得：$c_{A0}V_0 - c_A V_0 - (-r_A)V_R = 0$

把组分 A 动力学方程式代入得：$c_A = \dfrac{c_{A0}}{1 + k_1\tau} = \dfrac{0.73}{1 + 0.15 \times 2} = 0.56$

同理：对组分 P 做物料衡算得：$c_{P0}V_0 - c_P V_0 + r_P V_R = 0$

代入 P 组分的动力学方程式得：$c_P = \dfrac{k_1\tau c_A}{1 + k_2\tau} = \dfrac{0.15 \times 2 \times 0.56}{1 + 0.05 \times 2} = 0.15$

因为：$c_{A0} + c_{P0} + c_{S0} = c_A + c_P + c_S$ 所以：$c_S = 0.73 - 0.56 - 0.15 = 0.02$

（2）当采用两个 $V_R = 1\text{m}^3$ 的 CSTR 时：$\tau_1 = \tau_2 = V_R/V_0 = 1/0.5 = 2$

所以第一釜的出口浓度与上相同，即：$c_{A1} = 0.56$；$c_{P1} = 0.15$；$c_{S1} = 0.02$

第二釜，对组分 A：$c_{A1}V_0 - c_{A2}V_0 - (-r_A)V_R = 0$

$$c_{A2} = \frac{c_{A1}}{1 + k_1\tau_2} = \frac{0.56}{1 + 0.15 \times 2} = 0.43$$

对组分 P：$c_{P1}V_0 - c_{P2}V_0 + r_P V_R = 0$

$$c_{P2} = \frac{c_{P1} + k_1\tau c_{A2}}{1 + k_2\tau_2} = \frac{0.15 + 0.15 \times 2 \times 0.43}{1 + 0.05 \times 2} = 0.25$$

同理：$c_{S2} = 0.73 - 0.43 - 0.25 = 0.05$

从该题可以看出：反应器的物料衡算是针对反应体系中的某一物质，这个物质不仅仅是指反应物，对于体系中的任何物质而言均可以。

2．图解法

当反应的动力学表达式相当复杂或不能用函数表达式表示时，用解析法计算是比较麻烦的。此时用图解法则较为方便。

式（2-19）可变形为：

$$(-r_A)_i = -\frac{c_{Ai}}{\tau_i} + \frac{c_{Ai-1}}{\tau_i} \tag{2-21}$$

此式表示第 i 釜进出口浓度与反应速率的操作关系。是一线性关系，如图 2-14 所示。直线的斜率是 $-1/\tau_i$，截距为 c_{Ai-1}/τ_i。同时，该釜的出口浓度不仅要满足直线方程式(2-21)，而且还要满足动力学方程式。即若将这两个方程式同时在 $(-r_{Ai}) \sim c_A$ 的图上绘出，则两线交点的横坐标就是该釜的出口浓度。

作图步骤：首先绘出根据动力学方程式或实验数据给出的在操作温度下的动力学关系曲线（如图 2-14 中的曲线 OA），然后在横坐标上找到 c_{A0} 点，根据同一温度下多釜串联中的某一釜物料衡算式 [式(2-21)] 画出该釜的操作线关系，并与动力学曲线 OA 交于 A_1 点（如图 2-14 中的直线 $c_{A0}A_1$）。交点所对应的坐标值，即为多釜串联中该釜内的化学反应速率和出口浓度。若各釜的反应温度和反应体积均相同，则以 A_1 点的横坐标作操作线的平行线，与动力学曲线相交。不断重复上述步骤，直到最后一釜的浓度等于或略小于给定的出口浓度，则平行线的根数即为连续串联操作所需要的釜数。

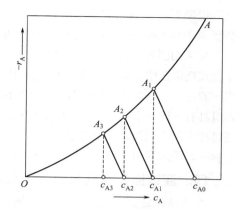

图 2-14　多釜连续操作釜式反应器图解法

用图解法计算时要注意：如果串联的各釜式反应器操作温度不同，就需要给出各釜不同的操作温度下的动力学曲线，并分别与相对应的操作线相交得出交点，同时满足各釜动力学方程式和物料衡算式的要求；如果串联的各釜式反应器的有效体积不同，则物料通过各釜的平均停留时间也不同，即各釜的操作线的斜率不同，此时各釜的操作线就不平行，就需要分别以各釜的操作线与对应的动力学曲线相交，计算釜的出口浓度和串联的釜数。

3. 连续串联操作釜式反应器最优化

在连续串联操作釜式反应器的计算中有一个问题需要解决，即当物料的处理量，初始浓度 c_{A0} 和最终转化率 x_{AN} 已知时，如何来确定反应器的釜数和各釜的体积或各釜的转化率。它们之间有一定的关系，需要综合考虑多种因素来确定。这就是连续串联操作釜式反应器最优化的问题。

如果用解析法计算，则根据式(2-20)写出反应器体积计算公式，并把式(2-18)带入式(2-20)，然后对该式求导让其等于 0，求出所需变量。下面以一级反应动力学说明。

N 个连续串联操作釜式反应器进行一级不可逆反应，各釜的温度相同，则体积为：

$$V_R = \sum V_{Ri} = \frac{V_0}{k}\left(\frac{x_{A1} - x_{A0}}{1 - x_{A1}} + \frac{x_{A2} - x_{A1}}{1 - x_{A2}} + \cdots + \frac{x_{AN} - x_{AN-1}}{1 - x_{AN}} \right)$$

上式对转化率求偏导数得：

$$\frac{\partial V_R}{\partial x_{Ai}} = \frac{V_0}{k}\left[\frac{1 - x_{Ai-1}}{(1 - x_{Ai})^2} - \frac{1}{1 - x_{Ai+1}} \right] \quad (i = 1, 2, \cdots, N-1)$$

若使反应体积最小，则 $\partial V_R / \partial x_{Ai} = 0$

$$\frac{1 - x_{Ai-1}}{(1 - x_{Ai})^2} = \frac{1}{1 - x_{Ai+1}} \quad \text{或} \quad \frac{1 - x_{A(i-1)}}{1 - x_{Ai}} = \frac{1 - x_{Ai}}{1 - x_{Ai+1}}$$

化简可得：$\dfrac{V_0}{k} \times \dfrac{x_{Ai} - x_{Ai-1}}{1 - x_{Ai}} = \dfrac{V_0}{k} \times \dfrac{x_{Ai+1} - x_{Ai}}{1 - x_{Ai+1}}$　即：$V_{Ri} = V_{Ri+1}$

说明对于一级不可逆反应，采用连续串联操作釜式反应器时，要保证总反应体积最小，必要的条件是串联的各釜的体积应相等。

如果用图解法计算。已知处理量 V_0、初始浓度 c_{A0} 和最终转化率 x_{AN}，要求确定串联连续操作釜式反应器的釜数和各釜的有效体积，也可以在绘有动力学曲线的 $(-r_A)\sim c_A$ 图上进行试算。若各釜的有效体积相同时，根据操作线方程，假设不同的 V_{Ri}，就可以在 c_A 和 c_{AN} 之间做出多组具有不同斜率、不同段数的平行直线，表示釜数 N 和各釜有效体积 V_{Ri} 值的不同组合关系。通过技术经济比较，确定其中一组为所求的解。若串联的釜数已经选定，仅需在图上调整平行线的斜率，使之同时满足 c_{A0}、c_{AN} 和 N，然后由平行线的斜率即可求出反应器的有效体积。

四、连续操作釜式反应器的热稳定性

连续操作釜式反应器无论是在绝热或是与外界有热交换的情况下进行，反应过程基本上都是在等温下进行。因此，对反应器进行热量衡算的目的是为了确定反应的温度和反应的可操作性。

对化学反应速率快、反应热效应大、温度敏感性强的化学反应过程，必须认真考虑反应的可操作性。否则，反应器不仅不能正常运转，而且会导致反应温度剧烈波动，甚至失去控制，烧坏催化剂或发生冲料、爆炸等危险，给生产造成严重后果。影响反应器可操作性的主要因素是热稳定性和参数敏感性。

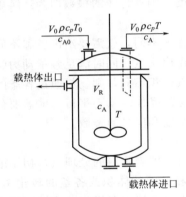

图 2-15 釜式反应器热量衡算示意图

所谓热稳定性是指反应器本身对热的扰动有无自行恢复平衡的能力。当反应过程的放热或移热因素发生某些变化时，过程的温度等因素将产生一系列的波动，在干扰因素消除后，如果反应过程能恢复到原来的平衡状态，称为热稳定性的；否则称为热不稳定性的。参数敏感性是指反应过程中各有关参数（流量、进口温度、冷却温度等）发生微小变化时，反应器内的温度将会有多大的变化。如果反应器参数的敏感性过高，那么对参数的调节就会有过高的精度要求，使反应器的操作变得十分困难。

1. 连续操作釜式反应器的热量衡算式

连续操作釜式反应器的热量衡算示意图如图 2-15 所示。衡算范围为单位时间、整个反应器的体积。基准温度为 0℃，反应过程为恒温恒容。则单位时间反应器内

进入的物料带入的热量：$V_0 \rho c_p T_0$

离开的物料带出的热量：$V_0 \rho c_p T$

发生反应的放出热量：$(-\Delta H_r)(-r_A)V_R$

和外界交换的热量：$KA(T-T_w)$

累积的热量：0

根据热量衡算基本方程式(1-2) 得：

$$V_0 \rho c_p (T-T_0) + KA(T-T_w) = V_R(-r_A)(-\Delta H_r) \qquad (2\text{-}22)$$

式中　$(-\Delta H_r)$——反应过程热效应，J/mol；

　　　　$(-r_A)$——化学反应速率，kmol/(m³·s)；

　　　　K——传热系数，kW/(m²·K)；

　　　　A——传热面积，m²；

T_w，T，T_0——分别为换热介质的温度、反应温度、进料温度，K；

ρ——反应物料的平均密度，kg/m^3；

c_p——反应物料的平均比热容，$kJ/(kg \cdot K)$；

V_0——进料的体积流量，m^3/h。

式（2-22）为连续操作釜式反应器的热量衡算式。通过该式可计算反应在一定的温度下进行时，达到规定的转化率所需移出（放热反应）或提供（吸热反应）的热量，从而确定换热介质用量。

2. 连续操作釜式反应器的热稳定性的判断

从式（2-22）可以看出，放热速率为：

$$Q_R = V_R(-r_A)(-\Delta H_r) \tag{2-23}$$

式中，Q_R 为放热速率，kJ/h，放热速率和反应的动力学形式有关。假设反应器内进行的是恒容一级不可逆放热反应，其反应速率为 $(-r_A)=kc_A$，根据式（2-19）知反应物 A 的物料衡算为：

$$c_A = c_{A0}/(1+k\tau)$$

带入式（2-23）得：$Q_R = \dfrac{V_0 c_{A0}(-\Delta H_r)k\tau}{1+k\tau}$

将速率常数 k 的表达式带入上式得：

$$Q_R = \frac{V_0 c_{A0}(-\Delta H_r)k_0\tau\exp(-E/RT)}{1+k_0\tau\exp(-E/RT)} \tag{2-24}$$

式（2-24）为放热速率与温度的表达式。是一条 S 形曲线，称为反应放热曲线。见图 2-16。

移热速率为：$Q_C = V_0\rho c_p(T-T_0)+KA(T-T_w) \tag{2-25}$

式中，Q_C 为移热速率，kJ/h。式（2-25）为移热速率与温度的表达式，是一直线关系。由于参数值的不同直线有不同的斜率和截距，如图 2-16 所示。

由图 2-16 可以看出：放热曲线与移热直线的交点有三个，这三个交点均满足 $Q_C=Q_R$。即放热速率与移热速率相等，称为定常状态点。当反应过程中某些因素发生变化或受到干扰，反应釜的温度将升高或降低，操作点则偏离定常状态点。对于操作点 b（或 d 点），如果反应釜的温度升高，则出现 $\dfrac{dQ_C}{dT} > \dfrac{dQ_R}{dT}$，即移热速率大于放热速率，导致反应釜的温度下降，操作点恢复到 b 点（或 d 点）。反之，如果反应釜温度下降，则 $\dfrac{dQ_C}{dT} < \dfrac{dQ_R}{dT}$，即移热速率小于放热速率，导致反应釜的温度升高，操作点恢复到 b 点（或 d 点）。故操作点 b 和 d 为热稳定点。而在 c 点进行操作时，外界稍有波动，如反应釜温度升高，则出现 $\dfrac{dQ_C}{dT} < \dfrac{dQ_R}{dT}$。即移热速率小于放热速率，将使反应釜温度继续升高至 d 点为止；反之则由于 $\dfrac{dQ_C}{dT} > \dfrac{dQ_R}{dT}$ 使釜温下降到 b 点为止。即在 c 点温度

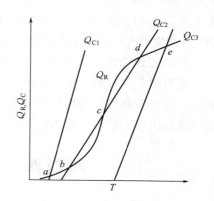

图 2-16　连续操作釜式反应
器热稳定性示意图

略有升降，系统均不能恢复到原来的热平衡状态。故此。点 c 为热不稳定点。

综上所述，定常状态稳定操作点必须具备两个条件：即

$$Q_C = Q_R \quad \text{和} \quad \frac{dQ_C}{dT} > \frac{dQ_R}{dT}$$

通常，反应釜操作既要维持其操作的稳定性，又希望在适宜的温度下加快反应速率、提高设备生产能力。如在 b 点操作，虽满足热稳定性条件，但反应温度偏低，反应速率慢，这是工业上不希望的。因此将操作点控制在 d 点为宜。

3. 操作参数对热稳定性的影响

改变连续操作釜式反应器的某些操作参数，如进料流量 V_0、进料温度 T_0、冷却介质温度 T_C、间壁冷却器冷却面积 A 与传热系数 K 等都会对热稳定性产生不同的影响。

若其他参数不变，而逐渐改变进料温度 T_0，则放热速率线不变，而移热速率线平行

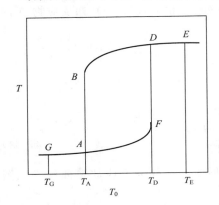

图 2-17　理想连续操作釜式
反应器着火点和熄火点

移动。若进料温度从 T_G 慢慢增加至 T_E 时，所对应的移热速率线分别与放热速率线相交，交点温度即定态温度如图 2-17 中的 $GAFDE$ 所示。值得注意的是：曲线在 F 点是不连续的。即在 F 点时，若温度稍有一点增加，则定态温度点突然升高到 D 点，继续提高进料温度时，则不会发生定态温度的突变。因此，F 点也叫着火点。若进料温度从 T_E 慢慢降低至 T_G 时，定态温度则沿 $EDBAG$ 曲线下降，这条曲线也出现一个间断点 B。即在 B 点时，若温度稍有一点降低，则定态温度点突然下降到 A 点，继续降低进料温度时，则不会再发生定态温度的突变。所以也把 B 点叫作熄火点。着火点和熄火点对于反应的开车和停车是非常有用的。但由于在 B 点和 F 点之间反应器内出现的是一种非连续性的温度突变，不可能获得稳定操作点。因此，B 点和 F 点分别是低温操作和高温操作的两个界限。

若其他参数不变，仅改变进料流量 V_0，也即改变 F_{A0}。由放热速率计算式可得到不同的 S 形放热曲线，同时从移热速率计算式得到相应的不同斜率的移热直线。同样也可以出现着火现象和熄火现象，只是此时的现象是由流量发生变化造成的。例如在操作中，如果由于物料流量过大，而导致发生熄火现象，此时就可以一面提高进料的温度，一面减小流量，使系统重新点燃。

从以上分析也可以发现，在操作时定态温度点不只一个，可能同时存在几个点。定态温度点数目的多少，取决于所进行的化学反应的特性和反应器的操作条件，如进料温度、进料流量、反应器和外界的换热情况等。一般情况下，只有放热反应才会出现多定态点的问题，而吸热反应由于换热介质的温度高于反应温度，所以它的定态点只有一个。

项目四　釜式反应器的技能训练

一、釜式反应器的生产案例

硝基苯是一种重要的化工原料和中间体，广泛用于生产苯胺、联苯胺和二硝基苯等多种

医药和染料中间体，也可用作农药、炸药及橡胶硫化促进剂的原料，还可用于香料和整形外科。目前90％以上硝基苯用于生产苯胺，其余用于生产间二硝基苯、间氨基苯磺酸以及医药和染料等方面。工业上硝基苯是以苯和硝酸为原料，硫酸为催化剂，在一定条件下，经硝化制得。早期采用的是混酸间歇硝化法，随着对苯胺需求量的迅速增长，20世纪60年代后，逐渐发展了釜式串联、管式、环式或泵式循环等连续硝化工艺，后来又发展了绝热硝化法，这些都为非均相混酸硝化工艺。

（一）混酸硝化工艺

混酸硝化工艺过程包括：混酸配制、硝化、产物分离、产品精制、废酸处理等。传统硝化有釜式硝化、环形硝化、静态混合器硝化等多种方式。目前，国内最成熟可靠的是釜式硝化。目前，我国广泛采用的是釜式串联工艺，其简要流程见图2-18。首先将质量分数为64％的硝酸和质量分数为93％的浓硫酸配成混酸，与一定量的酸性苯连续加料至1#硝化釜（硝化反应器），且温度控制在68～70℃；2#硝化釜温度控制在65～68℃，由1#硝化釜流出的物料，经连续分离器自动分离成废酸和酸性硝基苯。废酸进入苯萃取锅中用新鲜苯连续萃取，萃取后的酸性苯中约含2％～4％的硝基苯，用泵连续送往硝化萃取后的废酸被送去浓缩成浓硫酸再循环使用，酸性硝基苯则经过连续水洗、碱洗和分离等操作，得到中性的硝基苯。

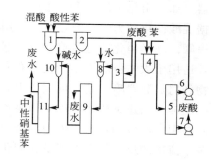

图 2-18　苯连续硝化流程示意图
1,2—硝化釜；3,5,9,11—分离器；4—萃取锅；
6,7—泵；8,10—文丘里管混合器

（二）硝化反应器

硝化反应的80％将在1#硝化反应器内完成。因此，1#硝化反应器采用环形硝化釜，比釜式反应器在传质和传热上都有所改善。建议采用环形硝化釜与釜式硝化反应器相结合的工艺，以合理利用反应器的特点，优化成本。混酸硝化法的优点是：硝化能力强，反应速率快，硝化产率高；硫酸比热容大，能吸收硝化反应中放出的热量，传热效率高，可使硝化反应平稳地进行；产品纯度较高，不易发生氧化等副反应。但上述工艺过程的主要缺点是：产生大量待浓缩的废硫酸和含硝基苯的废水，以及对于硝化设备要求具有足够的冷却面积。具体为：必须在硝化锅中装置蛇管，耗用大量冷却水冷却，使公用工程费增高；必须保持一定的硫酸含量，过低会迅速降低硝化反应速率，过高会生成二硝基苯等副产物，条件不易控制；由于反应对硫酸含量的限制，对硫酸的需求量很大；酸、纯苯及氧化氮对环境污染较严重。

硝化反应器有多种型式，如硝化釜、环形硝化器、静态混合器、管式反应器。间歇硝化均采用有冷却夹套的釜式硝化器。连续硝化除了采用釜式硝化器以外，还有采用环形（列管式）硝化器和泵式硝化器等。质量分数高于68％的硫酸对铸铁的腐蚀性很小，当硝化废酸中硫酸的质量分数高于68％时，可采用铸铁硝化器，间歇硝化也可采用搪瓷锅，但传热效果差。连续硝化时，尽可能采用不锈钢硝化器，因不锈钢传热效果好。此外，还可在硝化器内安装冷却蛇管或列管。其传热系数分别为：夹套 0.426～0.852W/(m²·K)，蛇管 2.130～2.556W/(m²·K)。硝化过程要有良好的搅拌，常用搅拌器有推进式、涡轮式和桨式，搅拌器转速一般在 100～400r/min。为了增强混合效果，有时在硝化釜内安装导流筒，或利用冷却蛇管兼起导流筒作用。这时两圈蛇管之间必须没有缝隙，以免物料从缝隙短路。

连续硝化时，常采用2～4个硝化釜串联的方式，以减少反向混合作用。在第一、第二硝化釜中，硝酸含量较高，物料体系属于传质控制的快速型反应，反应速率快，放热量大，需要较大的传热面积和较强的搅拌。在后面的硝化釜中，硝酸含量低，物料体系属于动力学控制的慢速型反应，反应速率慢、放热量小，对于传热面积和搅拌强度的要求也低。连续硝化釜要求采用推进式搅拌器，转速的大小必须使物料在搅拌过程中产生漩涡，在液面造成压差，这样方能使物料不致走短路而直接出釜。为改进传质、传热和除去反应中可能产生的氮氧化物气体，减少氧化副反应，近年来国外一些大型工厂采用环形反应器。此反应器优点是传热效果好，产品质量高，产物中酚与多硝基化合物的含量低。我国也有厂家选用了此结构的反应器。如金田化工厂20kt/a的硝基苯装置1#硝化器采用环形硝化器，环形直径＜400mm。根据混酸硝化动力学研究，既可采用几个环形硝化器串联，也可采用环形硝化器与釜式硝化器串联。环形硝化器造价高，生产能力大，产物中的未硝化物、酚和二硝基物的含量均较低，适用于大吨位的连续硝化。有专利提出，为了减少二硝化和酚类副产物，可将液态被硝化物经射流装置喷入硝化反应物中。

小吨位的连续硝化可以采用泵釜串联法，即将被硝化物、混酸和循环废酸连续加入高速离心泵中，反应物在泵中强烈混合并完成大部分硝化反应，反应热被循环冷却废酸所吸收，从泵中流出的反应物再返回釜式硝化器中使反应完全。

辽宁庆阳化学工业公司和沈阳化工学院合作，采用静态混合器进行硝化，将静态混合技术应用于硝基苯生产和洗涤过程中，用静态混合新工艺代替传统的搅拌混合或喷射混合洗涤工艺，该装置具有极强的洗涤能力，洗涤时间仅需60s，通过对硝化反应器结构参数、流体流动形式和反应工艺条件的研究，将反应结果（转化率、选择性、产物分布）与反应器结构参数和操作条件进行关联，开发成功静态混合变温硝化技术。该技术在工艺上与等温硝化法相比有较大进步，参与硝化反应的物料在管式反应器内实现快速混合，强化传质，从而加快整个反应速率。静态混合变温硝化技术的开发，提高了苯硝化过程的本质安全程度，降低了原料消耗，提高了产品质量。

二、釜式反应器的实训操作

下面以脂肪醇聚氧乙烯醚非离子表面活性剂的合成为例介绍釜式反应器的实训操作。

（一）实训目的

① 了解非离子表面活性剂脂肪醇聚氧乙烯醚的制备工艺及方法。
② 了解表面活性剂的表面张力、起泡力、润湿力、浊点的测定方法。
③ 了解不同环氧乙烷加成数对表面活性的影响。

（二）实训原理

脂肪醇在碱性催化剂 NaOH 的作用下与环氧乙烷反应，生成聚氧乙烯脂肪醇醚。反应式如下：

$$R-OH + \underset{O}{CH_2-CH_2} \longrightarrow R-O-CH_2-CH_2-OH$$

$$R-O-CH_2-CH_2-OH + \underset{O}{CH_2-CH_2} \longrightarrow R(O-CH_2CH_2)_2OH$$

$$\vdots \qquad\qquad\qquad \vdots$$

$$R(OCH_2CH_2)_n OH + \underset{O}{CH_2-CH_2} \longrightarrow R(OCH_2CH_2)_{n+1} OH$$

该反应是一连串反应，最终产物为一系列环氧乙烷加成数不同的混合物。由于该化合物具有亲油的 R 基团和亲水的 $(OCH_2CH_2)_n$ 基团，故同时具有亲水亲油性，可用作洗涤剂、乳化剂、起泡剂等。

操作条件：实验时，反应压力为 $0.4\sim0.6MPa$，温度为 $120\sim140℃$，催化剂用量为醇重量的 $0.1\%\sim0.5\%$。

试剂：氢氧化钠（分析纯）；环氧乙烷（工业纯）；正辛醇（分析纯）；月桂醇（分析纯）。

（三）实训装置简介

釜式反应是化工反应工艺过程中较重要的单元操作，在化工生产中也是不可缺少的工艺过程。该釜式反应装置可用于液-液相、液-固相、气-液相低压及高压下间歇反应。其特点是适用性较强，操作弹性大，连续操作时温度、浓度容易控制，产品质量均一。由于釜内带有冷却盘管，该装置还适用于强放热的常压和加压反应。可用于苯的硝化、氯乙烯聚合、加氢、缩合、酯化等反应。本装置可在常压或加压条件下操作。工艺流程如图 2-19 所示。

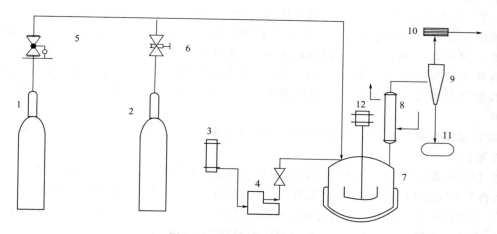

图 2-19 高压釜实训装置流程

1—氮气钢瓶；2—氢气钢瓶；3—原料罐；4—原料泵；5—氮气减压阀；6—背压阀；
7—高压釜；8—回流冷凝器；9—气液分离器；10—阻火器；11—贮罐；12—搅拌器

该反应装置的技术指标主要有：最高使用压力 10MPa；最高使用温度 300℃；搅拌速度 $0\sim15r/min$；J-W 柱塞泵 0.5L/h；容积为 1L；质量流量 $0\sim500mL/h$；电源 AC220V，50Hz，功率 1.5kW。

该反应装置的配置有：高压釜，单气体质量流量计，单液体加料泵（柱塞泵），减压阀，单背压阀（控制系统压力），高压气液分离器，精密温度控制仪，大型仪表柜与操作台，计算机温度数据采集与控制软件，无级调速、速度数字显示装置。

该反应装置可进行的实验：汽液、液液、液固相反应，如加氢、烃化、芳构化、氨化、氧化、硝化、磺化、酯化等。

（四）实训操作方法

1．安装与调试

用按钮扳手小心将高压釜的紧固螺母松开卸下来，旋转手柄将釜盖提升起来。擦拭釜内,加入一定量液体后(也可在试漏后进行)。再将釜盖扭紧螺母,拧紧过程中保证所有螺钉扭矩相同,再将所有连接处拧紧后在进气口用氮气加压至使用压力,关闭阀门,30min内不下降为合格。如下降要用肥皂水涂拭每个接口处查漏,直至不下降为止可进行实验。

将各部分的控温、测温热电偶放入相应位置的孔内。同时进行电路检查。主要检查操作台板面各电路接头,检查各接线端子与线上标记是否吻合;仪表柜内接线有无脱落,电源的相、零、地线位置是否正确。无误后进行通气升温操作。

2. 加料

向反应器内加入 200mL 醇和 0.2~1g 氢氧化钠,用 N_2 吹扫 20min。

进行间歇反应时,要打开釜的加料口(加料口是与进气口连接在一起,要卸下接头将入口露出来),加入反应原料,根据实验条件确定加入反应器内原料的数量,然后拧紧接头通入少许气体。

3. 升温

给反应器升温,用程序升温仪来控制升温速度。当温度升到 120~140℃ 时,调节 N_2 分压为 0.2~0.3MPa,并加入环氧乙烷至压力 0.4~0.6MPa。

操作时应首先合总电源开关。然后开启釜热控温开关,仪表盘有显示,显示窗内有釜温度、搅拌器转速、时间,调节各旋钮达到操作要求。详见高压釜的操作说明书,不了解使用方法的人员不能操作。同时在通气升温时要将气体排出口的 2 个阀门打开,并给直形冷凝器通水。如果不用通气升温,可不进行该操作。在升温操作时须注意以下问题。

① 控温操作必须给定好温度和 OPH(电流大小的上限,单位为 0.1mA)参数,OPH 一般控制在 30~50。

② 因高压釜实验有一定危险,升温过程中压力要逐渐升高,必须仔细观察釜内压力变化,决不允许升温后离开现场,在通气升温时要不断地调节进气压力和出口调节阀的开启度。

③ 当塔内压力不足时,可通过尾气调节阀维持釜内压力。过高时要放空部分气体。

④ 电源必须带有相、零、地三眼插座,有良好的接地性能。

4. 停止操作

当反应掉 15~30g 环氧乙烷时,停止加入环氧乙烷,继续反应 30min,然后将产物冷却并称量产品的质量。

停止操作时,首先关闭加热分开关,然后轻轻打开排液阀门(釜的前下方),有反应液体流出。需要冷却时要排压后卸螺母,将釜盖升起,通冷却水可急速降温。由于釜保温较好,釜降温过程较慢,故停车后开釜盖降温是较好的方法。卸压后也可开釜底部的阀门排料,该阀门用于洗釜和常压反应排料。

5. 故障处理

反应过程中若压力突然下降,则说明系统存在大的漏点,此时应停止操作,检查系统,查找漏点。若操作中有强烈的响声,则说明电磁搅拌发生问题。

6. 数据处理

将制备的不同环氧乙烷加成数的产物配成 0.1% 溶液,测定其表面张力、起泡力、润湿力和浊点,观察环氧乙烷加成数对表面活性的影响。

① 将不同反应温度与对应的速率作图,用环氧乙烷反应量表示反应速率,观察温度对

反应速率的影响。

② 将不同反应压力下的反应速率对时间作图，观察不同反应压力对速率的影响。

③ 产物中环氧乙烷含量用下式求出：

$$EO\% = \frac{环氧乙烷质量}{原料醇质量 + 环氧乙烷质量} \times 100\%$$

脂肪醇聚氧乙烯醚的平均 EO（环氧乙烷）加成数由下式求出：

$$\nu = \frac{EO\% \times M_A}{(1 - EO\%) \times M_{EO}}$$

式中　M_A——原料醇摩尔质量，kg/kmol；

　　　M_{EO}——环氧乙烷摩尔质量，kg/kmol；

　　　$EO\%$——产物中环氧乙烷质量分数，%；

　　　ν——产物中平均 EO 加成数。

三、釜式反应器的仿真操作

下面以间歇操作釜式反应器为例介绍釜式反应器的仿真操作过程。间歇反应在助剂、制药、染料等行业的生产过程中很常见。本工艺过程的产品（2-巯基苯并噻唑）就是橡胶制品硫化促进剂 DM(2,2′-二硫代苯并噻唑) 的中间产品，它本身也是硫化促进剂，但活性不如 DM。

（一）训练目的

① 熟练掌握间歇釜式反应器的开车、停车操作。

② 能够对操作过程中的异常事故进行处理。

（二）生产原理

本装置的缩合反应包括备料工序和缩合工序。

考虑到突出重点，将备料工序略去。则缩合工序共有三种原料，多硫化钠（Na_2S_n）、邻硝基氯苯（$C_6H_4ClNO_2$）及二硫化碳（CS_2）。

反应原理：

主反应：$2C_6H_4ClNO_2 + Na_2S_n \longrightarrow C_{12}H_8N_2S_2O_4 + 2NaCl + (n-2)S\downarrow$

$C_{12}H_8N_2S_2O_4 + 2CS_2 + 2H_2O + 3Na_2S_n \longrightarrow$

$$2C_7H_4NS_2Na + 2H_2S\uparrow + 2Na_2S_2O_3 + (3n-4)S\downarrow$$

副反应：$C_6H_4ClNO_2 + Na_2S_n + H_2O \longrightarrow C_6H_6ClN + Na_2S_2O_3 + (n-2)S\downarrow$

（三）工艺流程

工艺流程如图 2-20、图 2-21 所示。来自备料工序的 CS_2、$C_6H_4ClNO_2$、Na_2S_n 分别注入计量罐及沉淀罐中，经计量沉淀后利用位差及离心泵压入反应釜中，釜温由夹套中的蒸汽、冷却水及蛇管中的冷却水控制，设有分程控制 TIC101（只控制冷却水），通过控制反应釜温来控制主反应及副反应速率，来获得较高的收率及确保反应过程安全。

在该生产工艺过程中，主反应的活化能要比副反应的活化能高，因此升高温度有利于主反应的进行。即高温时主反应的速率大于副反应的速率，有利于反应收率的增加。当反应温

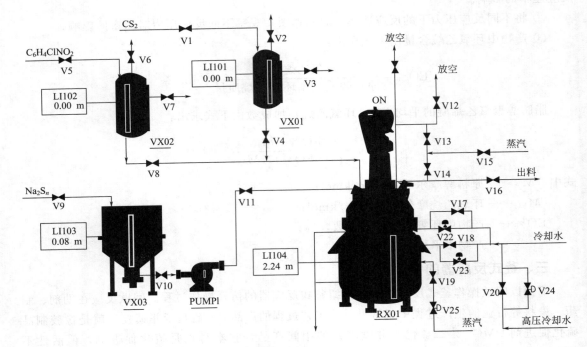

图 2-20　间歇操作釜仿真现场图

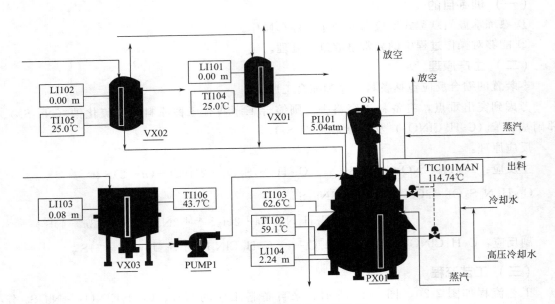

图 2-21　间歇操作釜仿真 DCS 图

度为 90℃的时候，主反应和副反应的速度是比较接近的，因此，反应时应尽快使反应升温至 90℃，同时要尽量延长反应温度在 90℃以上时的时间，以获得更多的主反应产物。但是反应温度不能超过 130℃，否则会引起爆炸导致系统连锁停车。所以，在操作时，既要很快地将反应温度升到 90℃，同时又要保证温度不能超过 130℃，才能得到较高的产品收率。需要注意的是：温度的控制是该反应过程中操作成功的一个重要条件。升温缓慢，可以保证温度不超过 130℃，但却不能很快达到 90℃，反应的收率无法达到要求；升温速度快，虽然能保证很快达到 90℃，但却容易超过 130℃，导致反应联锁停车。

本工艺过程的主要设备有：

RX01　　　间歇反应釜

VX01　　　CS_2 计量罐

PUMP1　　离心泵

VX02　　　邻硝基氯苯计量罐

VX03　　　Na_2S_n 沉淀罐

（四）训练内容

● 冷态开车

装置开工状态为各计量罐、反应釜、沉淀罐处于常温、常压状态，各种物料均已备好，大部分阀门、机泵处于关停状态（除蒸汽联锁阀外）。

1．备料过程

（1）向沉淀罐 VX03 进料（Na_2S_n）

① 开阀门 V9，开度约为 50%，向罐 VX03 充液

② 当 VX03 液位接近 3.60m 时，关小 V9，至 3.60m 时关闭 V9。

③ 静置 4min(实际 4h) 备用。

（2）向计量罐 VX01 进料（CS_2）

① 开放空阀门 V2。

② 开溢流阀门 V3。

③ 开进料阀 V1，开度约为 50%，向罐 VX01 充液。液位接近 1.4m 时，可关小 V1。

④ 溢流标志变绿后，迅速关闭 V1。

⑤ 待溢流标志再度变红后，可关闭溢流阀 V3。

（3）向计量罐 VX02 进料（邻硝基氯苯）

① 开放空阀门 V6。

② 开溢流阀门 V7。

③ 开进料阀 V5，开度约为 50%，向罐 VX02 充液。液位接近 1.2m 时，可关小 V5。

④ 溢流标志变绿后，迅速关闭 V5。

⑤ 待溢流标志再度变红后，可关闭溢流阀 V7。

注意：计量罐 VX01、VX02 的液位是靠溢流装置控制的，没有液位控制阀。

2．进料

（1）微开放空阀 V12，准备进料

（2）从 VX03 中向反应器 RX01 中进料（Na_2S_n）

① 打开泵前阀 V10，向进料泵 PUMP1 中充液。

② 打开进料泵 PUMP1。

③ 打开泵后阀 V11，向 RX01 中进料。

④ 至液位小于 0.1m 时停止进料。关泵后阀 V11。

⑤ 关泵 PUMP1。

⑥ 关泵前阀 V10。

（3）从 VX01 中向反应器 RX01 中进料（CS_2）

① 检查放空阀 V2 开放。

② 打开进料阀 V4 向 RX01 中进料。

③ 待进料完毕后关闭 V4。

（4）从 VX02 中向反应器 RX01 中进料（邻硝基氯苯）

① 检查放空阀 V6 开放。

② 打开进料阀 V8 向 RX01 中进料。

③ 待进料完毕后关闭 V8。

（5）进料完毕后关闭放空阀 V12

注意：操作时 VX01、VX02、VX03 可以同时向反应器进料。

3．开车阶段

① 检查放空阀 V12、进料阀 V4、V8、V11 是否关闭。打开联锁控制。

② 开启反应釜搅拌电机 M1。

③ 适当打开夹套蒸汽加热阀 V19，观察反应釜内温度和压力上升情况，保持适当的升温速度。

④ 控制反应温度直至反应结束。

4．反应过程控制

① 当温度升至 55～65℃左右关闭 V19，停止通蒸汽加热。

② 当温度升至 70～80℃左右时微开 TIC101（冷却水阀 V22、V23），控制升温速度。

③ 当温度升至 110℃以上时，是反应剧烈的阶段。应小心加以控制，防止超温。当温度难以控制时，打开高压水阀 V20。并可关闭搅拌电机 M1 以使反应降速。当压力过高时，可微开放空阀 V12 以降低气压，但放空会使 CS_2 损失，污染大气。

④ 反应温度大于 128℃时，相当于压力超过 8atm（1atm＝101325Pa），已处于事故状态，如联锁开关处于"ON"的状态，联锁起动（开高压冷却水阀，关搅拌器，关加热蒸汽阀）。

⑤ 压力超过 15atm（相当于温度大于 160℃），反应釜安全阀发生作用。

● **正常工艺过程控制**

熟悉工艺流程，维护各工艺参数稳定；密切注意各工艺参数的变化情况，发现突发事故时，应先分析事故原因，并做及时正确的处理。

1．反应中要求的工艺参数

① 反应釜中压力不大于 8atm。

② 冷却水出口温度不能小于 60℃，如小于 60℃则易使硫在反应釜壁和蛇管表面发生结晶，导致传热效果下降。

2．主要工艺生产指标的调整方法

① 温度调节　操作过程中以温度为主要调节对象，以压力为辅助调节对象。升温慢会引起副反应速率大于主反应速率的时间长，因而引起反应的产率低。升温快则容易反应失控。

② 压力调节　压力调节主要是通过调节温度实现的，但在超温的时候可以微开放空阀，使压力降低，以达到安全生产的目的。

③ 收率　由于在 90℃以下时，副反应速率大于主反应速率，因此在安全的前提下快速升温是收率高的保证。

● 正常停车

在冷却水量很小的情况下，反应釜的温度下降仍较快，则说明反应接近尾声，可以进行停车出料操作了。

① 打开放空阀 V12 约 5～10s，放掉釜内残存的可燃气体。关闭 V12。

② 向釜内通增压蒸汽。

a. 打开蒸汽总阀 V15。

b. 打开蒸汽加压阀 V13 给釜内升压，使釜内气压高于 4atm。

c. 打开蒸汽预热阀 V14 片刻。

d. 打开出料阀门 V16 出料。

e. 出料完毕后保持开 V16 约 10s 进行吹扫。

f. 关闭出料阀 V16（尽快关闭，超过 1min 不关闭将不能得分）。

g. 关闭蒸汽总阀 V15

● 事故处理

事故产生的原因及处理方法见表 2-1。

表 2-1　事故产生的原因及处理方法

事故原因	现　象	处　理　方　法
反应釜超温(超压)	温度大于 128℃(气压大于 8atm)	①开大冷却水，打开高压冷却水阀 V20 ②关闭搅拌器 M1，使反应速率下降 ③如果气压超过 12atm，打开放空阀 V12
搅拌器坏	反应速率逐渐下降为低值，产物浓度变化缓慢	停止操作，出料维修
测温电阻连线断	温度显示置零	改用压力显示对反应进行调节(调节冷却水用量) 升温至压力为 0.3～0.75atm 就停止加热 升温至压力为 1.0～1.6atm 开始通冷却水 压力为 3.5～4atm 以上为反应剧烈阶段 反应压力大于 7atm，相当于温度大于 128℃处于故障状态 反应压力大于 10atm，反应器联锁起动。反应压力大于 15atm，反应器安全阀起动(以上压力为表压)
蛇管冷却水阀 V22 卡	开大冷却水阀对控制反应釜温度无作用，且出口温度稳步上升	开冷却水旁路阀 V17 调节
出料管硫磺结晶，堵住出料管	出料时，内气压较高，但釜内液位下降很慢	开出料预热蒸汽阀 V14 吹扫 5min 以上(仿真中采用)。拆下出料管用火烧化硫磺，或更换管段及阀门

 分析与思考

1. 该工艺过程是如何进行卸料的？

2. 反应釜的温度是如何控制的？

3. 思考该工艺过程的换热方案。

4. 分析在操作过程中如果出现压力突然下降的原因，如何处理？

5. 怎样操作才能达到高收率？

 知识点归纳

一、釜式反应器结构

反应器筒体：圆筒形，一般为碳钢制作，上下带封头。
各种接管：进、出物料及安装温度、压力的测定装置。
搅拌装置：实现搅拌的工作部件，主要包括搅拌器，搅拌轴等。
换热装置：夹套式、蛇管式、外部循环式等。
密封装置：机械密封和填料密封。

二、理想间歇操作釜式反应器（BR）

（1）特征

反应器内浓度处处相等、时时不相等，返混程度为零。

（2）基本方程

物料衡算：
$$t = c_{A0} \int \frac{dx_A}{(-r_A)} = -\int \frac{dc_A}{(-r_A)}$$

热量衡算：
$$KA(T_w - T) + V_R(-r_A)(-\Delta H_r) = m_t c_{pt} \frac{dT}{dt}$$

反应器的体积
$$V_R = V_0(t + t') \qquad V = \frac{V_R}{\varphi}$$

三、理想连续操作釜式反应器（CSTR）

（1）特征

单釜：反应器内浓度处处相等、时时相等，且等于出口浓度；返混程度为无穷。

多釜串联：每个反应釜内浓度处处相等、时时相等，且等于该釜的出口浓度；但不同的釜内浓度是不相同的。

（2）基本方程

① 物料衡算　单釜：
$$\tau = \frac{V_R}{V_0} = c_{A0} \frac{x_A}{(-r_A)} = \frac{c_{A0} - c_A}{(-r_A)}$$

多釜串联：
$$\tau_i = \frac{V_{Ri}}{V_0} = c_{A0} \frac{x_{Ai} - x_{Ai-1}}{(-r_A)_i} = \frac{c_{Ai-1} - c_A}{(-r_A)_i}$$

反应器的体积

单釜：$V_R = V_0 \tau$　　多釜串联：$V_R = \sum V_{Ri} = \sum V_{0i} \tau_i$
$$V = V_R / \varphi$$

② 热量衡算　$V_0 \rho c_p (T - T_0) + KA(T - T_w) = V_R(-r_A)(-\Delta H_r)$

移热速率：$Q_C = V_0 \rho c_p (T - T_0) + KA(T - T_w)$

放热速率：$Q_R = V_R(-r_A)(-\Delta H_r)$

③ 反应器的热稳定性　热稳定性是指反应器本身对热的扰动有无自行恢复平衡的能力

热稳定性条件：$Q_R = Q_C$　　$\dfrac{dQ_R}{dT} < \dfrac{dQ_C}{dT}$

（3）操作参数对反应器的影响　着火点和熄火点。

四、釜式反应器的技能训练

$\begin{cases} \text{釜式反应器的生产案例。} \\ \text{釜式反应器的实训操作。} \\ \text{釜式反应器的仿真操作。} \end{cases}$

 自测练习

填空题

1. 釜式反应器中的搅拌器具有加强＿＿＿＿＿＿＿＿＿＿＿＿＿＿＿＿＿，强化釜内物料＿＿＿＿＿＿＿＿＿＿和＿＿＿＿＿＿＿＿＿的作用。

2. CSTR 的热稳定性的条件是＿＿＿＿＿＿＿和＿＿＿＿＿＿＿。

3. 某一级不可逆反应 A $\longrightarrow$ R，其速率常数 $k=0.8\text{s}^{-1}$，要求转化率 $x_A=0.998$，若该反应在 BR 中完成，反应时间 $\tau=$ ＿＿＿＿＿；若该反应在一 CSTR 中完成，空时 $\tau=$ ＿＿＿＿＿＿。

4. 在图解法计算 n-CSTR 时，若各釜的体积不同则＿＿＿＿＿＿＿发生变化；若各釜的温度不同则＿＿＿＿＿＿＿发生变化。

5. 间歇操作釜式反应器的实际体积 $V=$ ＿＿＿＿＿＿＿，其中考虑装填系数的主要原因是因为＿＿＿＿＿＿＿、＿＿＿＿＿＿＿等。

6. 在间歇反应器的热量衡算式中，单位时间化学反应放出的热量为＿＿＿＿＿＿＿，若反应为绝热反应，则热量衡算式中＿＿＿＿＿＿＿＿＿＿＿＿＿$=0$。

7. 对于一级不可逆反应，单釜操作时生产能力＿＿＿＿＿多釜串联操作。采用多釜串联操作时，若要使总的反应体积最小，则必须＿＿＿＿＿＿＿＿＿＿＿＿。

8. 间歇操作釜式反应器的非生产时间主要包括＿＿＿＿＿、＿＿＿＿＿、＿＿＿＿＿等。

9. 反应釜的密封装置主要考虑＿＿＿＿＿＿＿和＿＿＿＿＿＿＿的轴封。常用的轴封装置主要有＿＿＿＿＿＿＿和＿＿＿＿＿＿＿两种。

10. 连续操作釜式反应器的热稳定性是指＿＿＿＿＿＿＿＿＿＿＿＿＿＿＿＿＿＿＿＿＿；参数敏感性是指＿＿＿＿＿＿＿＿＿＿＿＿＿＿＿＿＿＿。

判断题

1. 间歇操作釜式反应器与连续操作釜式反应器都不存在返混与停留时间分布问题。

2. 对于绝热反应，热量衡算式中 $KA(T-T_w)=0$ 是由于 $(T-T_w)=0$。

3. 连续操作釜式反应器串联的釜数越多，反应器的返混程度就越大。

4. 对于单个的 CSTR 在入口为 c_{A0}，出口为 c_{AS} 时所需要的空间时间小于 5-CSTR 串联所需总的空间时间。

5. 连续操作釜式反应器中各处的反应速率相同，也不随时间变化。

6. 间歇操作釜式反应器中各处的反应速率相同，也不随时间变化。

7. 只要 $Q_R=Q_C$ 的操作点即可作为连续操作釜式反应器的操作点。

8. 因为连续操作釜式反应器中反应物的浓度低于间歇操作釜式反应器中反应物的浓度，所以连续操作釜式反应器的生产能力小于间歇操作釜式反应器。

9. 对于反应釜内的高黏度的物料，可选择涡轮式搅拌器。

10. 釜式反应器的所有人孔、手孔、视镜和工艺接管口，一般均开在顶盖上。

思考题

1. 在同样的操作条件下，完成相同生产任务时，为什么多釜串联操作釜式反应器的生产能力大于单釜操作釜式反应器？

2. 釜式反应器的搅拌器的作用是什么？如何选择？

3. 如何用图解法定性分析 BR、CSTR、n-CSTR 生产能力的大小？

4. 釜式反应器的传热方式有哪些，如何选择？

5. 如何判定连续操作釜式反应器的热稳定点？

6. 釜式反应器的操作主要控制那些因素，如何控制？

7. 多釜串联反应器如何进行最优化选择？

8. 推导多釜串联反应器中进行一级不可逆反应时达到最优体积时的条件。

9. 间歇操作釜式反应器如何控制换热介质的温度来保证等温反应的进行？

10. 分析 BR、CSTR、n-CSTR 内浓度的变化规律。

计算题

1. 在间歇反应器中进行二级反应 $A \longrightarrow P$，反应动力学方程式为 $(-r_A)=0.01c_A^2$ mol/(L·s) 当 c_{A0} 分别为 1mol/L、5mol/L 和 10mol/L 时，求反应到 $c_A=0.01$mol/L 时，所需反应时间。并对计算结果进行讨论。

2. 液相反应 $A \longrightarrow P$，反应速率 $(-r_A)=kc_A^2$，在一个 CSTR 中进行反应时，在一定的工艺条件下，所得转化率为 0.50，今若将此反应移到一个比它大 6 倍的 CSTR 中进行，其他条件不变，其能达到的转化率是多少？

3. 某液相反应 $A \longrightarrow P$，实验测的浓度-反应速率数据如下：

$c_A/(\text{mol/L})$	0.1	0.2	0.3	0.4	0.6	0.7	0.8	1.0	1.3	2.0
$(-r_A)/[\text{mol/(L·min)}]$	0.1	0.3	0.5	0.6	0.5	0.25	0.1	0.6	0.05	0.42

（1）若反应在 CSTR 中进行，进料体积流量为 120L/min，进口浓度 $c_{A0}=2$mol/L，当出口浓度 c_{Af} 分别为 0.66mol/L、0.8mol/L、1mol/L 时，求所需反应器体积，并讨论计算结果。

（2）若反应器体积为 300L，进料量为 100L/min，$c_{A0}=8$mol/L，求反应物 A 的出口浓度？

（3）若要求转化率 $x_{Af}=0.8$，反应器体积为 $V_R=250$L，$c_{A0}=10$mol/L，求进料体积流量？

4. 醋酐水解生产醋酸，$(CH_3CO)_2O+H_2O \longrightarrow 2CH_3COOH$，反应动力学方程式为 $(-r_A)=kc_A$，当反应温度 $T=288$K 时，速率常数 $k=0.0806$min^{-1}，若采用两台体积相等的 CSTR 串联操作，每天处理量为 14.4m^3。要求最终转化率 $x_A=90\%$，求每台 CSTR 的体积。

5. 在绝热间歇操作釜式反应器中进行下列反应 $A+B \longrightarrow R$，其动力学方程式为：$(-r_A)=1.1 \times 10^{14} \exp \left(-\dfrac{11000}{T}\right)c_A c_B$ [kmol/(m^3·h)]。该反应的热效应为 -4000kJ/kmol，组分 A 和 B 的初始浓度均等于 0.04kmol/m^3，反应混合物的平均比热容 4.102kJ/(mol·K)，反应开始时混合物的温度为 50℃。试求当反应物 A 的转化率为 80% 时所需的反

应时间和此时的反应温度。

6. 在一连续操作釜式反应器中进行一可逆反应 $A \rightleftharpoons P$。其中速率常数 $k_1 = 10h^{-1}$、$k_2 = 2h^{-1}$，反应物料中不含 P 组分。进料的体积流量 $V_0 = 10m^3/h$，当反应的转化率为 60% 时，反应器的有效体积是多少。

7. 在全混流反应器中进行平行反应 $\begin{array}{c} A \xrightarrow{k_1} R, \ r_R = k_1 c_A \\ A \xrightarrow{k_2} S, \ r_S = k_2 c_A^2 \end{array}$，已知 $c_{A0} = 4.0mol/L$，反应物 A 的总转化率为 0.90，$k_2/k_1 = 1.2$。试求反应器出口各组分浓度。

8. 在体积为 $5m^3$ 的釜式反应器中进行一级不可逆液相反应，已知反应器进料的体积流量为 $0.25m^3/s$，反应速率常数 $k = 0.15s^{-1}$；应用脉冲示踪法测得 $\int_0^\infty t^2 E(t)\mathrm{d}t = 500$；若应用多级全混流串联模型，试求：

（1）模型参数 N。

（2）转化率 x_A。

9. 某一级不可逆液相反应在等温条件下进行，其反应速率方程式为 $(-r_A) = k c_A$。已知 293K 时反应速率常数为 $10h^{-1}$，反应物 A 的初始浓度 $c_{A0} = 0.2kmol/m^3$，加料速率 V_0 为 $2m^3/h$，问当最终转化率为 75% 时，采用下列不同反应器的体积为多少。

（1）单个连续操作釜式反应器。

（2）间歇操作釜式反应器，其中非生产时间为 0.75h。

（3）2 个连续操作釜式反应器串联，其中第一釜的转化率为 50%。

（4）2 个体积相等的连续操作釜式反应器串联。

10. 有一反应在理想间歇釜式反应器中进行，经 8min 后反应物转化掉 80%，经 10min 后反应物转化掉 90%。求表达此反应的动力学方程式。

 ## 主要符号

A——传热面积，m^2

c_A——原料 A 的浓度，$kmol/m^3$

c_{A0}——原料 A 的初始浓度，$kmol/m^3$

c_{Ai}——第 i 釜内反应物料 A 的浓度，$kmol/m^3$

c_{Ai-1}——第 $i-1$ 釜内反应物料 A 的浓度，$kmol/m^3$

c_p——液体的定压比热容，$kJ/(kg \cdot K)$

c_{pt}——物料的平均比热容，$kJ/(kg \cdot K)$

D——反应器直径，m

F_A——出口物料中 A 的摩尔流量或反应组分 A 进入微元体积的流量，$kmol/h$

F_{A0}——进口物料中 A 的摩尔流量，$kmol/h$

F_{Ai}，F_{Ai-1}——第 i 釜及第 $i-1$ 釜内反应物料的摩尔流量，mol/s

H——反应器高度，m

$(-\Delta H_A)$——以反应组分 A 为基准的反应热，$kJ/kmol$

K——传热系数，$kW/(m^2 \cdot K)$

m——反应釜数量

Q_R——反应总放出热量或放热速率，kJ/h

Q_C——移热速率，kJ/h

$(-r_A)$——组分 A 的反应速率，$kmol/(m^3 \cdot s)$

$(-r_A)_i$——第 i 釜内组分 A 的反应速率，$kmol/(m^3 \cdot s)$

t——达到要求的转化率所需要的反

应时间，h

t'——辅助时间，h

$\bar{t}$——物料在釜式反应器中的平均停留时间，h

T——反应温度，K

T_w——传热介质温度，K

T_0——进料温度，K

V——反应器体积，m³

V_0——物料进口处体积流量或 A 的加料体积流量，m³/h

V_R——反应器有效体积，m³

V_{Ri}——第 i 釜的有效体积，m³

V'——每台反应釜的体积，m³

x_{A0}——组分 A 的初始转化率

x_{Af}——组分 A 的最终转化率

x_{Ai}——第 i 釜内反应物料 A 的转化率

x_{Ai-1}——第 $i-1$ 釜内反应物料 A 的转化率

β——反应器生产能力的后备系数

ρ——物料密度，kg/m³

τ——空时，h

τ_i——物料在第 i 釜中的空时或平均停留时间，h

φ——装填系数

模块三　管式反应器

✎ **目标要求**

- 了解管式反应器的结构、特点以及工业应用。
- 掌握连续操作管式反应器的基本工艺计算。
- 能根据化学反应的动力学特征正确优化选择反应器的型式和操作方式。
- 能够熟练地进行管式反应器的实际操作。

　　管式反应器是化工生产中应用较多的一种连续操作反应器。管式反应器的主要特点是：比表面积大，容积小，返混少，且能承受较高的压力，反应操作易于控制；但反应器的压降较大，动力消耗大。管式反应器一般可用于气相、均液相、非均液相、气液相、气固相、固相等反应过程。例如：乙酸裂解制乙烯酮、乙烯高压聚合、对苯二甲酸酯化、邻硝基氯苯氨化制邻硝基苯氨、氯乙醇氨化制乙醇胺、椰子油加氢制脂肪醇、石蜡氧化制脂肪酸、单体聚合以及某些固相缩合反应均已经采用管式反应器进行工业化生产。

项目一　管式反应器的结构及传热方式

　　在化工生产中，常常把反应器长度远大于其直径即高径比大于 100 的一类反应器，统称为管式反应器。

一、管式反应器的结构

常用的管式反应器有以下几种类型。

1．水平管式反应器

图 3-1 给出的是进行气相或均液相反应常用的一种管式反应器，由无缝管与 U 形管连接而成。这种结构易于加工制造和检修。

2．立管式反应器

图 3-2 给出几种立管式反应器。图 3-2（a）所示为单程式立管式反应器；图 3-2（b）所示为中心插入管式立管式反应器；图 3-2（c）所示为夹套式立管式反应器，其特点是将一束立管安装在一个加热套筒内，以节省地面。立管式反应器被应用于液相氨化反应、液相加氢反应、液相氧化反应等工艺中。

图 3-1　水平管式反应器

3．盘管式反应器

　　将管式反应器做成盘管的型式，设备紧凑，节省空间，但检修和清刷管道比较麻烦。图 3-3 所示的反应器由许多水平盘管上下重叠串联而成。每一个盘管是由许多半径不同的半圆

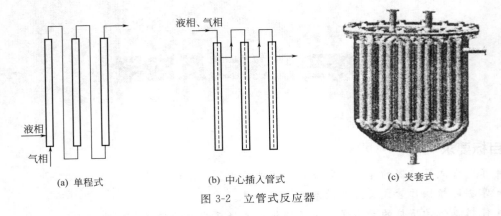

| (a) 单程式 | (b) 中心插入管式 | (c) 夹套式 |

液相、气相

液相

气相

图 3-2　立管式反应器

形管子相连接成螺旋型式，螺旋中央留出 ϕ400mm 的空间，便于安装和检修。

4．U形管式反应器

U形管式反应器的管内设有挡板或搅拌装置，以强化传热与传质过程。U形管的直径大，物料停留时间增长，可以应用于反应速率较慢的反应。例如带多孔挡板的U形管式反应器，被应用于己内酰胺的聚合反应。带搅拌装置的U形管式反应器适用于非均液相物料或液固相悬浮物料，如甲苯的连续硝化、蒽醌的连续磺化等反应。图 3-4 所示为一种内部设有搅拌和电阻加热装置的U形管式反应器。

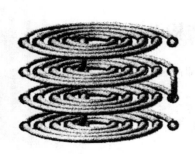

图 3-3　盘管式反应器

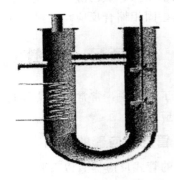

图 3-4　U形管式反应器

二、管式反应器的传热方式

管式反应器的加热或冷却可采用以下几种方式。

1．套管传热

套管一般由钢板焊接而成，它是套在反应器筒体外面能够形成密封空间的容器，套管内通入载热体进行传热。如图 3-1、图 3-2(a)、图 3-2(b) 等所示反应器，均可用套管传热结构。

2．套筒传热

把一系列管束构成的管式反应器放置于套筒内进行传热，如图 3-2(c)、图 3-3 所示。反应器可置于套筒内进行换热。

3．短路电流加热

将低电压的交流电直接通到管壁上，利用短路电流产生的热量进行高温加热。这种加热方法升温快、加热温度高、便于实现遥控和自控。短路电流加热已应用于邻硝基氯苯的氨化等管式反应器上。

4. 烟道气加热

当反应的温度要求较高时，一般利用煤气、天然气、石油加工废气或燃料油等燃烧时产生的高温烟道气作为热源通过辐射传热直接加热管式反应器，可达到生产过程中需要的数百度的高温。此法在石油化工中应用较多，如裂解生产乙烯、乙苯脱氢生产苯乙烯。

项目二　管式反应器的计算

生产实际中，细长型的管式流动反应器可近似地看成理想置换反应器，简称 PFR。对理想管式流动反应器建立物料衡算式，可以得到理想管式流动反应器的基础设计方程式。

一、基础计算方程式

物料在管式流动反应器内进行理想置换流动时，具有如下特点：

① 物料流动处于稳定状态，反应器内各点物料浓度、温度和反应速率均不随时间而变，故可以取任意时间间隔进行衡算。

② 反应器内各点物料浓度、温度和反应速率沿流动方向而发生改变。而在与流动方向相垂直的方向上混合均匀。

③ 稳定状态下，微元时间、微元体积内反应物的积累量为零。

④ 反应物料的停留时间相等，返混程度为零。

对理想管式流动反应器进行物料衡算。衡算示意图见图 3-5，选单位体积为衡算范围，根据模块一中的物料衡算通式(1-1)，对反应物 A 作物料衡算：

得：

$$F_A d\tau - (F_A + dF_A)d\tau - (-r_A)dV_R d\tau = 0$$
$$dF_A + (-r_A)dV_R = 0$$

因为 $F_A = F_{A0}(1-x_A)$，所以 $dF_A = -F_{A0}dx_A$

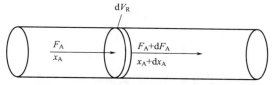

图 3-5　理想管式流动反应器物料衡算

带入上式得：

$$(-r_A)dV_R = F_{A0}dx_A \qquad (3\text{-}1)$$

式中　F_{A0}——反应组分 A 进入反应器的流量，kmol/h；

　　　　F_A——反应组分 A 进入微元体积的流量，kmol/h。

式(3-1)即为理想管式流动反应器的基础计算方程式。将其积分，可以用来求取反应器的有效体积和空间时间。

$$V_R = F_{A0} \int_0^{x_{Af}} \frac{dx_A}{(-r_A)} \qquad (3\text{-}2)$$

因为 $F_{A0} = V_0 c_{A0}$，所以 $V_R = V_0 c_{A0} \int_0^{x_{Af}} \frac{dx_A}{(-r_A)}$

得：
$$\tau_c = \frac{V_R}{V_0} = c_{A0}\int_0^{x_{Af}} \frac{dx_A}{(-r_A)} \qquad (3-3)$$

式中　τ_c——管式流动反应器的空间时间，h；

　　　V_0——物料进口处的体积流量，m^3/h。

二、等温管式反应器的计算

管式流动反应器可用于液相反应和气相反应，当用于液相反应和反应前后物质的量无改变的气相反应时，反应前后物料的密度变化不大，可视为等容过程；当用于反应前后物质的量发生改变的气相反应时，就必须考虑物料密度的变化，按变容过程处理。温度也有类似情况，如反应过程中利用适当的调节手段能使温度维持基本不变，则为等温操作，否则即为非等温操作。等温等容过程计算比较简单，但在实际过程中必须考虑变容和非等温情况。因此，需要对各种情况进行分别讨论。

（一）等温等容管式反应器的计算

管式反应器在等温等容过程操作时，可以根据基础计算方程式结合等温等容条件，计算出达到一定转化率所需要的反应体积或空间时间。

1．一级不可逆反应〔其动力学方程式为$(-r_A) = kc_A$，　等温条件下k为常数〕

在等容情况下$c_A = c_{A0}(1-x_A)$

带入式(3-3)，得：
$$\tau_c = \frac{V_R}{V_0} = c_{A0}\int_0^{x_{Af}} \frac{dx_A}{kc_{A0}(1-x_A)}$$

$$\tau_c = \frac{V_R}{V_0} = \frac{1}{k}\ln\frac{1}{1-x_{Af}} \qquad (3-4a)$$

或：
$$V_R = V_0\tau_c = \frac{V_0}{k}\ln\frac{1}{1-x_{Af}} \qquad (3-4b)$$

2．二级不可逆反应〔其动力学方程式为$(-r_A) = kc_A^2 = kc_{A0}^2(1-x_A)^2$〕

带入式(3-3)，得：
$$\tau_c = \frac{V_R}{V_0} = c_{A0}\int_0^{x_{Af}} \frac{dx_A}{kc_{A0}^2(1-x_A)^2}$$

$$\tau_c = \frac{V_R}{V_0} = \frac{x_{Af}}{kc_{A0}(1-x_{Af})} \qquad (3-5a)$$

或：
$$V_R = V_0\tau_c = \frac{V_0 x_{Af}}{kc_{A0}(1-x_{Af})} \qquad (3-5b)$$

若反应的反应动力学表达式相当复杂或不能用函数表达式表示时，则可以用图解法计算。如图3-6所示。

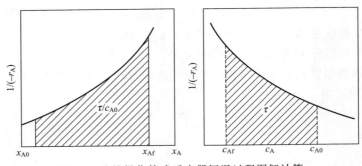

图 3-6　连续操作管式反应器恒温过程图解计算

将物料在管式流动反应器的空间时间与在间歇操作釜式反应器的反应时间的计算式相比，可以看出在等温等容过程时完全相同。也就是说，在相同的条件下，同一反应达到相同的转化率时，在两种反应器中的时间值相等。这是因为在这两种反应器内，反应物浓度经历了相同的变化过程，只是在间歇操作釜式反应器内浓度随时间变化，在管式流动反应器内浓度随位置变化而已。这也说明，仅就反应过程而言，两种反应器具有相同的效率，只因间歇操作釜式反应器存在非生产时间，即辅助时间，故生产能力低于管式流动反应器。

【例 3-1】 某工厂用连续操作管式反应器生产醇酸树脂，反应物己二酸与己二醇投料比为等摩尔比，用硫酸作为催化剂，在 343K 下进行缩聚反应。实验测得动力学方程式为 $(-r_A)=kc_A^2$，$k=3.283\times10^{-5} \mathrm{m^3/(kmol \cdot s)}$，己二酸的初始浓度 $c_{A0}=4\mathrm{kmol/m^3}$，若每天处理 2400kg 己二酸，试计算转化率为 0.9 时所需空间时间和反应器体积？（已知己二酸相对分子质量 $M=146$）

解： 对于二级反应，空间时间：

$$\tau_c = \frac{V_R}{V_0} = \frac{x_{Af}}{kc_{A0}(1-x_{Af})} = \frac{0.9}{3.283\times10^{-5}\times4\times(1-0.9)} = 6.85\times10^4(\mathrm{s}) = 19.04\mathrm{h}$$

物料的处理量： $$V_0 = \frac{F_{A0}}{c_{A0}} = \frac{2400/(24\times146)}{4} = 0.171 \ (\mathrm{m^3/h})$$

反应器体积： $$V_R = V_0\tau_c = 0.171\times19.04 = 3.26 \ (\mathrm{m^3})$$

【例 3-2】 在容积为 $2.5\mathrm{m^3}$ 的理想间歇反应器中进行均相反应 $A+B \longrightarrow S$，反应等温下操作，实验测得反应速率方程式为 $(-r_A)=kc_Ac_B \mathrm{kmol/(L \cdot s)}$，$k=2.78\times10^{-3}\mathrm{L/(mol \cdot s)}$，当反应物 A 和 B 的初始浓度均为 4mol/L，而 A 的转化率为 0.8 时，该间歇反应器平均每分钟可处理 0.684kmol 的反应物 A。今若将反应移到一个管内径为 125mm 的理想管式反应器中等温进行，反应温度和间歇反应器内相同，并且处理量和所要求转化率相等，求所需反应器的管长。

解： 由于 $c_{A0}=c_{B0}$，并且是等摩尔反应，所以反应速率方程式为：

$$(-r_A)=kc_Ac_B=kc_A^2$$

反应在理想间歇反应器内所需反应时间为：

$$\tau = \frac{x_{Af}}{kc_{A0}(1-x_{Af})} = \frac{0.8}{2.78\times10^{-3}\times4\times(1-0.8)} = 360(\mathrm{s}) = 6\mathrm{min}$$

此反应时间应等于理想管式反应器中的空间时间，即 $\tau_c = \dfrac{V_R}{V_0} = 6\mathrm{min}$

由题意可知 $$F_{A0}=V_0c_{A0}=0.684\mathrm{kmol/min}$$

$$V_0 = \frac{F_{A0}}{c_{A0}} = \frac{0.684}{0.004} = 171 \ (\mathrm{L/min})$$

$$V_R = V_0\tau_c = 171\times6 = 1026 \ (\mathrm{L})$$

$$L = \frac{4V_R}{\pi d^2} = \frac{4\times1026\times10^{-3}}{3.14\times(125\times10^{-3})^2} = 83.6 \ (\mathrm{m})$$

（二）等温变容管式反应器的计算

对于气相反应体系，如果反应过程中气体的总物质的量发生变化，系统的温度与压力变化对气体的体积影响较大，所以气相反应常常是变容过程。

根据模块一中的基本概念可知：对于变容反应体系，反应前和反应后的物料存在如下关系：
$$V_t = V_0(1 + y_{A0}\delta_A x_A) \tag{3-6}$$
$$F_t = F_0(1 + y_{A0}\delta_A x_A) \tag{3-7}$$
$$c_A = c_{A0}\frac{1 - x_A}{1 + y_{A0}\delta_A x_A} \tag{3-8}$$
$$p_A = p_{A0}\frac{1 - x_A}{1 + y_{A0}\delta_A x_A} \tag{3-9}$$
$$y_A = y_{A0}\frac{1 - x_A}{1 + y_{A0}\delta_A x_A} \tag{3-10}$$

式中　F_0——总进料物质的量流量，kmol/h；

$\quad\quad F_t$——反应系统在操作压力为 p、温度为 T、反应物转化率为 x_A 时总物料物质的量流量，kmol/h；

$\quad\quad y_{A0}$——进料中反应物 A 占总物料的摩尔分数，$y_{A0} = F_{A0}/F_0$；

$\quad\quad y_A$——反应系统在操作压力为 p、温度为 T、反应物转化率为 x_A 时反应物 A 占总物料的摩尔分数；

$\quad\quad V_t$——反应系统在操作压力为 p、温度为 T、反应物转化率为 x_A 时物料总体积流量，m³/h。

这样，对于等温变容过程而言，若为一级不可逆反应，则达到一定的转化率所需空时为：

$$\tau = \frac{V_R}{V_0} = c_{A0}\int\frac{dx_A}{(-r_A)} = \int_0^{x_{Af}}\frac{1 + y_{A0}\delta_A x_A}{k(1 - x_A)}dx_A$$

若为二级不可逆反应则为：

$$\tau = \frac{V_R}{V_0} = c_{A0}\int\frac{dx_A}{(-r_A)} = \int_0^{x_{Af}}\frac{(1 + y_{A0}\delta_A x_A)^2}{kc_{A0}(1 - x_A)^2}dx_A$$

【例 3-3】　在一管径为 12.6cm 的管式反应器中进行气体 A 的热分解反应：A → R+S。该反应为恒温恒压反应。$(-r_A) = kc_A$，其中 $k = 7.80 \times 10^9 \exp\left(-\frac{19220}{T}\right)$（s⁻¹），原料为纯气体，反应压力为 5atm，反应温度为 500℃，要求 A 的转化率为 90%，原料气体的处理流量为 1.55kmol/h，试求所需反应器的长度和空间时间。

解：因为进料是纯组分 A：$y_{A0} = 1.0$。$F_0 = F_A$

膨胀因子：$\delta_A = \dfrac{2-1}{1} = 1$

则：
$$c_A = c_{A0}\frac{1 - x_A}{1 + y_{A0}\delta_A x_A} = c_{A0}\frac{1 - x_A}{1 + x_A}$$

反应气体可以近似看成理想气体：$pV_0 = F_0RT$

反应气体入口体积流量：

$$V_0 = \frac{F_0RT}{p} = \frac{1.55 \times 8.314 \times (500 + 273)}{5 \times 1.0133 \times 10^2} = 19.66(\text{m}^3/\text{h})$$

空间时间：

$$\tau = c_{A0}\int_0^{x_{Af}}\frac{dx_A}{(-r_A)} = c_{A0}\int_0^{x_A}\frac{dx_A}{kc_A} = c_{A0}\int_0^{x_A}\frac{dx_A}{kc_{A0}\dfrac{1 - x_A}{1 + x_A}}$$

$$= \frac{1}{k} \int_0^{x_A} \frac{(1+x_A)dx_A}{1-x_A}$$

$$= \frac{1}{k} \left(2\ln \frac{1}{1-x_A} - x_A \right)$$

$$= \frac{1}{7.80 \times 10^9 \exp\left(-\frac{19220}{500+273}\right)} \left(2\ln \frac{1}{1-0.9} - 0.9 \right) = 29.86(s) = 0.0083(h)$$

所需反应器体积　　$V_R = V_0 \tau_c = 19.66 \times 0.0083 = 0.1632$（m³）

所需反应器长度　　$L = \frac{4V_R}{\pi d^2} = \frac{4 \times 0.1632}{3.14 \times 0.126^2} = 13.1$（m）

【例 3-4】 在理想连续操作管式反应器中，于 923K 等温等压下进行丁烯脱氢反应以生成丁二烯。方程式为 $C_4H_8(A) \longrightarrow C_4H_6 + H_2$，反应速率方程为 $(-r_A) = kp_A$ kmol/(m³·h)，其中 $k = 1.079 \times 10^{-4}$ kmol/(h·m³·Pa)。原料气为丁烯与水蒸气混合物，丁烯的摩尔分数为 10%。若要求丁烯的转化率为 35%，空间时间为多少？

解： 反应为变容过程

膨胀因子 $\delta_A = \frac{2-1}{1} = 1$

$$c_A = c_{A0} \frac{1-x_A}{1+y_{A0}\delta_A x_A} = c_{A0} \frac{1-x_A}{1+0.1x_A}$$

由理想气体状态方程得：

$$p_A = c_A RT = c_{A0} RT \frac{1-x_A}{1+0.1x_A}$$

$$\tau = \frac{V_R}{V_0} = c_{A0} \int_0^{x_{Af}} \frac{dx_A}{(-r_A)} = c_{A0} \int_0^{0.35} \frac{dx_A}{kp_A}$$

$$= \frac{1}{kRT} \int_0^{0.35} \frac{(1+0.1x_A)dx_A}{1-x_A}$$

$$= \frac{1}{kRT} \int_0^{0.35} \left(\frac{1.1}{1-x_A} - 0.1 \right) dx_A$$

$$= \frac{1}{kRT} \left(1.1\ln \frac{1}{1-x_A} - 0.1x_A \right)\Big|_0^{0.35}$$

代入数据得：

$$\tau = \frac{1}{1.079 \times 10^{-4} \times 8.314 \times 10^3 \times 923} \left(1.1\ln \frac{1}{1-0.35} - 0.1 \times 0.35 \right)$$

$$= 5.3 \times 10^{-4}(h) = 1.908s$$

三、变温管式反应器的计算

当反应过程的热效应较大，而反应热量不能及时传递时，反应器内温度就会发生变化。此外，对于可逆放热反应，为了使反应达到最大的反应速率，也经常人为地调节反应器内的温度分布，使之接近最适宜温度分布。因此许多管式反应器是在非等温条件下操作的。

管式流动反应器内的非等温操作可分为绝热式和换热式两种。当反应的热效应不大、反应的选择性受温度影响较小时，可采用没有换热措施的绝热操作，以简化设备。此时只要将反应物加热到要求的温度送入反应器即可。如反应放热，放出的热量靠反应后物料温度的升高带走；如反应吸热，则随反应进行，物料温度逐渐降低。若反应热效应较大，必须采用换热式操作，通过载热体及时移走或供给反应热。

当进行非等温理想管式流动反应器计算时，须对反应体系列出热量衡算式，然后与物料衡算式、反应动力学方程式联立计算出反应器内沿管长方向温度和转化率的分布，并求得为达到一定转化率所需要的反应器体积。

对于变温管式反应器，根据模块一中热量衡算通式(1-2) 可得：

$$F_t'\overline{M}'\overline{c_p}'(T'-T_b)\mathrm{d}\tau - F_t\overline{M}\,\overline{c_p}(T-T_b)\mathrm{d}\tau + (-r_A)\mathrm{d}V_R(-\Delta H_r)_{A,T}\mathrm{d}\tau - K\mathrm{d}A(T-T_s)\mathrm{d}\tau = 0$$

$$(3-11)$$

式中　F_t', F_t——进入、离开微元体积的总物料流量，kmol/h；

　　　　$\overline{M}'$, $\overline{M}$——进入、离开微元体积的物料的平均摩尔质量，kg/kmol；

　　　　T', T——进入、离开微元体积的物料的温度，K；

　　　　T_b——选定的基准温度，K；

　　　　$\overline{c_p}'$, $\overline{c_p}$——进入、离开微元体积的物料在 $T_b\sim T'$ 和 $T_b\sim T$ 温度范围内的平均定压比热容，kJ/(kg·K)；

　　$(-\Delta H_r)_{A,T}$——以反应物 A 计算的反应热，kJ/kmol；

　　　　K——物料至载热体总给热系数，kJ/(m²·K·h)；

　　　　$\mathrm{d}A$——微元体积的传热面积，m²；

　　　　T_s——载热体平均温度，K。

把管式反应器的物料衡算式$(-r_A)\mathrm{d}V_R = F_{A0}\mathrm{d}x_A$，带入式(3-11) 则得：

$$F_t\overline{M}\,'\overline{c_p}(T'-T_b)\mathrm{d}\tau - F_t\overline{M}\,\overline{c_p}(T-T_b)\mathrm{d}\tau + F_{A0}\mathrm{d}x_A(-\Delta H_r)_{A,T}\mathrm{d}\tau - K\mathrm{d}A(T-T_s)\mathrm{d}\tau = 0$$

$$(3-12)$$

在衡算体积 $\mathrm{d}V_R$ 内，$T-T'=\mathrm{d}T$，$F_t'\overline{M}\,'\overline{c_p}'$ 与 $F_t\overline{M}\,\overline{c_p}$ 之间差别很小，则式(3-12) 可简化为：

$$F_t\overline{M}\,\overline{c_p}\mathrm{d}T = F_{A0}\mathrm{d}x_A(-\Delta H_r)_{A,T} - K\mathrm{d}A(T-T_s) \qquad (3-13)$$

根据过程的焓变决定于过程初始和终了状态，而与过程途径无关的特点，可将绝热过程简化为：在进口温度 T_0 下进行等温反应，使转化率从 $x_{A0} \rightarrow x_A$，然后使转化率为 x_A 的物料由温度 T_0 升至 T。这样在计算时：$(-\Delta H_r)_{A,T}$ 应该取 T_0 时的值，而 F_t、$\overline{M}$ 则按出口物料组成计算，$\overline{c_p}$ 为 $T_0\sim T$ 范围内的平均值。

1．绝热管式流动反应器

绝热管式流动反应器由于是绝热操作，也就是说与外界没有热交换。因此热量衡算式中传递给环境或载热体的热量为零。即：$K\mathrm{d}A(T-T_s)=0$

所以式(3-13) 为：
$$F_t\overline{M}\overline{c_p}\mathrm{d}T = F_{A0}\mathrm{d}x_A(-\Delta H_r)_{A,T}$$

积分得：
$$\int_{T_0}^{T}\mathrm{d}T = \frac{F_{A0}(-\Delta H_r)_{A,T_0}}{F_t\overline{M}\,\overline{c_p}}\int_{x_{A0}}^{x_A}\mathrm{d}x_A$$

$$T-T_0 = \frac{F_{A0}(-\Delta H_r)_{A,T_0}}{F_t\overline{M}\,\overline{c_p}}(x_A-x_{A0}) \qquad (3-14)$$

式(3-14) 即为绝热管式反应器内温度和转化率之间的关系式，结合前述管式反应器基础方程式和反应动力学方程，便可计算出绝热管式流动反应器为达到一定转化率所需要的体积。

若反应过程物质的量不发生改变，$F_t = F_0$，并仍取 $T_b = T_0$，则式(3-14) 变为：

$$T - T_0 = \frac{y_{A0}(-\Delta H_r)_{A,T_0}}{\overline{M}\bar{c}_p}(x_A - x_{A0}) \tag{3-15}$$

令：

$$\lambda = \frac{y_{A0}(-\Delta H_r)_{A,T_0}}{\overline{M}\bar{c}_p} \tag{3-16}$$

则：

$$T - T_0 = \lambda(x_A - x_{A0}) \tag{3-17}$$

式(3-17) 即为绝热过程中温度和转化率的关系。由式(3-17) 可以看出：绝热过程中温度和转化率呈线性关系。当 $x_{A0} = 0$，而 $x_A = 1$ 时，$T - T_0 = \lambda$，所以 λ 的含义为反应物 A 转化率达 100% 时，反应体系升高或降低的温度，简称绝热升温或绝热降温。它是体系温度可能上升或下降的极限。根据式(3-17) 以转化率 x_A 对温度 T 作图可得一条直线，直线的斜率为 $1/\lambda$。当 $\lambda = 0$ 时，为等温反应；当 $\lambda > 0$ 时，为放热反应，即随着反应的进行，温度会越来越高；当 $\lambda < 0$ 时，为吸热反应，即反应温度随着转化率的增加而下降。所以，对于绝热管式反应器，一般情况下，选择较高的进料温度对反应是有利的。但对于可逆放热反应则不然，因为可逆放热反应存在一最佳温度曲线。当反应温度低于最佳温度时，反应速率随着温度的增加而增加，当反应温度高于最佳温度时，反应速率随着温度的增加而降低。因此对于可逆放热反应来说，存在一最佳的进料温度。

从式(3-17) 还可以看出，它与模块二中间歇操作釜式反应器和连续操作釜式反应器的绝热方程式的表达形式是完全一样的，均反映了绝热过程中温度与转化率之间的关系。但在本质上仍然是有区别的。对于管式反应器，它反映的是在不同轴向位置上温度与转化率之间的关系；对于间歇操作釜式反应器，则反映的是不同时间下反应物料的转化率与温度的关系；而连续操作釜式反应器无论与外界是否存在热交换，均为等温反应，所以，式(3-17) 反映的是绝热条件下与连续操作釜式反应器出口转化率相对应的操作温度。

2．非绝热、非等温管式反应器

非绝热、非等温管式反应器的热量衡算式为：

$$F_t \overline{M}\bar{c}_p \mathrm{d}T = (-r_A)\mathrm{d}V_R(-\Delta H_r)_{A,T_0} - K\mathrm{d}A(T - T_s) \tag{3-18}$$

式中，微元体积 $\mathrm{d}V_R = \frac{\pi}{4}d_t^2\mathrm{d}l$；微元面积 $\mathrm{d}A = \pi d_t\mathrm{d}l$；$d_t$ 表示反应器的直径，m；$\mathrm{d}l$ 表示反应器的微元长度，m。

式(3-18) 可写成

$$F_t \overline{M}\bar{c}_p \mathrm{d}T = (-r_A)\frac{\pi}{4}d_t^2\mathrm{d}l(-\Delta H_r)_{A,T_0} - K(T - T_s)\pi d_t\mathrm{d}l \tag{3-19}$$

根据上述热量衡算式，结合前述管式反应器基础方程式和反应动力学方程式，便可计算出非绝热管式流动反应器为达到一定转化率所需要的体积。只是该过程的计算比较复杂，一般需要用辛普森法进行数值积分。

项目三　反应器的选型及优化

为使工业反应过程能获得最大的经济效益，在实际过程开发工作中既要以化学反应动力学特性和反应器特性作为开发工作的依据，同时还得结合原料、产品、能量的价格，设备和操作费用，生产规模，三废处理等因素综合地进行方案的优化选择。

从工程角度看，优化就是如何进行反应器型式、操作方式和操作条件的选择并从工程上予以实施，以实现温度和浓度的优化条件，提高反应过程的速率和选择性。反应器的型式包括管式和釜式反应器及返混特性；操作条件包括物料的初始浓度、转化率、反应温度或温度分布；操作方式则包括间歇操作、连续操作、半连续操作以及加料方式的分批或分段加料等。

反应器的选型，其实就是根据不同的反应特性，选择适合这种反应特性的反应器型式和操作方式。对某个具体的反应，选择时主要考虑化学反应本身的特性及反应器的特性。而在选择时对于不同型式的反应器主要从两个方面进行比较：生产能力和反应的选择性。对于简单反应，不存在选择性的问题，只需要进行生产能力的比较。对于复杂反应，不仅要考虑反应器的大小，还要考虑反应的选择性。副产物的多少，直接影响到原料的消耗量、分离流程的选择和分离设备的大小。因此反应的选择性往往是复杂反应的主要矛盾。

一、反应器生产能力的比较

反应器的生产能力，即单位时间、单位体积反应器所能得到的产物量。换言之，生产能力的比较也就是指得到同等产物量时，所需反应器体积大小的比较；或者说是在不同型式而体积相同的反应器中所能达到的转化率的大小。前面已讨论了三种基本反应器类型：间歇操作釜式反应器、连续操作釜式反应器和连续操作管式流动反应器。在三种不同类型反应器中进行简单反应时表现出不同的结果。对同一正级数的简单反应，在相同操作条件下，为达到相同转化率，连续操作管式流动反应器所需有效体积为最小，而连续操作釜式反应器所需有效体积为最大。这可以通过反应器计算的图解法明显看出。

图 3-7 表示完成同样的生产任务时不同类型反应器所需要的空时。对于连续操作釜式反应器而言［图 3-7(b)］为矩形的面积；对于连续操作管式反应器而言［图 3-7(a)］为曲线下的面积；对串联的连续操作釜式反应器而言［图 3-7(c)］为几个矩形面积之和。由此可知：生产能力的大小为：PFR>n-CSTR>CSTR。这是由于在上述反应器内浓度的变化不同所造成的。在 CSTR 反应器中，反应物的浓度是不变的，而且是等于出口浓度 c_A；而在 PFR 中，反应物的浓度随着反应器的轴向位置逐渐由 c_{A0} 降至 c_A；在 n-CSTR 中，每个釜反应物的浓度等于其出口浓度，但只有最后一个釜的浓度等于最终的出口浓度 c_A。由于浓度的这种变化规律导致反应速率的变化，最终使得生产能力大小具有上述规律。

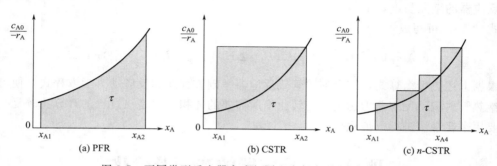

图 3-7　不同类型反应器完成相同生产任务时所需的空时

值得注意的是：间歇操作釜式反应器与连续操作管式反应器的空时均为曲线下的面积，这是因为在这两个反应器内均没有返混，反应物的浓度变化规律是相同的，都是逐渐下降，只是一个是随反应器位置变，另一个是随反应时间变。但两个反应器的生产能力是不同的，原因是间歇操作釜式反应器存在非生产时间，因此它的生产能力较连续操作管式反应器低。

这些只是通过反应的特性进行的定性比较，要说明问题，必须进行定量分析。下面引入容积效率值对反应器的选择作定量说明。

在等温等容过程中，相同产量、相同转化率、相同初始浓度和温度下，所需理想管式流动反应器有效体积 $(V_R)_P$ 和理想连续釜式反应器有效体积 $(V_R)_S$ 之比称为容积效率 η 即：

$$\eta = \frac{(V_R)_P}{(V_R)_S} \tag{3-20}$$

容积效率 η 的影响因素主要是转化率和反应级数。

（一）单个反应器

对于管式流动反应器：$\tau_c = \dfrac{(V_R)_P}{V_0} = c_{A0} \displaystyle\int_0^{x_{Af}} \dfrac{\mathrm{d}x_A}{(-r_A)}$

对于连续操作釜式反应器：$\bar{\tau} = \dfrac{(V_R)_S}{V_0} = \dfrac{c_{A0} x_{Af}}{(-r_A)}$

1．零级反应

$$(-r_A) = k$$

管式流动反应器：$\tau_c = \dfrac{(V_R)_P}{V_0} = \dfrac{c_{A0} x_{Af}}{k}$

连续操作釜式反应器：$\bar{\tau} = \dfrac{(V_R)_S}{V_0} = \dfrac{c_{A0} x_{Af}}{k}$

所以：

$$\eta_0 = \frac{(V_R)_P}{(V_R)_S} = 1 \tag{3-21}$$

零级反应与浓度无关，所以物料的流动形式不影响反应器体积的大小。

2．一级反应

$$(-r_A) = k c_A$$

管式流动反应器：$\tau_c = \dfrac{(V_R)_P}{V_0} = \dfrac{1}{k} \ln \dfrac{1}{1 - x_{Af}}$

连续操作釜式反应器：$\bar{\tau} = \dfrac{(V_R)_S}{V_0} = \dfrac{x_{Af}}{k(1 - x_{Af})}$

所以：

$$\eta_1 = \frac{(V_R)_P}{(V_R)_S} = \frac{1 - x_{Af}}{x_{Af}} \ln \frac{1}{1 - x_{Af}} \tag{3-22}$$

3．二级反应

$$(-r_A) = k c_A^2$$

管式流动反应器：$\tau_c = \dfrac{(V_R)_P}{V_0} = \dfrac{x_{Af}}{k c_{A0}(1 - x_{Af})}$

连续操作釜式反应器：$\bar{\tau} = \dfrac{(V_R)_S}{V_0} = \dfrac{x_{Af}}{k c_{A0}(1 - x_{Af})^2}$

所以：

$$\eta_2 = \frac{(V_R)_P}{(V_R)_S} = 1 - x_{Af} \tag{3-23}$$

由式(3-21)～式(3-23)作图得图3-8。从图中可以看出：反应级数愈高，容积效率愈低。转化率愈高，容积效率愈低。故对于反应级数较高，转化率要求较高的反应，以选用管式流动反应器为宜。

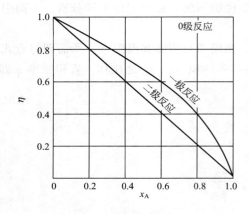

图 3-8　单个反应器容积效率

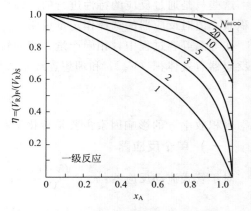

图 3-9　多段串联釜一级反应容积效率

（二）多釜串联操作釜式反应器

以一级反应为例：

$$容积效率 \ \eta = \frac{\ln\left(\dfrac{1}{1-x_A}\right)}{N\left[\left(\dfrac{1}{1-x_A}\right)^{1/N}-1\right]} \tag{3-24}$$

将式(3-24)作成图（图3-9）。由图可以看出：当串联操作段数 $N=\infty$ 时，$\eta=1$，此时 n-CSTR 相当于理想连续操作管式流动反应器；当 $N=1$ 时，η 最小，此时 n-CSTR 相当于连续操作釜式反应器。随着 N 增大，η 也增大，但增大的速度逐渐缓慢，因此通常取串联的釜数为 4 或者小于 4。

二、复杂反应选择性的比较

实际的反应物系多属于复杂反应。复杂反应的物系种类很多，其基本反应是平行反应和连串反应。对于复杂反应，在选择反应器型式和操作方法时必须考虑反应的选择性问题。

（一）平行反应

1. 反应为一种反应物生成两种产物

$$A \xrightarrow{k_1} R \ 主反应$$

$$A \xrightarrow{k_2} S \ 副反应$$

动力学方程为：

$$r_R = \frac{dc_R}{d\tau} = k_1 c_A^{a_1}$$

$$r_S = \frac{dc_S}{d\tau} = k_2 c_A^{a_2}$$

$$(-r_A) = -\frac{dc_A}{d\tau} = k_1 c_A^{a_1} + k_2 c_A^{a_2}$$

从上述动力学方程式可以看出：随着反应的进行，反应物 A 的浓度逐渐下降，而主产物 R 和副产物 S 的浓度均是逐渐增加。为了使得反应过程中能够得到较多的主产物 R，需要对反应进行分析，选择不同的反应器型式和操作方式。

根据模块一中选择性的定义知：目的产物 R 的选择性为：

$$S_R = \frac{r_R}{(-r_A)} = \frac{k_1 c_A^{a_1}}{k_1 c_A^{a_1} + k_2 c_A^{a_2}}$$

若只是为了比较反应过程中主副反应的竞争，可以用比选择性的概念，即：

$$S_R = \frac{r_R}{r_S} = \frac{dc_R}{dc_S} = \frac{k_1}{k_2} c_A^{a_1 - a_2} \tag{3-25}$$

由式（3-25）可见，想要得到较多的产物 R，就需要增大反应的选择性，即设法提高 $\frac{r_R}{r_S}$。使得在相同操作条件下主反应的速率大于副反应的速率。

影响反应体系主副反应速率比值的因数有两个：速率常数和反应物浓度 c_A。当反应在一定的反应体系和温度下，k_1、k_2、a_1、a_2 均为常数，因此只要调节 c_A 就可以得到较大的 $\frac{r_R}{r_S}$ 值。由式（3-25）可以看出：

① 当 $a_1 > a_2$ 时，即主反应级数大于副反应级数时，提高反应物浓度 c_A，$\frac{r_R}{r_S}$ 比值增大。因为在管式流动反应器内反应物的浓度较连续操作釜式反应器为高，故适宜于采用管式流动反应器，其次则采用间歇操作釜式反应器或连续操作多釜串联反应器。

② 当 $a_1 < a_2$ 时，即主反应级数小于副反应级数时，降低反应物浓度 c_A，$\frac{r_R}{r_S}$ 比值增大。为此，适宜于采用连续操作釜式反应器。但在完成相同生产任务时，所需釜式反应器体积较大。故需权衡利弊，再作选择。

③ 当 $a_1 = a_2$ 时，即主副反应级数相等时，$S_R = \frac{r_R}{r_S} = \frac{k_1}{k_2} = $ 常数，则反应的选择性与反应物浓度无关。

由上述分析可以知道，对平行反应而言，提高反应物浓度有利于反应级数较高的反应，降低反应物浓度有利于反应级数较低的反应。

除了选择反应器型式外，还可以采用适当的条件以提高反应的选择性。如果主反应的级数高，可以采用浓度较高的原料或者对气相反应增加压力等办法，以提高反应器内反应物的浓度。反之则降低反应物的浓度，以达到提高反应选择性的目的。

此外，还可以通过改变反应体系的温度来改变 k_1/k_2 比值，从而提高反应的选择性。

$$\frac{k_1}{k_2} = \frac{A_1 \exp(-E_1/RT)}{A_2 \exp(-E_2/RT)} = \frac{A_1}{A_2} \exp[-(E_1 - E_2)/RT] \tag{3-26}$$

当主反应的活化能大于副反应，即 $E_1 > E_2$ 时，提高温度有利于提高 $\frac{k_1}{k_2}$，即有利于提高反应的选择性。当主反应的活化能小于副反应，即 $E_1 < E_2$ 时，降低温度有利于提高反应的选择性。总之，提高温度有利于活化能高的反应，降低温度有利于活化能低的反应。

另外，更有效的方法就是开发或选择具有高选择性的催化剂。

【例 3-5】 有一分解反应 $\begin{array}{l} A \longrightarrow R(目的产物), r_R = c_A^2 [mol/(L \cdot min)] \\ A \longrightarrow S(副产物), r_S = 2c_A [mol/(L \cdot min)] \end{array}$ 在一连续流动的

管式反应器中进行。其中 $c_{A0} = 4.0 mol/L$，$c_{R0} = c_{S0} = 0$，物料的体积流量为 $5.0 L/min$，求转化率为 80% 时，反应器的体积为多少。目的产物 R 的比选择性为多少。

解：反应釜的空时为：

$$\tau_c = \frac{V_R}{V_0} = -\int_{c_{A0}}^{c_A} \frac{dc_A}{(-r_A)}$$

该分解反应为一复杂反应，反应物 A 的动力学方程式为：$(-r_A) = c_A^2 + 2c_A$

所以： $\tau_c = \frac{V_R}{V_0} = -\int_{c_{A0}}^{c_A} \frac{dc_A}{(-r_A)} = -\int_{c_{A0}}^{c_A} \frac{dc_A}{c_A^2 + 2c_A} = \ln \frac{c_{A0}}{c_A} + \ln \frac{1 + 2c_A}{1 + 2c_{A0}}$

而： $c_A = c_{A0}(1 - x_A) = 4 \times (1 - 0.8) = 0.8 \ (mol/L)$

$$\tau_c = \ln \frac{4}{0.8} + \ln \frac{1 + 2 \times 0.8}{1 + 2 \times 4} = 0.37 \ (min)$$

反应釜的有效体积为： $V_R = V_0 \tau_c = 5.0 \times 0.37 = 1.85 (L)$

产物 R 的比选择性： $S_R = \frac{r_R}{r_S} = \frac{c_A^2}{2c_A} = \frac{c_A}{2} = \frac{0.8}{2} = 0.4$

2. 反应为两种反应物生成两种产物

$$A + B \xrightarrow{k_1} R \ 主反应$$

$$A + B \xrightarrow{k_2} S \ 副反应$$

它们的动力学方程为：

$$r_R = \frac{dc_R}{d\tau} = k_1 c_A^{a_1} c_B^{b_2}$$

$$r_S = \frac{dc_S}{d\tau} = k_2 c_A^{a_2} c_B^{b_2}$$

$$(-r_A) = -\frac{dc_A}{d\tau} = k_1 c_A^{a_1} c_B^{b_1} + k_2 c_A^{a_2} c_B^{b_2}$$

比选择性： $S_R = \frac{r_R}{r_S} = \frac{k_1}{k_2} c_A^{a_1 - a_2} c_B^{b_1 - b_2}$ (3-27)

为了提高反应的选择性，应设法提高 $\frac{r_R}{r_S}$，分析方法和上面相同，结果见表 3-1。

表 3-1 平行反应不同反应动力学下的反应器型式和操作方式评选

动力学特征	控制浓度要求	适宜的反应器型式和操作方式
$a_1 > a_2$ $b_1 > b_2$	c_A 高 c_B 高	管式流动反应器、间歇操作釜式反应器、连续操作多釜串联反应器
$a_1 < a_2$ $b_1 < b_2$	c_A 低 c_B 低	单段连续操作釜式反应器

动力学特征	控制浓度要求	适宜的反应器型式和操作方式
$a_1 > a_2$ $b_1 < b_2$	c_A 高 c_B 低	管式流动反应器,沿管长分几处连续加入 B 连续操作多釜串联反应器,A 在第一釜连续加入,B 分别在各段连续加入 半间歇操作釜式反应器,A 一次性加入,B 连续加入
$a_1 < a_2$ $b_1 > b_2$	c_A 低 c_B 高	管式流动反应器,沿管长分几处连续加入 A 连续操作多釜串联反应器,B 在第一釜连续加入,A 分别在各段连续加入 半间歇操作釜式反应器,B 一次性加入,A 连续加入

【例 3-6】 有一平行反应

$$A+B \xrightarrow{k_1} P（主反应）\quad r_P = k_1 c_A^{0.5} c_B^{1.5}$$
$$A+B \xrightarrow{k_2} R（副反应）\quad r_R = k_2 c_A^{1.4} c_B^{0.8}$$

；已知主反应活化能 E_1 大于副反应活化能 E_2,若要提高主反应的选择性,试定性确定你认为合适的温度及最佳的反应器型式和操作方式。

解： 根据选择性的定义,目的产物 P 的选择性：

$$S_P = \frac{r_P}{r_R} = \frac{k_1}{k_2} c_A^{0.5-1.4} c_B^{1.5-0.8} = \frac{k_1}{k_2} c_A^{-0.9} c_B^{0.7}$$

要提高主反应的选择性,则要提高 k_1/k_2 的比值,且要求反应物 A 的浓度 c_A 低而反应物 B 的浓度 c_B 高。由于 $E_1 > E_2$,若要提高 k_1/k_2 的比值则应选择在高温下进行操作。高温操作最好选择管式反应器。若选择管式反应器,为满足对反应物浓度的要求,反应物的进料方式有所不同。反应物 B 从管式反应器的入口加入,而反应物 A 则需要沿着管长分几处分别连续加入。

（二） 连串反应

连串反应更为复杂,在此只讨论一级反应。

$$A \xrightarrow{k_1} R \xrightarrow{k_2} S$$

它们的动力学方程为：

$$r_R = \frac{dc_R}{d\tau} = k_1 c_A - k_2 c_R$$

$$r_S = \frac{dc_S}{d\tau} = k_2 c_R$$

从上述动力学方程式可以看出：随着反应的进行,反应物 A 的浓度逐渐下降,而产物 R 的浓度变化是先增加,然后再下降,存在一极值。产物 S 的浓度则是逐渐增加的。

当目的产物为 R 时反应的比选择性：

$$S_R = \frac{r_R}{r_S} = \frac{dc_R}{dc_S} = \frac{k_1 c_A - k_2 c_R}{k_2 c_R} \tag{3-28}$$

由式(3-28) 可知：当 k_1,k_2 一定时,为使选择性 S_R 提高,应使 c_A 高 c_R 低,适宜采用连续操作管式反应器、间歇操作釜式反应器和连续多釜串联反应器。同时,反应物料的停留时间要短,防止生成的产物 R 继续反应变成副产物 S。一般情况下,连串反应主要讨论的是目的产物为 R 的反应。若目的产物为 S 时,无需选择反应器,只要反应时间无限长,即

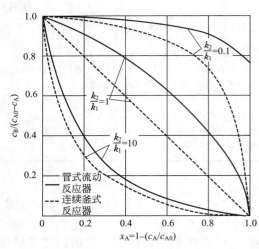

图 3-10   管式流动反应器和
连续釜式反应器选择性比较

原料全部变成产物 S。

图 3-10 表示一级不可逆连串反应在管式流动反应器和连续釜式反应器中选择性的比较。

由图 3-10 可以看出：

① 不论反应过程的转化率为多少，理想连续操作管式流动反应器的选择性始终要高于连续操作釜式反应器。

② 随着反应转化率的增大，连串反应的选择性反而下降。

③ 选择性的大小与速率常数比值 k_2/k_1 密切相关。当转化率一定时，k_2/k_1 比值越大，则选择性越小；同时 k_2/k_1 比值越大反应的选择性随转化率的增加而下降的趋势越严重。因此当反应的 $k_1 < k_2$ 时只能在较低的转化率下操作；而当 $k_1 > k_2$ 时，则可在较高的反应转化率下操作。但应注意连串反应的特点：R 生成量具有一极大值。因此在操作时就存在一最佳操作点，操作条件应选择在最佳操作点或接近最佳操作点附近。

根据以上分析可以知道，连串反应转化率的控制十分重要，不能盲目追求反应的高转化率。在工业生产上经常使反应在低转化率下操作，以获得较高的选择性。而把未反应的原料经分离后返回反应器循环使用。此时应以反应分离系统的优化经济目标来确定最适宜的反应转化率。

【例 3-7】   有一等温一级不可逆连串反应 A $\longrightarrow$ P $\longrightarrow$ S 在一连续操作釜式反应器中进行，反应釜的有效体积 2m³，进料体积流量为 2m³/min，反应物 A 的初始浓度为 2mol/m³，反应速率常数 $k_1 = 0.5$min⁻¹，$k_2 = 0.25$min⁻¹。求产物 P 的选择性。

解： 当 $V_R = 2$m³ 时 $\tau = V_R/V_0 = 2/2 = 1$

反应物 A 的浓度 c_A，对组分 A 做物料衡算得：$c_{A0}V_0 - c_A V_0 - (-r_A)V_R = 0$

即：
$$c_A = \frac{c_{A0}}{1 + k_1 \tau} = \frac{2}{1 + 0.5 \times 1} = 1.33$$

同理，可求产物 P 的浓度，对组分 P 做物料衡算得：$c_{P0}V_0 - c_P V_0 + r_P V_R = 0$

即：
$$c_P = \frac{k_1 \tau c_A}{1 + k_2 \tau} = \frac{0.5 \times 1 \times 1.33}{1 + 0.25 \times 1} = 0.53$$

所以，产物 P 的选择性为：
$$S_P = \frac{r_P}{(-r_A)} = \frac{k_1 c_A - k_2 c_P}{k_1 c_A} = \frac{0.5 \times 1.33 - 0.25 \times 0.53}{0.5 \times 1.33} = 0.80$$

项目四   管式反应器的技能训练

一、管式反应器的生产案例

裂解单元是乙烯生产装置的主要组成部分之一。所谓裂解是指烃类在高温下，发生碳链断裂或脱氢反应，生成烯烃和其他产物的过程。该反应是一强吸热反应。生产中的主要副反应是二次反应即烃生炭和结焦反应。为避免副反应的发生，提高乙烯的收率，乙烯生产的操作条件采用高温、短停留时间和低烃分压。要求装置能够在短时间内提供大量的热量。

（一）工艺流程

裂解工艺流程包括原料供给和预热系统、裂解和高压水蒸气系统、急冷油和燃料油系统、急冷水和稀释水蒸气系统。图 3-11 所示为裂解工艺流程。

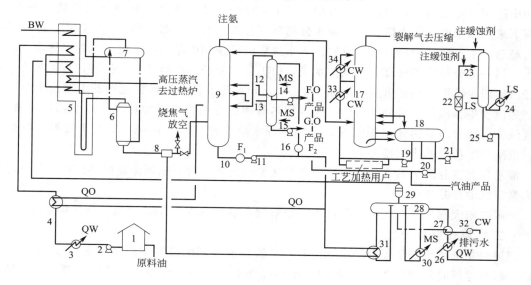

图 3-11　裂解工艺流程

1—原料油贮罐；2—原料油泵；3,4—原料油预热器；5—裂解炉；6—急冷换热器；7—汽包；8—急冷器；9—油洗塔；
10—急冷油过滤器；11—急冷油循环泵；12—燃料油汽提塔；13—裂解轻柴油汽提塔；14—燃料油输送泵；
15—裂解轻柴油输送泵；16—燃料油过滤器；17—水洗塔；18—油水分离器；19—急冷水循环泵；
20—汽油回流泵；21—工艺水泵；22—工艺水过滤器；23—工艺水汽提塔；24—再沸器；
25—稀释蒸汽发生器给水泵；26,27—预热器；28—稀释蒸汽发生器汽包；29—气液分离器；
30—中压蒸汽加热器；31—急冷油换热器；32—排污水冷却器；33,34—急冷水冷却器；
BW—锅炉给水；CW—冷却水；LS—低压蒸汽；MS—中压蒸汽；F.O—重质燃料油；
G.O—裂解轻柴油；QO—急冷油；QW—急冷水；F_1,F_2—焦粒

原料油从贮罐经换热器和与过热的急冷水和急冷油热交换后进入裂解炉的预热段。原料油供给必须保持连续、稳定，否则直接影响裂解操作的稳定性，甚至有损毁炉管的危险。因此原料油泵须有备用泵及自动切换装置。

预热过的原料油入对流段初步预热后与稀释蒸汽混合，再进入裂解炉的第二预热段预热到一定温度，然后进入裂解炉辐射段进行裂解。炉管出口的高温裂解气迅速进入急冷换热器中，使裂解反应很快终止。急冷换热器的给水先在对流段预热并局部汽化后送入高压汽包，靠自然对流流入急冷换热器中，产生 11MPa 的高压水蒸气，从汽包送出的高压水蒸气进入裂解炉预热段过热，过热至 470℃后供压缩机的蒸汽透平使用。

从急冷换热器出来的裂解气再去油急冷器中用急冷油直接喷淋冷却，然后与急冷油一起进入油洗塔，塔顶出来的气体为氢、气态烃和裂解汽油以及稀释水蒸气和酸性气体。

裂解轻柴油从油洗塔的侧线采出，经汽提塔汽提其中的轻组分后，作为裂解轻柴油产

品。裂解轻柴油含有大量的烷基萘，是制萘的好原料，常称为制萘馏分。塔釜采出重质燃料油。自油洗塔釜采出的重质燃料油，一部分经汽提塔汽提出其中的轻组分后，作为重质燃料油产品送出，其余大部分则作为循环急冷油使用。循环急冷油分两股进行冷却，一股用来预热原料轻柴油之后，返回油洗塔作为塔的中段回流，另一股用来发生低压稀释蒸汽，急冷油本身被冷却后循环送至急冷器作为急冷介质，对裂解气进行冷却。

裂解气在油洗塔中脱除重质燃料油和裂解轻柴油后，由塔顶采出进入水洗塔，此塔的塔顶和中段用急冷水喷淋，使裂解气冷却，其中一部分的稀释水蒸气和裂解汽油就冷凝下来。冷凝下来的油水混合物由塔釜引至油水分离器，分离出的水一部分供工艺加热用，冷却后的水再经急冷水换热器和冷却后，分别作为水洗塔的塔顶和中段回流，此部分的水称为急冷循环水，另一部分相当于稀释水蒸气的水量，由工艺水泵经过滤器送入汽提塔，将工艺水中的轻烃汽提回水洗塔，保证塔釜中含油少于 100ppm。此工艺水由稀释蒸汽发生器给水泵送入稀释蒸汽发生器汽包，再分别由中压蒸汽加热器和急冷油换热器加热汽化产生稀释水蒸气，经气液分离器分离后再送入裂解炉。这种稀释水蒸气循环使用系统，节约了新鲜的锅炉给水，也减少了污水的排放量。

油水分离器分离出的汽油，一部分由泵送至油洗塔作为塔顶回流而循环使用，另一部分作为裂解汽油产品送出。

经脱除绝大部分水蒸气和裂解汽油的裂解气，温度约为 40℃送至裂解气压缩系统。

（二）管式裂解炉

裂解炉是乙烯生产装置中的主要设备，尽管目前使用的裂解炉炉型很多，如 SRT 型裂解炉、超短停留时间裂解炉（USRT）、超选择性裂解炉（USC 炉）、毫秒炉等。但从结构上看，总是包括对流段（或称对流室）和辐射段（或称辐射室）组成的炉体、炉体内适当布置的由耐高温合金钢制成的炉管、燃料燃烧器等三个主要部分。管式裂解炉的基本结构如图 3-12 所示。

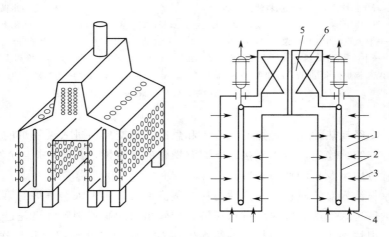

图 3-12　管式裂解炉基本结构

1—辐射段；2—垂直辐射管；3—侧壁燃烧器；4—底部燃烧器；5—对流段；6—对流管

炉体由两部分组成，即对流段和辐射段。对流段内设有数组水平放置的换热管来预热原料、工艺稀释水蒸气、急冷锅炉进水和过热的高压蒸汽等；辐射段由耐火砖（里层）和隔热砖（外层）砌成，在辐射段炉墙或底部的一定部位安装有一定数量的燃烧器，所以辐射段又称为燃烧室或炉膛，裂解炉管垂直放置在辐射室中央。为放置炉管，还有一些附件如管架、吊钩等。

炉管前一部分安置在对流段的称为对流管，对流管内物料被管外的高温烟道气以对流方式进行加热并汽化，达到裂解反应温度后进入辐射管，故对流管又称为预热管。炉管后一部分安置在辐射段的称为辐射管，通过燃料燃烧的高温火焰、产生的烟道气、炉墙辐射加热将热量经辐射管管壁传给物料，裂解反应在该管内进行，故辐射管又称为反应管。

在管式炉运行时，裂解原料的流向是先进入对流管，再进入辐射管，反应后的裂解产物离开裂解炉经急冷段给予急冷。燃料在燃烧器燃烧后，则先在辐射段生成高温烟道气并向辐射管提供大部分反应所需热量。然后，烟道气再进入对流段，把余热提供给刚进入对流管内的物料，然后经烟道从烟囱排放。烟道气和物料是逆向流动的，这样热量利用更为合理。

燃烧器又称为烧嘴，它是管式炉的重要部件之一。管式炉所需的热量是通过燃料在燃烧器中燃烧得到的。性能优良的烧嘴不仅对炉子的热效率、炉管热强度和加热均匀性起着十分重要的作用，而且使炉体外形尺寸缩小，结构紧凑、燃料消耗低，烟气中 NO_x 等有害气体含量低。烧嘴因其所安装的位置不同分为底部烧嘴和侧壁烧嘴。管式裂解炉的烧嘴设置方式可分为三种：一是全部由底部烧嘴供热；二是全部由侧壁烧嘴供热；三是由底部和侧壁烧嘴联合供热。按所用燃料不同，又分为气体燃烧器、液体（油）燃烧器和气油联合燃烧器。

（三）裂解炉操作控制

在裂解炉的操作过程中，主要是对裂解温度的控制。而反应过程中，炉子的升温过程控制是十分重要的。

1. 点火升温

首先打开点火燃料气各阀门，将燃料气引至点火烧嘴（长明灯），点燃底部长明灯点火烧嘴（简称火嘴）。将底部燃料气引至火嘴前，稍开底部燃料气控制阀，压力控制在 50kPa 以下。点燃底部火嘴。

裂解炉的点火总体顺序是先点燃长明线烧嘴，再点燃底部烧嘴，最后点燃侧壁烧嘴。为了保证炉内四路裂解炉管的出口温度尽量接近，各组炉管受热均匀，裂解炉的点火操作要求对称进行，具体操作按所操作规程中的点火顺序图进行。

升温操作与点火操作要互相配合，同时，还要兼顾其他操作。当炉膛温度达到 200℃时，要向炉管内通入稀释蒸汽，控制四路炉管稀释蒸汽流量均匀，防止偏流对炉管造成损坏。当烟道气的温度超过 220℃，引适量的稀释蒸汽进入石脑油进料管线，防止炉管损坏。并稍开消声器阀，使汽包产生的蒸汽由消声器放空。当产生的过热蒸汽温度达到 450℃时，应通过控制阀注入少量无磷水，将蒸汽温度控制在 520℃左右。

在整个点火升温过程中，一定要注意控制汽包液位不要超过 60%、裂解炉的炉膛负压维持在 -30MPa、烟道气的氧含量要 <4%。

裂解炉的升温操作一定要按照升温速率曲线升温，不同的炉型，升温速率曲线也不同。同时在升温过程中要根据炉膛温度的变化，不断调整增加稀释蒸汽的量。才能保证裂解炉管的稳定性。

在炉膛温度稳定在 760℃后，打开石脑油进料阀，给裂解炉管通入石脑油原料，同时关闭石脑油进料管线中的稀释蒸汽。并且增加燃料气压力，并迅速升温至操作温度。

2. 反应温度控制

裂解反应控制在 830℃左右。一般是以炉出口温度为准。由于裂解炉内一般均设有几组炉管，每组炉管内的反应状况各不相同，导致各组炉管的出口温度也不尽相同，因此裂解炉温度的控制方案也不同。但不论采用何种控制方案，炉管的温度都是通过燃烧器的燃料调节阀来控制的。在改变燃烧器的燃料调节阀时，要注意控制炉膛的负压、烟道气中的氧气含量，保证燃料的充分燃烧和炉子的热效率。同时还要注意炉管的结焦问题，根据结焦情况，判断温度的变化，随时调节燃料量。

3．流量控制

裂解炉的流量控制主要有两个：裂解原料流量和稀释水蒸气流量。其中稀释水蒸气的主要作用是降低裂解原料烃在热裂解反应中的分压，提高一次反应的速率，降低二次反应的发生，提高产品乙烯的收率。由于在高温炉管中，原料已完全汽化。因此要控制裂解原料烃的分压不变，必须控制原料与稀释水蒸气的分子比不变。

4．能量回收

管式反应器一般适用于高温高压反应。裂解反应不仅是在高温下反应，而且还是一高温下的强吸热反应。反应过程中，通过燃料的燃烧提供了大量的热量，燃料的燃烧产生的高温烟道气的热量必须回收。裂解装置中主要是通过下列方式回收烟道气的热量。首先通过预热空气、使空气和燃料混合均匀、控制一定的空气过剩系数、减少炉膛散热损失来提高裂解炉的热效率。其次是采用在裂解炉内的对流段设置几组预热盘管来降低烟道气离开炉膛的温度来充分利用烟道气的热量。

5．突发事故的处理

为保护反应炉管，要能够对反应过程中突发事故进行处理。通常所遇到的主要事故有冷却水中断、锅炉给水故障、脱盐水中断、石脑油中断等。此时，处理的方法基本相同。首先关烃进料隔离阀，所有燃料（长明线除外）全部关闭，将稀释蒸汽流量设定到正常值，炉底和侧壁烧嘴全部关闭。调节引风机挡板将炉膛负压控制在工艺范围之内。打开进料蒸汽跨线阀用蒸汽吹扫隔离阀下游的烃进料管线。打开清焦管线阀，同时关裂解气总管阀；当炉膛温度低于 400℃时将急冷锅炉的蒸汽包排放至常压。高压蒸汽改由消声器放空，同时注意汽包液位。当炉管出口温度低于 200℃时，中断稀释蒸汽，关燃料气截止阀、稀释蒸汽截止阀、关汽包消声器阀。

二、管式反应器的实训操作

（一）实训目的

① 掌握管式反应器操作。

② 了解裂解的基本原理和影响反应的各种因素，找出最佳操作条件。

（二）实训原理

乙烯生产主要是采用石油烃裂解法。所谓裂解是指以石油烃为原料，利用烃类在高温下不稳定、易分解、断链的原理，在隔绝空气和高温（600℃以上）条件下，使原料发生深度分解等多种化学转化的过程。裂解工艺条件要求苛刻，一般都要求在高温、低分压、短停留下操作。为了满足此条件，裂解时除了向裂解系统加入原料外，还需向系统加入水蒸气，以降低烃分压。裂解反应进行时除了发生一次反应（生成目的产物的反应）外，同时还发生二次反应（消耗目的产物的反应）。二次反应不但会降低目的产物的收率，而且导致反应系统结焦，因此，石油烃裂解时，每隔一段时间要对系统进行清焦。清焦分为停炉（停车，系统降温后人工清焦）清焦和不停炉（停止供料，不停水蒸气，或向系统加入空气）清焦法两种，目前也采用向系统加入抑制剂（抑制焦炭生成的物质）的办法清焦。影响裂解反应的因素除了裂解温度、压力和停留时间外，原料组成对裂解反应的影响也很大，不同的原料，所需裂解条件不同，得到的裂解产物组成也不相同。

通过运行常压裂解实训装置可以加深学生对石油烃裂解相关理论知识的理解，学会裂解过程控制、裂解条件选择、裂解产物分析，了解裂解反应结焦的原因和不同原料的产物分布情况等。烃类裂解主要是烷烃、环烷烃，在高温下进行开环断裂成小分子的烯烃和烷烃的过程。在实验室反应工艺过程是把热裂解放在空管的反应器内进行，由于该反应是强烈的吸热反应，在实验装置上使用电加热系统，并有精密温度控制装置反应温度，以达到良好反应目的。通常在实验室选择正己烷、环己烷和正庚烷，或煤油、轻柴油做原料进行热裂解反应。

裂解反应主要可分为两类，即一次反应和二次反应。二次反应主要指烯烃的分解、芳烃的生成以及从芳烃变成焦炭的反应。

① 一次反应是发生断链，生成低碳烷烃和烯烃

如：$C_{m+n}H_{2(m+n)+2} \rightarrow C_mH_{2m} + C_nH_{2n+2}$

② 二次反应主要为生炭和结焦的反应

如：$C_mH_{2m} \rightarrow mC + 2mH$

此外还有的分子脱氢生成炔烃和二烯烃、低分子烯烃发生热裂解或甲烷和芳烃脱氢缩合成稠环芳烃及焦炭等

裂解反应的基本原理是自由基链式反应机理。即在高温下使烃类产生断链引发出自由基，再进行链增长，最后链终止，结果产生大量乙烯、丙烯，同时还有氢、甲烷、乙烷、丙烷、丁烯、丁二烯等。

（三）实训装置

实验室管式炉裂解装置是测定石油烃类裂解反应和其他有机物裂解反应过程的有效手段，能根据实验结果找出最适宜的操作条件，给工业操作提供可靠的参考数据，同时为放大提供必要的参数。该装置为一空管，内部插入热电偶，能测定床内任意位置的温度，结构简单，流程紧凑，能更换不同的管径反应器，反应操作灵活，性能可靠。

1．技术指标

① 最大使用压力 0.2MPa；热电偶套管 ϕ3mm，热电偶 ϕ1.0mm，K 型；

② 反应加热炉，直径 16mm，高 750mm，四段加热，各段加热功率 1.0kW，最高使用温度 800℃；

③ 混合器加热炉，直径 12mm，长 280mm，加热功率 0.8kW；

④ 气液分离器，内径 12mm，长度 180mm；

⑤ 湿式流量计，2L。

2．实训流程

如图 3-13 所示。

3．实训设备

氮气（N_2）钢瓶一个；气相色谱仪一台；色谱工作站 一套；减压阀一个；定量柱塞泵（或电磁泵）两台。

4．化学试剂

环己烷、煤油、石脑油等。

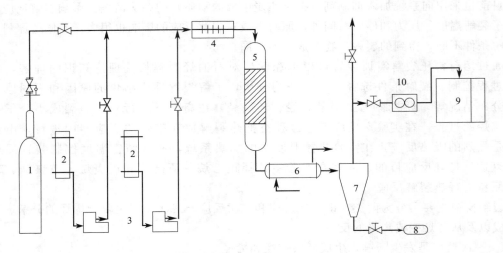

图 3-13　裂解装置流程

1—氮气钢瓶；2—原料罐；3—原料泵；4—预热器；5—裂解炉；6—冷凝器；

7—气液分离器；8—液相组分贮罐；9—色谱仪；10—湿式流量计

（四）实训操作步骤

1．装置的安装与试漏

将三通阀放在进气位置，进入空气或氮气，卡死出口，冲压至 0.05MPa，5min 不下降为合格。否则要用毛刷涂肥皂水在各接点处涂拭，找出漏点，重新处理后再次试漏直至合格为止。打开卡死的管路，可进行实验。注意：在试漏前，首先确定反应介质是气体还是液体或两者。如果仅仅是气体就要盲死液体进口接口。不然，在操作中有可能会从液体加料泵管线部位发生漏气。

2．加料反应

进料后观察预热温度和拉动反应器热电偶，找到最高温度点，稳定后再按等距离拉动热电偶，并记录各位置温度数据。

本装置为四段加热控制温度，温度控制仪的参数较多，不能任意改变，因此在控制方法上必须详细阅读控温仪表说明书后才能进行。控温对各段加热影响较大，应该较好地配合才能得到所需温度。各段加热电流给定不应很大，一般在 1.5A 左右。最佳操作方法是观察加热炉控制温度和反应器内部温度的关系，反应前后微有差异，主要表现在预热器的温度变化，因为预热器是靠管内测温的温度去控制加热，当加料时该温度有下降的趋势，但能自动调节到所给定的温度范围值内。

升温速度决定于给定电流的大小，一般情况下，给定电流不要过大、防止出现过快加热的现象。如果加热过快，由于炉丝热量不能快速传给反应管，易造成炉丝烧毁现象。控制上端温度偏高一些，预热的加热电流给定在 0.308A 为宜。

操作时反应温度测定靠拉动反应器内的热电偶（按一定距离拉），并在显示仪表上观察，放至温度最高点处，待温度升至一定值时，开泵并以某个速度进水，温度还要继续升高，到达反应温度时打开裂解原料进料泵。在运行过程中，温度要不断地进行调整。

在升温的同时给冷却器通水。

当反应正常后，记录时间与湿式流量计读数，同时记录进出反应器的压力值。

在分离器底部放出水与油，并计算其量。

3．数据记录

① 以不同的裂解原料在相同的裂解温度下进行裂解反应。

数据记录如下（560℃）：

裂解原料	油加入量		焦油量	裂解气量		备 注
	/mL	/g	/g	/mL	/g	

实验时可选取几组不同的温度。

② 以相同的裂解原料在不同的裂解温度下进行裂解反应。

数据记录如下（石脑油）：

反应温度 /℃	油加入量		焦油量	裂解气量		备 注
	/mL	/g	/g	/mL	/g	

实验时可选取几组不同的裂解原料。

③ 以相同的裂解原料、相同的裂解温度在不同的烃分压下进行裂解反应。

数据记录如下（石脑油、760℃）：

稀释剂加入量 /g	油加入量		焦油量	裂解气量		备 注
	/mL	/g	/g	/mL	/g	

实验时可分别用水蒸气和氮气作稀释剂。

4．停车

① 停止进料，在操作条件不变的情况下，只进水不进料，进行烧焦处理。

② 将电流给定旋钮调回至零（或关闭控温温度表），一段时间后停止进水。

③ 当反应器测温温度降至300℃以下后，冷却器停水。

④ 实验结束后要用氮气吹扫和置换反应产物。

5．注意事项

① 一定要熟悉仪器的使用方法：为防止乱动仪表参数，参数调好后可将参数设定值（Loc）改为新值，即锁住各参数。

② 升温操作一定要有耐心，不能忽高忽低乱改乱动控温设置。

③ 流量的调节要随时观察及时调节，否则温度容易发生波动，造成反应过程中温度的稳定性下降。

④ 不使用时，应将湿式流量计的水放干净。应将装置放在干燥通风的地方。如果再次使用，一定在低电流（或温度）下通电加热一段时间以除去加热炉保温材料吸附的水分。

⑤ 每次实验后一定要将分离器的液体放净。

6．故障处理

① 开启电源开关时指示灯不亮，并且没有交流接触器吸合声，则保险坏或电源没有接好。

② 开启仪表各开关时指示灯不亮，并且没有继电器吸合声，则分保险坏或接线有脱落的地方。

③ 开启电源开关有强烈的交流振动声，则是接触器接触不良，应反复按动开关可消除。

④ 仪表正常但电流表没有指示，可能保险断或固态变压继电器有问题。

（五）实训数据处理

1．数据计录及处理

① 记录升温过程反应器加热炉各段的温度及反应器的测温温度。

② 记录加料量和加水（进料时开始）量及产气量（湿式流量计的流量）。

③ 裂解气质量的计算。

④ 裂解气（乙烯计）收率的计算。

　2．几个主要工艺指标计算

① 根据所给已知条件预算出进料油和水的速度（mL/min），而且应在实验前算出来。

② 计算裂解气的质量：

$$G = V\rho$$

式中　V—— 在标准状况下干裂解气体积，L；

　　　ρ—— 在标准情况下干裂解气的密度，g/L。

$$V = \frac{V_s K_1 (p_0 - p_s)}{1.033 \times 273.2}(273.2 + t)$$

式中　V_s—— 实验测到的气体的体积，L；

　　　K_1—— 湿式气体流量计校正系数；

　　　p_0—— 当天室内大气压力，kgf/cm^2；

　　　p_s—— 实验时湿式气体流量计温度 t_0 下水饱和蒸气压，kgf/cm^2。

③ 计算裂解气、焦油的收率以及原料油损失率。

④ 计算当量停留时间：

$$\theta = \frac{V_{反}}{V_{物}} = \frac{L_e S}{1000 V_{物}}$$

式中　L_e—— 反应管当量长度（由计算机算出），cm；

　　　$V_{反}$—— 反应床的容积，L；

　　　$V_{物}$—— 反应床内物料的体积流量，L/s；

　　　S—— 反应管横截面积，cm^2。

由于反应床内物料的体积流量是变化的，一般 $V_{物}$ 是取进口的平均值：

$$V_{物} = \left(\frac{G_1}{M_1} + \frac{G_2}{M_2} + \frac{G_3}{M_3} + \frac{2G_4}{M_4}\right)\frac{22.4 T_e}{2 \times 273.2}$$

式中　G_1，G_2，G_3，G_4—— 分别为原料油、焦油、裂解气及水的质量，g；

　　　M_1，M_2，M_3，M_4—— 分别为原料油、焦油、裂解气及水的相对分子质量；

　　　τ—— 裂解实验所用的时间，s；

　　　T_e—— 裂解温度，取其中三点最高温度平均值，K。

　3．裂解气体的分析

气相色谱法：有许多色谱柱可以用，其中之一是在氧化铝单体上载 1.5％阿皮松，可分析 $C_{1\sim4}$。条件是在室温下用热导检测器，柱长为 4m，柱径 ϕ3mm。

（六）实训结果讨论

① 裂解原料对裂解产物的影响；

② 裂解温度对裂解产物的影响；

③ 造成裂解系统压力变化的原因；

④ 不同的原料适宜的裂解温度；

⑤ 操作时如何判断反应炉管双方结焦。

三、管式反应器的仿真操作

以环管聚丙烯的仿真操作为例说明管式反应器的仿真操作。

（一）生产原理

丙烯聚合反应的机理相当复杂，甚至无法完全搞清楚。一般来说，可以划分为四个基本反应步骤：活化反应；形成活性中心；链引发；链增长及链终止。

以 $TiCl_3$ 催化剂为例，首先单体与过渡金属配位，形成 Ti 配合物，减弱了 Ti—C 键，然后单体插入过渡金属和碳原子之间。随后空位与增长链交换位置，下一个单体又在空位上继续插入。如此反复进行，丙烯分子上的甲基就依次照一定方向在主链上有规则地排列，即发生阴离子配位定向聚合，形成等规或间规聚丙烯（PP）。对于等规 PP 来说，每个单体单元等规插入的立构化学是由催化剂中心的构型控制的，间规单体插入的立构化学则是由链终端控制的。

丙烯配位聚合反应机理由链引发、链增长、链终止等基元反应组成。链终止的方式有以下几种：瞬时裂解终止（自终止、向单体转移终止、向助引发剂 AlR_3 转移终止）、氢解终止。氢解终止是工业常用的方法，不但可以获得饱和聚丙烯产物，还可以调节产物的相对分子质量。

环管聚丙烯通过催化剂的引发，在一定温度和压力下烯烃单体聚合成聚烯烃，聚合后的烯烃的浆液经蒸汽加热后，高压闪蒸，分离出的烯烃经烯烃回收系统回收循环使用，聚合物粉末部分送入下一工段。

（二）工艺过程

如图 3-14 所示，来自界区的烯烃在液位控制下进入 D201 烯烃原料罐，经烯烃回收单元回收的烯烃也送入 D201，混合后的烯烃经进料泵 P200A/B 送进反应器系统。为了保证 D201 压力稳定，通过改变经过烯烃蒸发器 E201 的烯烃量来控制 D201 的压力。

来自 P200A/B 的烯烃进入反应系统，反应系统主要由两个串联的环管反应器 R201 和 R202 组成。来自界区的催化剂在流量控制下，进入第一个环管反应器 R201。来自界区的氢气在流量控制下，分两路分别进入 R201 和 R202。烯烃在催化剂作用下发生聚合反应，其中聚合反应条件如下：反应温度 70℃；反应压力 3.4～0.5MPa。

两个环管反应器内浆液的温度是通过其反应器夹套中闭路循环的脱盐水系统来控制的。反应器冷却系统包括板式换热器 E208 和 E209，循环泵 P205 和 P206，整个系统与氮封下的 D203 相连。若夹套水需要冷却，则使水进入板式换热器 E208/E209，通过 E208/E209 的冷却，降低夹套水的温度，以进一步降低环管反应温度，从而除去反应中所产生的热量。在装置开停车期间，为了维持环管温度恒定在 70℃，夹套水须通过 E204/E205 用蒸汽加热。夹套的第一次注水和补充水用脱盐水或蒸汽冷凝水。D203 上的两个液位开关控制夹套水的补充。

反应压力是在一定的进出物料的情况下，通过反应器缓冲罐 D202 来控制的，因为该罐是与聚合反应器相连通的容器；而 D202 的压力是通过 E203 加热蒸发烯烃得到的，烯烃蒸发量越大，压力就越高。通过聚合反应，外管反应器中的浆液浓度维持在 50% 左右（浆液密度 $560kg/m^3$），未反应的液态烯烃用作输送流体。两个反应器配有循环泵 P201 和 P202，通过该泵将环管中的物料连续循环。循环泵对保持反应器内均匀的温度和密度是很重要的。

烯烃经 P200A/B 送入 R201，其流量是通过外管反应器内的浆液密度来串级控制的，亦即环管中的浆液浓度是通过调节到反应器的烯烃进料量来控制的。环管反应器中的聚合物浆液连续不断地送到聚合物闪蒸及烯烃回收单元，以把物料中未反应的烯烃单体蒸发分离出来。从环管反应器来的浆液的排料是在反应器平衡罐 D202 的液位控制下进行的。

催化剂的供给对反应速率以及生成的聚烯烃量有非常重要的影响，在生产中一定要按要求控制平稳，催化剂的中断会使反应停止。将 H_2 加入环管反应器以控制聚合物的熔融指数，根据操作条件如密度、烯烃流量、聚烯烃产率等改变 H_2 的补充量，若 H_2 中断，需终止环管反应。

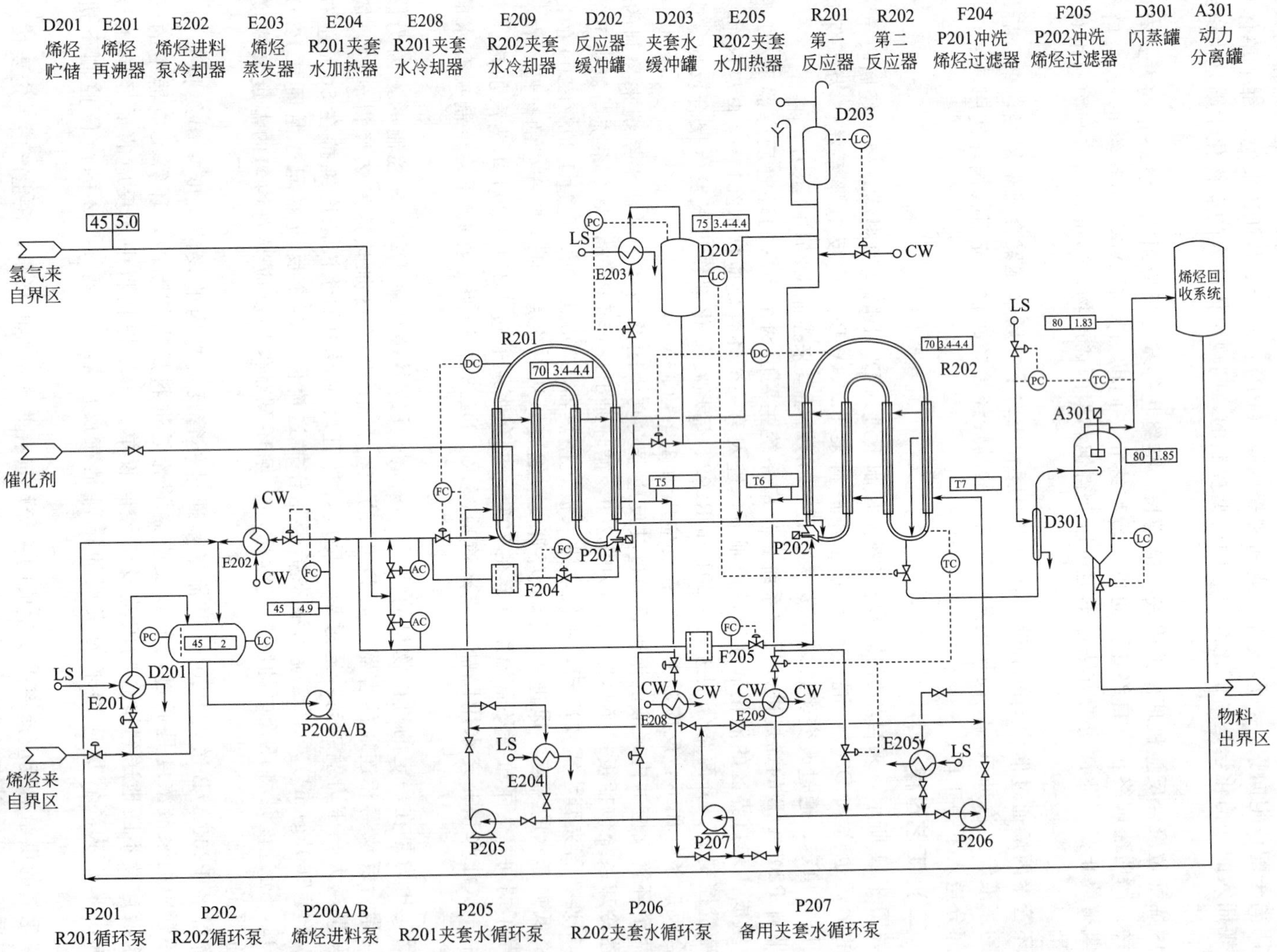
D201
烯烃
贮储
E201
烯烃
再沸器
E202
烯烃进料
泵冷却器
E203
烯烃
蒸发器
E204
R201夹套
水加热器
E208
R201夹套
水冷却器
E209
R202夹套
水冷却器
D202
反应器
缓冲罐
D203
夹套水
缓冲罐
E205
R202夹套
水加热器
R201
第一
反应器
R202
第二
反应器
F204
P201冲洗
烯烃过滤器
F205
P202冲洗
烯烃过滤器
D301
闪蒸罐
A301
动力
分离罐
氢气来
自界区
催化剂
烯烃来
自界区
烯烃回
收系统
物料
出界区
45 5.0
45 4.9
45 2
75 3.4-4.4
70 3.4-4.4
80 1.83
80 1.85
T5
T6
T7
LS
CW
PC
LC
FC
DC
AC
TC
P201
R201循环泵
P202
R202循环泵
P200A/B
烯烃进料泵
P205
R201夹套水循环泵
P206
R202夹套水循环泵
P207
备用夹套水循环泵

图 3-14　聚丙烯工艺流程图

环管反应器设置了一个使反应器内催化剂失活的系统，当反应必须立即停止时，把含有2％一氧化碳的氮气加进环管反应器中以使催化剂失去活性。

第二环管反应器 R202 排出的聚合物浆液进入闪蒸罐 D301，烯烃单体与聚合物在此分离，单体经烯烃回收系统回收后返回到 D201。

闪蒸操作是从环管反应器排料阀出口处开始进行的，聚合物浆液自 R202 经闪蒸管线流到 D301，其压力由 3.4～3.5MPa（表压）降到 1.8MPa（表压），使烯烃在化。为了确保烯烃完全汽化和过热，在 R202 和 D301 之间设置了闪蒸线，在闪蒸线外部设置蒸汽夹套，通过 D301 气相温度控制器串级设定通入夹套的蒸汽压力。如果 D301 出现故障，R202 排出的物料可通过 D301 前的二通阀切送至排放系统而不进 D301。

聚合物和汽化烯烃进入 D301，聚合物落到 D301 底部，并在料位控制下送至下一工序，气相烯烃则从 D301 顶部回收。在 D301 顶部有一个特殊设计的动力分离器，它能将气相烯烃中携带的聚合物粉末进一步分离回到 D301。

（三）操作规程

- 冷态开车

图 3-15 及图 3-16 分别为聚丙烯生产工艺过程中环管反应器 R201 和 R202 的 DCS 图。开工前全面大检查、处理完毕，设备处于良好的备用状态，排放系统及火炬系统应已正常，机、电、仪正常。

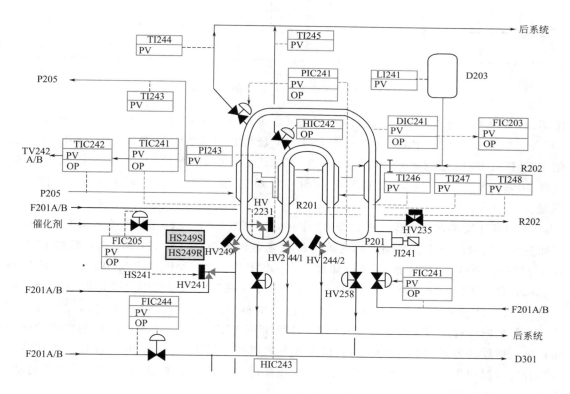

图 3-15 环管反应器 R201 的 DCS 图

PV—设定值；OP—给定值（仿真操作中的仪表值）

1．反应器开车前准备

（1）反应器供料罐 D201 的操作　打开烯烃蒸发器 E201 蒸汽进口阀；打开进料泵循环

87

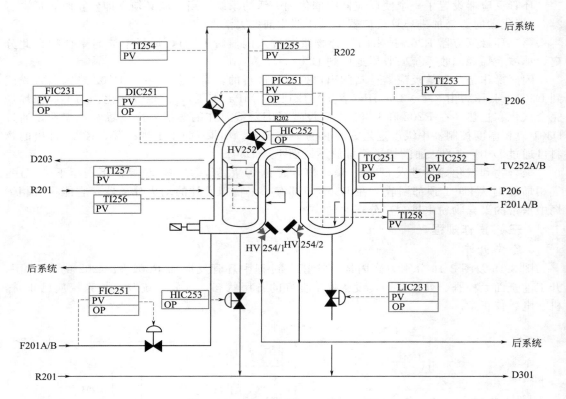

图 3-16　环管反应器 R202 的 DCS 图

冷却器 E202 冷却水进口阀；用液态烯烃对 D201 装料，手动打开 FIC201 阀，开 50％～100％接收烯烃，调节 PIC201 使烯烃经 E201 缓慢供到 D201 顶部，直至 D201 压力达到 1.5MPa。同时控制 PIC201 为 1.7～1.85MPa；LIC201 液位为 0～70％。当 LIC201 达到 40％～50％时，启动 P200A 或 B 循环烯烃回至 D201，通过调节 FIC202 控制回流量。

（2）D301 罐的操作（操作前检查 D301 伴管通蒸汽）　首先打开蒸汽疏水器旁路，待管子加热后关闭蒸汽疏水器旁路，打通闪蒸线夹套蒸汽系统。打开 PIC301 阀，控制 PIC301 在 0.2MPa；通过 FIC224 加入液相烯烃。当 D301 压力为 5MPa，启动 A301。手动控制 PIC301，使 TIC301 温度为 70～80℃。控制 PIC302 在 1.8～1.9MPa；视情况投自动。将 FIC244 调整到 4200kg/h，这可保证环管反应器出料受阻时，有足够的冲洗烯烃进入闪蒸罐。当开始向环管进催化剂时，要打开 D301 底部阀 LIC301 以便不断出空初期生成的聚合物粉料，排放到界区回收。D301 的料位在开车初期通常保持在零位，这种操作一直要持续到环管反应器的浆液密度达到 450kg/m³。反应接近正常后，控制 LIC301 到 50％，投自动，完成 D301 的料位建立。

（3）反应器夹套水系统投用　打开夹套水循环管线上的手动切断阀。打开换热器 E208、E209 的冷却水。通过 LV241 将夹套循环水系统充满脱盐水，待 LI241 有液位时，则夹套已充满。夹套充满水后，启动夹套水循环泵 P205、P206。打开到加热器 E204、E205 的蒸汽加热夹套水阀，将夹套水的温度控制器 TIC242、TIC252 控制在 40～50℃，将 D202 和第二反应器 R202 连通。手动关闭 LIC231 及其下游切断阀。

2．反应器系统开车

开车前必须进行聚合反应器 R201、R202 串联，并与平衡罐 D202 连通。

（1）建立烯烃循环　打开 E201 到 D202 管线上的切断阀。用气相烯烃给 D202 充压，同时打开 D202 至 R201、R202 的气相充压管线。当 D202 和 R201、R202 的压力升至 1.0MPa 以上后，关闭 E201 和 D202 之间管线上的切断阀。当压力达到 1.5～1.8MPa（表压）时，检查泄漏。给环管反应器 R201、R202 中注入液态烯烃。建立烯烃循环，使烯烃经过冲洗管线至闪蒸管线、D301、烯烃回收系统回到 D201。

（2）反应器进料　把到反应器的烯烃管线上的所有的流量控制器都置于手动关闭状态。打开到反应器去的烯烃管线上的所有流量控制器的上、下游切断阀，并确认旁通阀是关闭的。确认夹套水冷却温度 40℃；PIC231 的压力为 2.5MPa 左右。通过各反应器的控制阀向环管反应器进烯烃，最大流量为量程的 80%。同时调节 PIC231 使 D202 的压力逐渐增加到 3.4～3.6MPa。控制 LIC231 在 40%～60%。

当环管充满液相烯烃，压力将上升，检查环管各腿顶部的液相烯烃充满情况。打开环管反应器顶部放空阀，开度为 10%～15%，观察相应的下游温度指示器，当温度急剧降至零度以下时，表明这条腿已充满了液相烯烃。控制到 R201 的烯烃流量（FIC203）为 1000kg/h，到 R202 的烯烃流量（FIC231）为 5500kg/h。

（3）准备反应　检查并调整好环管反应器循环泵 P201、P202，然后启动循环泵 P201、P202。将 FIC232 控制在 200kg/h，开始向闪蒸管线通冲洗烯烃。以 4～6℃/5min 的升温速度缓慢提高环管反应器 R201、R202 温度至 70℃（由于液相烯烃受热膨胀，致使烯烃从环管反应器中排出并回收到 D201 中，所以，在外管反应器充满液相烯烃而未升温之前，D201 的液位要保持在 30%）。同时调整各反应器的进料量至正常流量，使得烯烃系统建立大循环（D201-R201-R202-D301-烯烃回收单元-D201），并将反应器的压力、温度调整至正常，D202 的压力、液位调整至正常。为进催化剂做好准备。

（4）反应开始　打开催化剂进料阀，开始加入催化剂，为防止反应急剧加速，要逐步增加催化剂量，使外管反应器中的浆液密度逐步上升到 550～565kg/m³。为防止密度超过设定值，堵塞管线，当浆液密度达到设定值且操作平稳，将每个反应器进料烯烃量与该反应器密度控制投串级，即用 DIC241 串级控制 FIC203、DIC251 串级控制 FIC231。DIC241 与 FIC203 投串级后，控制正常生产要求，调节催化剂量至正常。在调整催化剂的同时，控制正常生产要求，调节进入两个反应器的氢气量至正常。

主催化剂进环管反应器后，烯烃开始反应，并释放热量，反应速率愈快，释放的热量就愈多。随着反应的进行，要及时减少夹套水加热器的蒸汽量，以使环管反应器的温度保持在 70℃；随反应的加速，很快就需要完全关闭蒸汽，并且起用 E208 和 E209。

从 R201 到 R202 的排料有两种形式：桥连接和带连接，分别采用两根不同的管线。正常生产采用桥连接，带连接是桥连接的备用。

● 正常工况维持

熟悉工艺流程，维护各工艺参数稳定；密切注意各工艺参数的变化情况，发生突发事故时，应先分析事故原因，并做及时正确的处理。

环管聚丙烯正常操作时的控制指标见表 3-2。

表 3-2　环管聚丙烯正常操作时的控制指标

仪表位号	名　　称	正常值	仪表位号	名　　称	正常值
AIC201	进 R201 烯烃中氢气/(μL/L)	876	LIC231	D202 液位/%	70
AIC202	进 R202 烯烃中氢气/(μL/L)	780	PIC231	D202 压力/MPa	3.8
FIC201C	去 R201 的氢气流量/(kg/h)	1.17	DIC241	R201 浆液密度/(kg/m^3)	560
FIC202C	去 R202 的氢气流量/(kg/h)	0.584	PIC241	R201 压力（表压）/MPa	3.8
FIC203	去 R201 的烯烃流量/(kg/h)	27235	TIC241	R201 温度/℃	70
FIC205	催化剂的流量/(kg/h)	34.1	TIC242	R201 夹套水温度/℃	55
LIC201	D201 液位/%	80	DIC251	R202 浆液密度/(kg/m^3)	560
PIC201	D201 压力/MPa	2	PIC251	R202 压力/MPa	3.5
TI201	D201 的温度/℃	45	TIC251	R202 温度/℃	70
FIC231	去 R202 的烯烃流量/(kg/h)	17000	TIC252	R202 夹套水温度/℃	55

● 正常停车

1. 环管反应器的停车

（1）降温降压、停止反应　停主催化剂的加入，关闭催化剂 FIC205 阀门。解除 DIC241 与 FIC203 串级及 DIC251 与 FIC231 串级，逐渐将 FIC203 减至 18000kg/h，逐渐将 FIC231 减至 7000kg/h。当密度到 450kg/m^3 时，停止 H$_2$ 进料 FIC201C 和 FIC202C。注意：在 FIC203、FIC231 降量的过程中，适当提高 FIC244 流量不低于 8000kg/h。

当完全旁通 E208、E209 完全旁通时，则启用反应器夹套水加热器 E204、E205 来加热夹套水，打开 E204、E205 蒸汽线上的手阀，通过控制调节控制阀 HV272、HV273 来维持环管温度在 70℃。

继续稀释环管，直至密度达到此温度下的烯烃密度。将环管内的浆液经 HV301 向 D301 排放。当浆液密度降至 414kg/m^3 时，如需要停 P201、P202，关 FIC203、FIC231、FIC241、FIC251 及 FIC232。环管中的物料排至 D301，烯烃气经烯烃回收系统后送 D201。

（2）反应器排料　当环管反应器腿中的液位低于夹套时，用来自 E203 的烯烃蒸气从反应器顶部排气口对环管加压。排空环管底部烯烃的操作如下。

关反应器顶部排放管线上的手动切断阀，开充烯烃蒸气截止阀。打开每个环管顶部自动阀（PIC241、HV242、PIC251、HV252）以平衡 D202 气相和环管顶部压力。通过 PIC231 控制 D202 的压力为 3.4MPa。将环管夹套水温度保持在 70℃，以免烯烃蒸气冷凝。可通过 HV301 切向排放系统。环管和 D202 的液体倒空后，手动关闭 PIC231，使带压烯烃排向 D301，使之尽可能回收，最后剩余气排火炬。当环管中的压力降到 1MPa 时，切断夹套水加热器 E204、E205 的蒸汽。设定 TIC242 和 TIC252 为 40℃，将夹套水冷却至 40℃，停水循环泵 P205、P206（或 P207）。

2. D201 罐的停车

一旦供给工艺区的烯烃停止，D201 将进行自身循环，此时烯烃进料系统就可安全停车。

将 LIC201 置于手动，并处于关闭状态。手动关闭 FIC201 使 D201 的压力处于较低状态。如需倒空 D201 内的烯烃，缓慢打开 P200A/B 出口管线上后系统的烯烃截止阀。

3. D301 的停车

保持 D301 出口气相流量控制器（PIC302）设定值不变，它控制着 D301 进料管线的液相冲洗烯烃量。当聚合物流量降低时，料位继续保持 D301 料位的自动控制，直到出料阀的开度≤10％，则 LIC301 打手动，并且逐渐把聚合物的料位降为零。当环管中浆液密度达到450kg/m³ 时，将 HV301 转换至低压排放，把剩余的聚合物排至后系统。当聚合物的流量为零（即环管中浆液密度降至 400kg/m³），且 D301 无料积存时，手动关闭 LIC301。

● 紧急停车

当反应系统发生紧急情况时，环管反应器必须立即停车。此时应立即启用反应阻聚剂 CO 直接注入环管中以使催化剂失活。CO 几乎能立即终止聚合反应。CO 的注入方式是直接向 R201、R202 各支管上部注入，浓度为 2％。

操作步骤：关闭催化剂进料阀 FIC205，分别打开至 R201、R202 的 CO 钢瓶的手动截止阀。关闭通往火炬的排气阀 HV261 和 HV265。打开 CO 总管上的阀门 HV262 和 HV264。当终止反应后，关闭反应器底部 CO 注入阀（HV262、HV264），它同时也关闭 CO 总管上的通往排放系统的排气阀（HV261、HV265）。

注意：一旦一氧化碳已被加入到环管反应器中，并使催化剂失活，从而停止了环管反应器内的聚合反应，下一步要采取的措施要视具体情况而定。

① 如果是原料中断，则需要将聚合物及单体排料切至后系统。

② 除非反应器中的密度降低到 414kg/m³，否则不得中断反应器循环泵密封的烯烃冲洗。如果循环泵必须停掉的话，那么环管反应器的密度必须从 550kg/m³ 降低到小于 414kg/m³，当达到这一密度时，反应器循环泵可安全停车，到环管的所有烯烃也可完全停掉。

③ 如果环管反应器循环泵由于某一循环泵的机械或电力故障导致停车，那么反应器的浆液密度不可能在停泵之前稀释到 414kg/m³。在这种情况下，环管反应器内物料不能循环，则必须将阻聚剂直接加到环管中去。

● 事故处理

事故处理方法见表 3-3。

表 3-3　事故处理方法

事 故 原 因	事 故 现 象	处 理 方 法
蒸汽故障	PIC301 压力为 0 D301 温度降低	终止反应 按正常停车步骤停车
冷却水停	TIC242 温度升高 TIC252 温度升高	按紧急停车步骤处理
烯烃原料中断	FIC201 流量为 0	按正常停车步骤停车
桥连接阀门故障	R201 反应器压力增加 R202 反应器压力降低 反应温度降低	快速恢复带连接阀 调节反应器压力 调节反应器温度 各仪表恢复到正常数据
P205 泵故障	去 R201 的冷却水中断 R201 反应温度上升 DIC241 密度下降	快速启动备用泵 P207 调整反应器温度 各仪表恢复到正常数据
氢气进料故障	FIC202C 流量为 0 FIC201C 流量为 0	观察反应 按正常停车步骤停车
P201 机械故障停	R201 反应温度下降 R201 反应密度急速下降 R201 反应压力下降	按紧急停车步骤处理

分析与思考

1. 如何控制环管反应器的温度。
2. 反应过程中使用的阻聚剂是什么，何时使用。
3. 如何建立烯烃系统的循环过程。
4. 聚合物的密度如何控制。
5. 怎样操作才能使烯烃原料罐 D201 的压力稳定。

 知识点归纳

一、理想连续操作管式流动反应器

（1）基础计算方程式

$$(-r_A)dV_R = F_{A0}dx_A$$

（2）反应器有效体积

$$V_R = F_{A0} \int_0^{x_{Af}} \frac{dx_A}{(-r_A)}$$

（3）空间时间

$$\tau_c = \frac{V_R}{V_0} = c_{A0} \int_0^{x_{Af}} \frac{dx_A}{(-r_A)}$$

（4）空间速度

$$S_v = \frac{V_{0N}}{V_R}$$

（5）等温等容管式反应器

① 一级不可逆反应

$$\tau_c = \frac{V_R}{V_0} = \frac{1}{k} \ln \frac{1}{1-x_{Af}}$$

或

$$V_R = V_0 \tau_c = \frac{V_0}{k} \ln \frac{1}{1-x_{Af}}$$

② 二级不可逆反应

$$\tau_c = \frac{V_R}{V_0} = \frac{x_{Af}}{kc_{A0}(1-x_{Af})}$$

或

$$V_R = V_0 \tau_c = \frac{V_0 x_{Af}}{kc_{A0}(1-x_{Af})}$$

（6）等温变容管式反应器

$$V_t = V_0(1 + y_{A0} \delta_A x_A)$$

$$c_A = c_{A0} \frac{1-x_A}{1+y_{A0} \delta_A x_A}$$

$$p_A = p_{A0} \frac{1-x_A}{1+y_{A0} \delta_A x_A}$$

$$y_A = y_{A0} \frac{1-x_A}{1+y_{A0} \delta_A x_A}$$

（7）变温管式反应器

① 绝热反应
$$T - T_0 = \frac{F_{A0}(-\Delta H_r)_{A, T_0}}{F_t \overline{M} \overline{c_p}}(x_A - x_{A0})$$

② 非绝热反应
$$F_t \overline{M} \overline{c_p} dT = (-r_A) \frac{\pi}{4} d_t^2 dl(-\Delta H_r)_{A, T_0} - K(T - T_s) \pi d_t dl$$

二、反应器的型式及操作方式的选择

① 要求　生产能力高，选择性大。

② 判断　反应的动力学方程式 $\xrightarrow{\text{确定}}$ 操作条件 $\begin{cases} T \\ c_A \end{cases}$ 的变化 $\xrightarrow{\text{确定}}$ 反应器的型式和操作方式。

③ 反应器生产能力的比较　容积效率 $\eta = \dfrac{(V_R)_P}{(V_R)_S}$

反应级数越高，容积效率越低；转化率越高，容积效率越低。故对于反应级数较高，转化率要求较高的反应，以选用管式流动反应器为宜。

串联的釜数越多，容积效率越高。即容积效率随着釜数的增加而增加。但增大的速度逐渐缓慢，因此通常取串联的釜数为 4 或者小于 4。

④ 复杂反应选择性的比较　比选择性：$S_R = \dfrac{r_R}{r_S}$

平行反应：
$$S_R = \frac{r_R}{r_S} = \frac{k_1}{k_2} c_A^{a_1 - a_2} c_B^{b_1 - b_2}$$

升温度有利于活化能高的反应；增加反应物的浓度有利于级数高的反应。

连串反应：
$$S_R = \frac{r_R}{r_S} = \frac{dc_R}{dc_S} = \frac{k_1 c_A - k_2 c_R}{k_2 c_R}$$

反应过程中存在一最佳操作点。

三、理想连续操作管式流动反应器技能训练

管式反应器操作。

管式反应器的实训操作。

管式反应器的仿真操作。

 自测练习

填空题

1. 在标准状况下，空速和空时的关系为 ＿＿＿＿＿＿＿＿。

2. 在同样流量与转化率下 ＿＿＿＿＿＿＿ 之比称为容积效率。当转化率一定时，反应级数越 ＿＿＿＿＿＿＿，则容积效率越小。

3. 有一平行反应 $\begin{array}{l} A \longrightarrow P（主）\\ A \longrightarrow S（副）\end{array}$。主副反应均为一级不可逆反应，若主反应活化能大于副反应活化能，则选择性 S_P 仅是 ＿＿＿＿＿＿ 的函数，与 ＿＿＿＿＿＿＿＿＿ 无关。

4. 同一反应在反应阶段，BR 与 PFR 的生产能力 ＿＿＿＿＿＿＿＿。

5. 反应器操作方式和型式的选择，必须深入分析＿＿＿＿＿＿和＿＿＿＿＿＿特性，并进行＿＿＿＿＿＿和＿＿＿＿＿＿比较。

6. PFR 反应器的物料衡算式中单位时间排出 A 组分的量＿＿＿＿＿＿，反应物料的积累为＿＿＿＿＿＿。

7. 活塞流模型的流动特征为轴向上浓度＿＿＿＿＿＿，径向上浓度＿＿＿＿＿＿。

8. 当反应过程要求的转化率越高，则返混的影响就越＿＿＿＿＿＿，容积效率就越＿＿＿＿＿＿。

9. 绝热反应中的温度与转化率间的关系为＿＿＿＿＿＿，其中绝热温变 $\lambda=$ ＿＿＿＿＿＿。

10. 对于 $A \xrightarrow{k_1} R \xrightarrow{k_2} S$ 反应体系，当转化率一定时，k_2/k_1 比值越大，则选择性＿＿＿＿＿＿，若要提高反应的选择性，则应在较＿＿＿＿＿＿的转化率下工作。

判断题

1. PFR、CSTR、6-CSTR 三种反应器相比，其返混程度的大小顺序为 PFR＞CSTR＞6-CSTR。

2. 对于（$-r_A$）与 c_A 呈单调上升的情况，应首先选用理想连续操作管式流动反应器。

3. 对同一个单一的正级数反应，在相同的工艺条件下，若反应器体积相同，则连续操作釜式反应器达到的转化率最高；而理想连续操作管式流动反应器达到的转化率最低。

4. 在 PFR 内反应物的浓度始终高于 CSTR 中的反应物浓度，所以，无论在反应器内进行何种反应，PFR 的生产能力始终大于 CSTR。

5. 在复杂反应体系中，升高温度有利于主反应的进行。

6. 除零级反应外，在相同条件下，CSTR 比 PFR 的反应体积大。

7. 理想置换反应器与全混流反应器均不存在返混。

8. 对于（$-r_A$）与 c_A 呈单调上升的反应，完成相同的生产任务时 PFR 的体积最小。

9. PFR 的操作是定常态操作，所以反应器内的浓度不随时间发生变化。

10. 全混流反应器串联的级数越多，反应器的返混程度就越大，容积效率就越小。

思考题

1. PFR、CSTR、n-CSTR 反应器内浓度是如何变化的。

2. 试定性分析 PFR、CSTR、n-CSTR 生产能力的大小。

3. 对于复杂反应体系，如何选择反应器的型式和操作方式。

4. 非等温、非绝热理想连续操作管式流动反应器如何计算反应器的体积。

5. 反应器的容积效率如何定义，它与反应级数、转化率和串联的釜数有何关系。

6. 叙述理想连续操作管式流动反应器的流动特征。

7. 分析一级不可逆连串反应选择性的特征。

8. 绝热温变的物理意义是什么，如何计算。

9. 管式反应器的换热方式有哪些，如何选择。

10. 有一平行反应 $\begin{aligned} &A \xrightarrow{k_1} P（主）\ r_P = k_1 c_A^{1.5} \\ &A \xrightarrow{k_2} R（副）\ r_R = k_2 c_A^{0.8} \end{aligned}$；已知 $E_1 > E_2$，若要提高主反应的选择性，试定性确定你认为合适的温度及最佳的反应器型式。

计算题

1. 在管式反应器中进行等温等容一级液相反应，出口转化率为 90%，现将该反应转入全混流反应器中进行，若其他操作条件不变，求该反应在全混流反应器出口的转化率。

2. 在 CSTR 中进行恒容等温一级反应，出口转化率为 70%，若其他条件不变，求该反应在体积相同的下列不同反应器中进行时的转化率。(1) PFR；(2) BR($\tau'=0$)；(3) 2-CSTR ($V_{R1}=V_{R2}$)。

3. 丙烷热裂解制取乙烯的反应方程式可以表示为：$C_3H_8 \longrightarrow C_2H_4 + CH_4$，忽略其他副反应，实验测定在 772℃进行等温反应时动力学方程式可表示为：$(-r_A)=kc_A$，其中，$k=0.4h^{-1}$，c_A 为丙烷浓度。若系统保持恒压操作，压力为 1atm，原料处理流量为 800L/h，当丙烷转化率为 0.5 时，求所需的反应器体积。

4. 某一级恒温恒容不可逆反应，其反应速率方程为 $(-r_A)=kc_A$。已知 293K 时反应速率常数为 $10h^{-1}$，反应物 A 的初浓度 $c_{A0}=0.2kmol/m^3$，加料速率 V_0 为 $2m^3/h$，问最终转化率为 60% 时下列反应器的体积为多少：(1) 单个 PFR；(2) 两个体积相同的 CSTR 串联。

5. 均相气相反应 $A \longrightarrow 3R$，其动力学方程为 $(-r_A)=kc_A$，该过程在 185℃，400kPa 下在一管式反应器中进行，其中 $k=0.02s^{-1}$，进料量为 30kmol/h，原料 A 中含有 50% 的惰性气体，为使反应器出口转化率达到 80%，该反应器的体积应为多少？

6. 反应 $A+B \longrightarrow R+S$，已知 $V_R=1L$，物料进料速率 $V_0=0.5L/min$，$c_{A0}=c_{B0}=0.005mol/L$。动力学方程式为 $(-r_A)=kc_Ac_B$，其中 $k=100L/(mol \cdot min)$。求：

(1) 反应在平推流反应器中进行时出口转化率为多少？

(2) 欲用全混流反应器得到相同的出口转化率，反应体积应多大？

(3) 若全混流反应器体积 $V_R=1L$，可达到的转化率为多少？

7. 平行液相反应 $\begin{matrix} A \longrightarrow P & & r_P=1 \\ A \longrightarrow R & & \\ A \longrightarrow S & & r_S=c_A^2 \end{matrix}$ 动力学方程式为：$r_R=2c_A$ 已知：$c_{A0}=2kmol/m^3$，$c_{Af}=0.2kmol/m^3$。试求在下列反应器进行上述反应时反应器的空时：(1) 理想连续操作管式反应器；(2) 连续操作釜式反应器；(3) 二釜串联的反应器，$c_{A1}=1kmol/m^3$。

8. 乙醛在 518℃下气相常压分解：$CH_3CHO \longrightarrow CH_4 + CO$。该反应在一直径 3.3cm、长为 80cm 的理想连续操作管式反应器内进行，原料气的空速为 $s_v=8.0h^{-1}$，反应达到的转化率为 35%，其反应速率常数为 $0.33L/(mol \cdot s)$。试求：该反应的空时及反应物料的停留时间。

9. 有一分解反应 $\begin{matrix} A \longrightarrow R (目的产物)，r_R=c_A^2[mol/(L \cdot min)] \\ A \longrightarrow S (副产物)，r_S=2c_A[mol/(L \cdot min)] \end{matrix}$，其中 $c_{A0}=4.0mol/L$，$c_{R0}=c_{S0}=0$，物料的体积流量为 5.0L/min，求转化率为 80% 时，说明应选择哪种型式的反应器并计算你所选定反应器的容积及产物 R 的出口浓度。

10. 一等温二级不可逆反应 $(-r_A)=kc_A^2$，已知 293K 时，$k=10m^3/(kmol \cdot h)$，反应物 A 的出始浓度 $c_{A0}=0.2kmol/m^3$，进料体积流量 $v_0=2m^3/h$，试计算下列理想反应器组合方案的出口转化率：(1) 两个有效体积均为 $2m^3$ 的 PFR+CSTR；(2) 两个有效体积均为 $2m^3$ 的 CSTR 串联；(3) 两个有效体积均为 $2m^3$ 的 CSTR+PFR。

dA——微元体积的传热面积，m^2

$\overline{c_p'}$，$\overline{c_p}$——进入、离开微元体积的物料在 $T_b \sim T'$ 和 $T_b \sim T$ 温度范围内的平均定压比热容，$kJ/(kg \cdot K)$

F_0——总进料物质的量流量，$kmol/h$

F_{A0}——反应组分 A 进入反应器的流量，$kmol/h$

F_A——反应组分 A 进入微元体积的流量，$kmol/h$

F_t'，F_t——进入、离开微元体积的总物料流量，$kmol/h$

F_t——反应系统在操作压力为 p、温度为 T、反应物转化率为 x_A 时总物料物质的量流量，$kmol/h$

$(-\Delta H_r)_{A,T}$——以反应物 A 计算的反应热，$kJ/kmol$

K——物料至载热体总给热系数，$kJ/(m^2 \cdot K \cdot h)$

$\overline{M'}$，$\overline{M}$——进入、离开微元体积的物料的平均摩尔质量

r_A——反应物 A 的化学反应速率，$kmol/(m^3 \cdot h)$

T'、T——进入、离开微元体积的物料的温度，K

T_b——选定的基准温度，K

T_s——载热体平均温度，K

V_0——物料进口处的体积流量，m^3/h

V_R——反应器的有效体积，m^3

V_t——反应系统在操作压力为 p、温度为 T、反应物转化率为 x_A 时物料总体积流量，m^3/h

x_A——反应物 A 的转化率

y_{A0}——进料中反应物 A 占总物料的摩尔分数，$y_{A0} = F_{A0}/F_{t0}$

y_A——反应系统在操作压力为 p、温度为 T、反应物转化率为 x_A 时反应物 A 占总物料的摩尔分数

τ——反应时间，h

$\overline{\tau}$——物料平均停留时间，h

τ_c——管式流动反应器的空间时间，h

模块四　固定床反应器

目标要求

- 了解固定床反应器的种类及基本结构。
- 了解固定床反应器的基本操作及日常维护。
- 掌握固定床反应器的生产原理。
- 掌握气固相反应动力学方程的确定。
- 掌握固定床反应器的简单计算。
- 能够根据生产的要求和实际情况选择合适的固定床反应器。
- 能够根据反应的特点分析固定床反应器的传质、传热规律。
- 能够完成固定床反应器的仿真操作。

流体通过由不动的固体催化剂构成的床层进行化学反应的设备称为固定床反应器。其中的流体又以气体为主。石油加工工业中的裂化、重整、异构化、加氢精制等；无机化学工业中的合成氨、硫酸生产、天然气转化等；有机化学工业中环氧乙烷、苯乙烯、环己烷、氯乙烯及丙烯腈等的生产，用的都是固定床反应器。

项目一　固定床反应器的结构

近十几年来，随着石油化工生产的迅猛发展，尤其是精细化学品的生产过程对反应设备、操作条件、工艺参数的控制等要求越来越高，为此研究开发了很多结构型式的固定床反应器，以适应不同的传热要求和传热方式。其中最常见的有绝热式固定床反应器、列管式固定床反应器、自热式固定床反应器及径向反应器几种型式。下面分别介绍。

一、绝热式固定床反应器

在反应过程中不与外界进行热量交换的反应器称为绝热式固定床反应器，又分为单段绝热式和多段绝热式。

（一）单段绝热式固定床反应器

单段绝热式固定床反应器一般为一高径比不大的圆筒体，在圆筒体下部装有栅板，催化剂均匀堆积在栅板上，内部无任何换热装置。其特点是反应器结构简单，造价便宜，反应器体积利用率较高。适用于反应热效应较小、反应温度允许波动范围较宽、单程转化率较低的反应过程。见图4-1。

对于热效应较大的反应只要反应温度不很敏感或是反应速率非常快时，有时也使用这种类型的反应器。例如甲醇在银或铜的催化剂上用空气氧化制甲醛时，反应热很大，但反应速率很快，催化剂层较薄，如图4-2所示。此一薄层为绝热床层，下面为一列管式换热器。

单段绝热式固定床反应器的缺点是换热仅仅依靠床壁,换热面积很小,当反应的热效应较大,反应速率又较慢时,其绝热升温必将使反应器内温度的变化超出允许范围,在这种情况下,应采用多段绝热式固定床反应器。

图 4-1　圆筒绝热式反应器

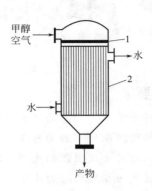

图 4-2　甲醇氧化用的薄层反应器
1—催化剂(层高约 20cm);2—冷却器

(二) 多段绝热式固定床反应器

多段绝热式固定床反应器是在段间进行反应物料的换热,以调节整个生产过程的反应温度。多段绝热式固定床反应器又分为中间换热式和冷激式。

中间换热式又称为中间间接换热式,冷、热流体是通过段间的换热器管壁进行热量的交换。其作用是将上一段的反应气体冷却至适宜温度后再进入下一段反应,反应气体冷却所放出的热量可用于对未反应的原料气体预热或通入外来换热介质移走。而换热设备可以放在反应器外,如图 4-3(a)、(b) 所示,也可放在反应器内,如图 4-3(c) 所示。

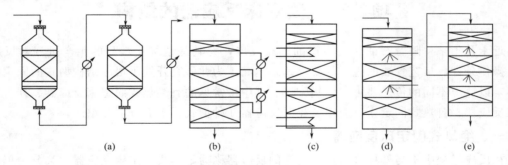

(a)　　　　(b)　　　　(c)　　　　(d)　　　　(e)

图 4-3　多段绝热式固定床反应器
(a),(b),(c)—中间换热式;(d),(e)—冷激式

冷激式多段绝热固定床反应器又称为直接换热式反应器,它与中间换热式不同,是采用冷激气体直接与反应器内的气体混合,达到降低反应温度的目的,如图 4-3(d)、(e) 所示。根据使用冷激的气体不同,又可分为原料气冷激式反应器和非原料气冷激式反应器。如在环己醇脱氢制环己酮生产过程中,反应过程对换热要求并不高,可以采用段间设换热装置的多段绝热式固定床反应器;而在一氧化碳和氢合成甲醇的生产过程中,也是采用多段绝热式固定床反应器,只需在段间通原料气进行冷激,以控制整个反应过程的温度。

二、列管式固定床反应器

列管式固定床反应器，通常是在管内充填催化剂，管间通热载体，气体原料自上而下通过催化剂床层进行反应，反应热通过管壁与管外的热载体进行热交换。这种反应器既适用于放热反应，也适用于吸热反应。如图4-4、图4-5所示。

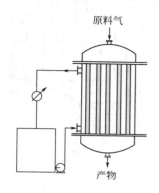

图 4-4　乙烯氧化制环氧乙烷反应器

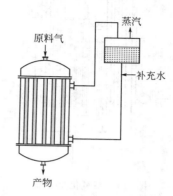

图 4-5　乙炔法合成氯乙烯反应器

在列管式固定床反应器中，热载体可通过管壁将反应热移走，以维持反应在适宜的温度下进行。热载体可根据反应温度范围、热效应大小、操作状况以及过程对温度波动的敏感性等来确定，它在反应条件下应具有较好的热稳定性和较大的热容，不生成沉积物，对设备无腐蚀，能长期使用，价廉易得等。常用的热载体主要有：水、加压水（373～573K）、导生液（联苯二苯醚混合物，473～623K）、熔盐（如硝酸钠、硝酸钾和亚硝酸钠混合物，573～773K）、烟道气（873～973K）等。另外，热载体温度与反应温度相差不宜太大，以免造成近壁处的催化剂过冷或过热。过冷的催化剂有可能达不到"活性温度"，不能发挥催化作用，过热的催化剂极有可能失活。热载体在管外通常采用强制循环的形式，以增强传热效果。

按不同热载体和热载体不同循环方式分类，列管式固定床反应器有多种结构型式。乙炔与氯化氢制氯乙烯的生产过程就是采用沸腾式结构的反应器，如图4-5所示，它是采用沸腾水为热载体，反应热通过沸腾水的部分汽化与反应产物一起从出口处引出，分离后的水蒸气经冷凝并补加部分软水后继续进入反应器循环使用。沸腾式循环可以使整个反应器内热载体温度基本恒定。如图4-6所示为萘氧化反应器，属于内部循环式。它是以熔盐为热载体，通过桨式搅拌器使熔盐在管外作强制循环流动，而熔盐吸收的反应热再传递给空气移走。这类反应器的结构比较复杂，丙烯腈生产过程等也使用此类反应器。

图4-4所示为乙烯氧化制环氧乙烷反应器，属外部循环式。热载体通过泵进行内外部循环流动，再由外部换热器对热载体进行冷却，以移走吸收的热量。

图4-7所示为乙苯脱氢反应器，属气体换热式。它采用高温烟道气加热，可省去金属圆筒外壳，直接把管子安装在耐火砖砌的环壁中。当用液态热载体无法达到高温反应要求时，可用流动性好的烟道气或其他惰性气体作为热载体。

列管式固定床反应器换热效果较好，催化剂床层的温度较易控制，特别适用于以中间产物为目的产物的强放热复合反应。同时，反应器内物料流动近似于理想置换模型也更有利于提高目的产物的生成，抑制副反应的发生。

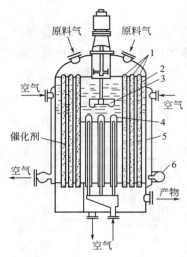

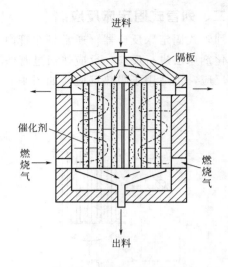

图 4-6 萘氧化反应器

1—催化剂管；2—熔盐；3—旋桨；4—空气冷管；
5—空气冷却夹套；6—空气总管

图 4-7 乙苯脱氢反应器

三、自热式固定床反应器

在固定床反应器中，换热介质为原料气，并通过管壁与反应物料进行换热以维持反应温度的反应器，称为自身换热式（或称自热式）反应器。自身换热式固定床反应器通常只适用于热效应不大的放热反应以及高压反应过程（见图 4-8），如合成氨和甲醇的生产过程。这种反应器的结构型式集反应与换热于一体，利用反应热对原料进行预热，实现了热量自给，从而使设备更紧凑与高效、热量利用率高、易实现自动控制。若反应放出的热量较大，只靠反应管的传热面积不能维持床层温度时，工业上常在催化剂层内插入各种各样的冷却管（或热管），从而增大了传热面积，并可使催化剂层温度分布接近于较理想的状况。

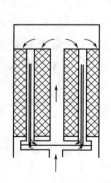

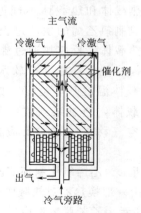

图 4-8 自热式固定床反应器
结构示意图（双套管）

图 4-9 径向固定床催
化反应器示意图

四、径向固定床催化反应器

径向固定床催化反应器（简称径向反应器）是为提高催化剂利用率、减少床层压降而设计的。它可采用细粒催化剂，催化剂呈圆环柱状堆积在床层中，反应气体从床层中心管进入后沿径向通过催化剂床层，由于气体流程缩短，流道截面积增大，虽使用较细颗粒催化剂而压降却不大，因此节省了动力，但在此类反应器中，气体分布的均匀性却是很重要的。径向反应器适用于反应速率与催化剂表面积成正比的反应，细粒催化剂的使用可以提高反应速率和反应器生产能力，如图4-9所示。

正是由于径向反应器的这些突出优点，从而引起了国内外科研机构的高度重视，纷纷加大了研究与开发的力度，变传统的轴向流反应器为径向流反应器和改进现有的径向反应器结构，使之既满足了工艺要求，又提高了反应效率，这已成为目前固定床反应器研究开发的重点。如近期开发成功的乙苯负压脱氢制苯乙烯的径向负压反应器，既保持了径向反应器所具有的低阻力特点，又能满足乙苯脱氢负压反应的工艺要求。径向反应器最主要的难题是需要解决气体分布均匀性问题，避免出现因各处反应物料停留时间不同而造成返混、降低反应转化率和选择性。

项目二　固定床反应器的工作原理

在固定床反应器中至少存在两相，流体和固体颗粒。固体颗粒主要是催化剂，因此，催化剂的性质对反应存在很大的影响。

一、固体催化剂的基本特性

许多化学反应虽然在热力学上有很大的能动性，但从动力学角度考虑，反应速率非常慢，没有任何工业价值。为了提高这类反应的速率，可在反应过程中添加新的物质，通过改变化学反应的历程，达到反应速率的提高。例如合成氨的出产。在400℃时，几乎察觉不到 N_2 和 H_2 的反应，当给系统中加入 Fe 后，在同样的温度下，发现其以很显著的速率进行反应。这种新加入的物质就称为催化剂。所以，催化剂是指参加了化学反应而反应前后本身不发生变化的物质。

（一）催化剂的催化特征

（1）催化剂能够改变反应历程，加快化学反应速率，但它本身在反应前后没有变化。

由于催化剂在参与化学反应的中间过程后又恢复到原来的化学状态而循环起作用，所以一定量的催化剂可以促进大量反应物起作用，生成大量的产物。亦即在反应过程中，催化剂的用量是很少的。例如氨合成用熔铁催化剂1t，催化剂能生产出约 $2 \times 10^4 t$ 氨。但应该注意，在实际反应过程中，催化剂并不能无限制地循环使用。因为催化作用不仅与催化剂的化学组成有关，亦与催化剂的物理状态有关。例如在使用过程中，由于高温受热而导致反应物的结焦使得催化剂的活性表面被覆盖，致使催化剂的活性下降。

（2）催化剂只能改变反应速率，不能改变反应的趋向性。

如果某种化学反应在给定的操作条件下在热力学上是属于不可行的，那么，提高选择催化剂来提高该反应的反应速率是不可能的。因为催化剂只能加速热力学上可能进行的化学反应，而不能加速热力学上无法进行的反应。这就说明对在热力学上不可行的反应没必要为它白白浪费人力和物力去寻找高效催化剂。因此，在开发一种新的化学反应催化剂时，首先要对该反应系统进行热力学分析，看它在该条件下是否属于热力学上可行的反应。

（3）催化剂只能改变化学反应的速率，而不能改变化学平衡的状态。

对于可逆反应，化学平衡常数：$\ln k_p = -\dfrac{\Delta G^0}{RT}$。即在一定外界条件下某化学反应产物的最高平衡浓度，受热力学变量的限制。而催化剂尽管参加了化学反应，但其质和量在反应过程中是不发生变化的。因此，催化反应和非催化反应的自由焓变化值是相同的。换言之，催化剂只能改变达到（或接近）这一极限值所需要的时间，而不能改变这一极限值的大小。

由于催化剂不改变化学平衡状态，意味着其既能加速正反应，也能同样程度地加速逆反应，这样才能使其化学平衡常数保持不变。因此某催化剂如果是某可逆反应正反应的催化剂，必然也是其逆反应的催化剂。例如合成甲醇反应 $CO + 2H_2 \longrightarrow CH_3OH$，而该反应需要在高压下进行，因此甲醇合成反应催化剂的筛选就可以利用在常压下进行的甲醇分解反应来初步选则。

（4）催化剂对反应具有选择性。

催化剂对反应类型、反应方向和产物的结构具有选择性。可以在反应体系中有选择地加快某一反应的速率而不加速另一反应。例如在乙炔加氢反应系统，可以利用催化剂的选择性来加速乙炔加氢生成乙烯的反应，而不加速乙炔加氢生成乙烷的反应。催化剂选择关系的研究，是催化研究中的主要课题，常常要付出巨大的劳动才能创立高效率的工业催化过程。正是由于这种选择关系，使人们有可能对复杂的反应系统从动力学上加以控制，使之按照要求向特定反应方向进行，生产特定的产物。

（二）催化剂的组成

固体催化剂通常不是单一的物质，而是由多种物质组成。绝大多数工业催化剂是由活性组分、助催化剂、载体所组成。

1．活性组分

它是催化剂的主要成分，是起催化作用的根本性物质。没有它，就不存在催化作用。活性组分有时由一种物质组成，如乙烯氧化制环氧乙烷的银催化剂，活性组分就是银单一物质；有时则由多种物质组成，如丙烯氨氧化制丙烯腈用的钼-铋催化剂，活性组分就是由氧化钼和氧化铋两种物质组合而成。

2．助催化剂（促进剂）

一些本身对某一反应没有活性或活性很小，但于催化剂之中添加少量（一般小于催化剂总量的 10%）却能使催化剂具有所期望的活性、选择性或稳定性的物质称为助催化剂。例如，加氢脱硫反应所用的 $CoO-MoO_3$ 催化剂中，钴即为助催化剂。助催化剂可分为结构型助催化剂和调变型助催化剂两类。结构型助催化剂是通过一些高熔点难还原的氧化物增加活性组分的表面积，提高活性组分的热稳定性。调变型助催化剂则可以调节和改变活性组分本身。

3．载体

是固体催化剂特有的组分。它可以提高活性组分的分散度，使之具有较大的比表面积，载体也可以对活性组分起支撑作用和分散作用，使催化剂具有适宜的形状和粒度，并且提高催化剂的耐热性和机械强度，因此载体有时又称为催化活性组分的分散剂、黏合物或支撑体。它与助催化剂的不同之处在于，载体在催化剂中的含量远大于助催化剂。

载体的种类很多，可以是天然的，也可以是人工合成的。为了使用上的方便，可将载体分为低比表面，比表面积 $<1m^2/g$ 如磨砂玻璃、金属、碳化硅等；高比表面，比表面积 $>100m^2/g$，如活性炭、硅胶等；中等比表面，$1m^2/g<$比表面积$<100m^2/g$，如石棉、硅藻土等，三类。

4．抑制剂

大部分的催化剂是由活性组分、助催化剂和载体三大部分构成，但有的催化剂中会加入少量的抑制剂。所谓的抑制剂是指如果在活性组分中添加少量的物质，便能使活性组分的催化活性适当调低，甚至在必要时大幅度地下降，则这种少量物质称为抑制剂。抑制剂的作用，正好与助催化剂相反。一些催化剂配方中添加抑制剂，是为了使工业催化剂的诸性能达到均衡匹配，整体优化。有时，过高的活性反而有害，会因反应器不能及时移出热量而导致"飞温"，或者导致副反应加剧，选择性下降，甚至引起催化剂积炭失活。

（三）催化剂的物理结构

催化剂的物理结构对催化剂的性质有重要的影响。催化剂一般是做成多孔型的球形结构。也可以是圆柱形（包括拉西形及多孔球形）、锭形、条形、蜂窝形等。催化剂的物理结构的特征值主要有以下几方面。

1．比表面积

单位质量催化剂所具有的表面积，记为 S_g，单位为 m^2/g。常用的多孔性催化剂，其比表面积比较大。一般情况下，催化剂的比表面积必须在 $5\sim1000m^2/g$ 才能产生较好的催化效果。

2．孔容积

孔容积又称为孔体积，简称孔容。指单位催化剂中内部微孔所占有的体积，记为 V_g，单位为 mL/g。多孔性催化剂的孔容多数在 $0.1\sim1.0mL/g$ 范围内。孔容积的测量可以用氦汞法。即先测量试样粒子所取代的氦体积，该体积表示是固体物质所占的体积；然后将氦除去，再测试样粒子所取代的汞的体积，因为常压下汞不能进入微孔，故该体积为固体物质和微孔的总体积。两者之差即为试样中的孔体积。

3．孔径分布

多孔性催化剂的孔径大小为 $10^{-10}\sim10^{-6}$ m 级。细孔型多数在十埃至数百埃 $[1\text{Å（埃）}=10^{-10}$ m$]$ 范围，而粗孔型者则为几微米至 $100\mu m$ 以上。除极少数例外（如分子筛），催化剂中的孔径都是不均匀的。为了表达孔径大小的分布，可以用多种不同的指标。例如在不同孔径范围内的孔所占孔容的分率，或不同孔径范围内的孔隙所提供的表面积分率。平均孔径为一设想值，即设想孔径一致时，为了提供实际催化剂所具有的孔容和比表面积，孔的半径应为多少。或然孔径值，即为在实际催化剂的孔径分布中，概率最大的孔径值。

4．真密度（骨架密度、固体密度）

指催化剂颗粒中固体实体单位体积（不包括孔体积）的质量。用 ρ_S 表示，单位为 g/cm^3。

5．表观密度（假密度、颗粒密度）

包括催化剂颗粒中的孔隙容积时，该颗粒的密度，记为 ρ_P，单位为 g/cm^3。

6．孔隙率

孔隙率是指催化剂颗粒孔隙体积与催化剂颗粒总体积之比。当催化剂的质量为 m_P 时，

$$\varepsilon_P=\frac{V_{\text{孔}}}{V_{\text{颗粒}}}=\frac{m_P V_g}{m_P V_g+m_P/\rho_S}=\frac{V_g\rho_S}{1+V_g\rho_S}=\frac{V_g}{1/\rho_P}$$

（四）催化剂的性能

一种良好的催化剂不仅能选择地催化所要求的反应，同时还必须具有一定的机械强度；有适当的形状，以使流体阻力减小并能均匀地通过，在长期使用后（包括开停车）仍能保持其活性和力学性能。即必须具备高活性，高选择性、合理的流体流动性质及长寿命这几个条件。

1．活性

催化剂的活性是指催化剂改变反应速率的能力，即加快反应速率的程度。它反映了催化

剂在一定工艺条件下催化性能的化学本性，还取决于催化剂的物理结构等性质。活性可以用下面几种方法表示。

（1）比活性　非均相催化反应是在催化剂表面上进行的。在大多数情况下，催化剂的表面积愈大，催化活性愈高，因此可用单位表面积上的反应速率即比活性，来表示活性的大小。

（2）转化率　是在一定反应时间、反应温度和反应物料配比的条件下进行比较的催化剂的活性。转化率高则催化活性高，转化率低则催化活性低。此种表示方法比较直观，但不够确切。

（3）空时收率　是指单位时间内，单位催化剂（单位体积或单位质量）上生成目的产物的数量，常表示为：目的产物量(kg)/催化剂量(m^3 或 kg/h)。这个量直接给出生产能力，生产和设计部门使用最为方便。在生产过程中，以催化剂的空时收率来衡量催化剂的生产能力，也是工业生产中经验计算反应器的重要依据。

2．选择性

是指催化剂促使反应向所要求的方向进行而得到目的产物的能力。它是催化剂的又一个重要指标。催化剂具有特殊的选择性，说明不同类型的化学反应需要不同的催化剂；同样的反应物，选用不同的催化剂。则获得不同的产物。选择性可由式(1-18)计算。

3．使用寿命

催化剂的寿命是指催化剂在反应条件下从开始使用到经过再生仍然不能使用的使用时间。或者是指具有活性的使用时间，或使用至活性下降经再生而又恢复的累计使用时间。它也是催化剂的一个重要指标。催化剂寿命愈长，使用价值愈大。所以高活性、高选择性的催化剂还需要有长的使用寿命。

催化剂的活性随使用时间而变化。各类催化剂都有它自己的"寿命曲线"，即活性随时间变化的曲线，一般分为三个时间段。

（1）成熟期　在一般情况下，当催化剂开始使用时，其活性逐渐有所升高，可以看成是活化过程的延续，直至达到稳定的活性，即催化剂已成熟。

（2）稳定期　催化剂活性在一段时间内基本上保持稳定。这段时间的长短与使用的催化剂种类有关，可以从很短的几分钟到几年，稳定期越长越好。

（3）衰老期　随着反应时间的增长，催化剂的活性要逐渐下降，即开始衰老，直到催化剂的活性降低到不能再使用，此时必须再生，重新使其活化。如果再生无效就要更换新的催化剂。

4．其他性质

催化剂的性能指标除了催化剂活性、选择性和使用寿命外，还需要考虑有机械强度、热稳定性和抗毒稳定性。

在化工生产过程中，需要有大量原料气通过催化剂层，有时还要在加压下运转。催化剂又需定期更换，在装卸、填装和使用时都要承受碰撞和摩擦。特别在流化床反应器中，对催化剂的机械强度要求高，否则，会造成催化剂的粉碎，增加反应器的阻力降，甚至导致物料将催化剂带走，造成催化剂的损失。更严重的还会堵塞设备和管道，被迫停车甚至造成事故。因此高机械强度是保证催化剂正常使用的必要条件。

另外，工业催化剂还需要耐热稳定性及抗毒稳定性好。固体催化剂在高温下，较小的晶粒可以重新结晶为较大的晶粒，使孔半径增大，表面积降低，因而导致催化活性降低。所以，制备催化剂时一定要尽量选用耐热性好、导热性能强的载体，以阻止容易烧结的催化活性组分相互接触，防止烧结发生，同时要注意散热，避免催化剂床层过热。催化剂的使用过程中，有少量甚至微量的某些物质存在就会引起催化剂活性显著下降。因此在制备催化剂过程中从各方面都要注意增强催化剂的抗毒能力。

（五）催化剂的制备

固体催化剂的制备方法很多。由于制备方法的不同。尽管原料与用量完全一样，但所制得的催化剂性能仍可能有很大的差异。因为工业催化剂的制备过程比较复杂，许多微观因素较难控制，而目前的科学水平还不足以说明催化剂的奥秘，导致使制备方法在一定程度上还处于半经验的探索阶段。

1．催化剂的制备方法

目前，工业上使用的固体催化剂的制备方法有：沉淀法、浸渍法、混合法、熔融法、离子交换法等。

（1）沉淀法　沉淀法是制备固体催化剂时最常用的方法之一。基本原理是借助沉淀反应，用沉淀剂（如碱类物质）将可溶性的催化剂组分（金属盐类的水溶液）转化为难溶化合物（水合氧化物、碳酸盐的结晶或凝胶），再经分离、洗涤、干燥、焙烧、成型等工序制得成品催化剂。广泛用于制备高含量的非贵金属、金属氧化物、金属盐化催化剂或催化剂载体。沉淀法的主要影响因素有溶液的浓度、沉淀的温度、溶液的 pH 值和加料的顺序等。该法的优点是：有利于杂质的清除；可获得活性组分分散度较高的产品；有利于组分间紧密结合，造成适宜的活性构造；活性组分与载体的结合较紧密，且前者不易流失。

（2）浸渍法　浸渍法是将载体置于含活性组分的溶液中浸泡，在经干燥、焙烧而制得。是负载型催化剂最常用的制备方法。例如用于加氢反应的载于氧化铝上的镍催化剂 Ni/Al$_2$O$_3$，其制造方法是将抽空的氧化铝粒子浸泡在硝酸镍溶液里，然后倒掉过剩的溶液，在炉内加热使硝酸镍分解成氧化镍。浸渍法的主要影响因素为活性组分对载体用量比、载体浸渍时溶液的浓度、浸渍后干燥速率等。

（3）混合法　是工业上制备多组分固体催化剂时采用的方法。它是将几种组分用机械混合的方法制成多组分催化剂。混合的目的是促进物料间均匀分布，提高分散度。因此，在制备时应尽可能使各组分混合均匀。尽管如此，这种单纯的机械混合，组分间的分散度不及其他方法。为了提高机械强度，在混合过程中一般要加入一定量的黏合剂。

（4）熔融法　熔融法主要是用于制备金属催化剂。如氨合成的熔铁催化剂、Fischer-Tropsch 合成催化剂、甲醇氧化的 Zn-Ga-Al 合成催化剂等。熔融法是在高温条件下进行催化剂组分的熔合，使之成为均匀的混合体、合金固溶体或氧化物固溶体。在熔融温度下金属、金属氧化物都呈流体状态，有利于它们的混合均匀，促使助催化剂组分在活性组分上的分布。熔融法的主要影响因素是温度。

（5）离子交换法　是利用载体表面存在着可进行交换的离子，将活性组分通过离子交换（通常是阳离子交换），交换到载体上，然后再经过适当的后处理。如洗涤、干燥、焙烧、还原，最后得到金属负载型催化剂。离子交换反应在固体与载体表面的有限的交换基团和具有催化性能的离子之间进行，遵循化学计量关系，一般是可逆过程。该法制得的催化剂分散度好，活性高，尤其适用于制备低含量、高利用率的贵金属催化剂。沸石分子筛、离子交换树脂的改性过程也常采用这种方法。

2．催化剂的成型

由于反应器的型式和操作条件不同，常需要不同形状的催化剂以符合其流体力学条件。

催化剂对流体的阻力是由固体的形状、外表面的粗糙度和床层的空隙率所决定。具有良好流线型固体的阻力较小，一般固定床中球形催化剂的阻力最小，不规则形状者较大。流化床中一般采用细粒或微球形的催化剂。因此为了生产特定形状的催化剂，需要通过成型工序。催化剂的成型方法，通常有破碎成型、挤条成型、压片成型及生产球状成品的成型技术。

（1）破碎　直接将大块的固体破碎成无规则的小块。坚硬的大块物料可选用颚式破碎机，欲进一步破碎则可采用粉碎机。由于用破碎法得到的固体催化剂的形状不规则，粒度不整齐，因此要筛分成不同的品级。破碎物块常有棱角，这些棱角部分易破裂成粉末状物，故通常在破碎后将块状物放在旋转的角磨机内，使颗粒间相互碰撞，磨去棱角。

（2）挤条　此方法一般适用于亲水性强的物质，如氢氧化物等。将湿物料或在粉末物料中加适量的水碾捏成具有可塑性的浆状物料，然后放置在开有小孔的圆筒中，在活塞的推动下，物料呈细条状从小孔中被挤压出来，干燥并硬化。

（3）压片　是常用的成型方法，某些不易挤条成型的物质，可用此法成型。压片就是将粉末状物料注入圆形的空腔中的活塞上施加预定的压力，将其粉压成片。片的尺寸按需要而定。有些物料（例如硅藻土）压片容易，有些物料则需要添加少量塑化剂和润滑剂（例如滑石、石墨、硬脂酸）来帮助。片压成后排出，它的形状和尺寸非常均匀，机械强度大，孔隙率适中。有时在粉末中混入纤维（例如合成纤维），然后再将它烧去以增加片中的大孔；有时在粉末中混入金属以改善片内和片间的导热性能。

（4）造球　催化剂中球状催化剂的应用居多，常用的造球方法有：

a. 滚球法　即将少量的粉末加少量的液体（多数为水）造粒，过筛，取出一定筛分的粒子作种子，放入滚球机中（一个斜立的可旋转的浅盘）。将待成型的粉末物料加入，并不断加入水分，由于水产生的毛细管力使粉末黏附于种子上，因而逐渐长大成为球状物。

b. 流化法　将种子不断地加入到流化床层中，在床层底部将含有催化剂组分的浆料与热风一起鼓入。种子在床中处于流化状态，浆料黏附于种子上，同时逐渐干燥。由于粒子之间相互碰撞，使球体颗粒逐渐长大，得到所需要的球状固体催化剂。

c. 油浴法　将可以胶凝的物料滴入（或喷入）一柱形容器中，器内盛油。由于表面张力，物料变为球状，并逐渐固化。成型后的球状产物移出容器外后，即送入老化干燥等工序。

（六）催化剂的使用

合理使用催化剂是延长催化剂的寿命的主要手段。尤其是在催化剂的装填储运及开车停车时更要注意，才能保证和提高催化剂的性能。

1．运输、贮藏与装填

催化剂通常是装桶供应的，有金属桶（如CO变换催化剂）或纤维板桶（如SO_2接触氧化催化剂）包装。用纤维板桶装时，桶内有一塑料袋，以防止催化剂吸收空气中的水分而受潮。装有催化剂桶的运输应尽可能轻轻搬运，并严禁摔、滚、碰、撞击。以防催化剂破碎。

催化剂的贮藏要求防潮、防污染。例如，SO_2接触氧化使用的钒催化剂，在贮藏过程中不与空气接触则可保存数年，性能不发生变化。对于合成氨催化剂，如用金属桶存放时间可达数月，且可置于户外，但要注意防雨防污做好密封工作。如有空气泄漏进入金属桶中，空气中含有水汽和硫化物等会与催化剂发生作用，导致催化剂失效。在贮藏期间如有雨水浸入，催化剂表面润湿，这些催化剂就不宜使用。

催化剂的装填是非常重要的工作，装填的好坏对催化剂床层气流的均匀分布以降低床层的阻力从而有效地发挥催化剂的效能有重要的作用。催化剂在装入反应之前先要过筛，因为运输中所产生的碎末细粉会增加床层阻力，甚至被气流带出反应器阻塞管道阀门。在装填之前要认真检查催化剂支撑算条或金属支网的状况，若在装填后发现问题就很难处理。

在装填固定床宽床层反应器时，一要避免催化剂从高处落下造成破损；二要保证床层分布均匀。若在装填时造成严重破碎或出现不均匀的情况，导致形成反应器断面各部分颗粒大小不均。小颗粒或粉尘集中的地方空隙率小，阻力大；相反，大颗粒集中的地方空隙率大，阻力小。这样气体必然更多地从空隙率大、阻力小的地方通过，影响了催化剂的利用率。

对于固定床列管式的反应器，有的从管口到管底可高达10m。当催化剂装于管内时，催化剂不能直接从高处落下加到管中，这时不仅会造成催化剂的大量破碎，而且容易形成"桥接"现象，使床层造成空洞，出现沟流不利于催化反应，严重时还会造成管壁过热。因此，装填要特别小心，管内装填的方法由可利用的入口而定，可采用"布袋法"或"多节杆法"。其中尤以布袋法更为普遍。为了检查每根管子的装填量是否一致，催化剂在装填前应先称重。为了防止"桥接"现象，在装填过程中对管子应定时地振动。装填后对催化剂的料面应仔细地测量，以确保在操作条件下的全部加热长度均有催化剂。最后，对每根装有催化剂的管子应进行压力降的测定，控制每根管子压力降相对误差在一定的范围内，以保证在生产运行中各根管子气体量分配均匀。

2. 催化剂的活化

催化剂使用之前通常需要活化，一般是升温与还原的过程。该过程实际上是其制备过程的继续，是投入使用前的最后一道工序，也是催化剂形成活性结构的过程。在此过程中，既有化学变化也有宏观性的变化。通过此操作可以除去吸附和沉积的外来杂质，而且可以改变催化剂的性质，使之达到预期的要求。例如，一些金属氧化物（如 CuO、NiO、CoO 等）在氢或其他还原性气体作用下还原成金属时，表面积将大大增加，而催化活性和表面状态也与还原条件有关，用 CO 还原时还可能析炭。因此，升温还原的好坏将直接影响到催化剂的使用性能。催化剂的活化方法主要有适度加热驱除易除去的外来物质；小心燃烧驱除水分；用氢气、硫化氢、一氧化碳等作还原剂。

催化剂的还原必须到达一定的温度后才能进行。因此，从室温到还原开始以及开始还原到还原终点，催化剂床层都需逐渐升温，稳定而缓慢地进行，并不断脱除催化剂表面所吸附的水分。对于还原气体也可用水蒸气稀释。还原气的空速也有影响，氢气流量大，可以使还原时生成的水快速从颗粒内部向外扩散，从而提高还原速率，也有利于提高还原度，减少水汽的中毒效应。但提高空速会增加系统带走的热量，特别是对于吸热的还原反应，则增加了加热设备的负荷。因此，还原气的空速要综合考虑确定。

3. 开停车及钝化

催化剂的起始开工是确定催化剂最终性能的关键。因此需要有专门的开工程序。若催化剂为点火开车，则首先用纯氮气或惰性气体置换整个系统，然后用气体循环加热到一定温度，再通入工艺气体（或还原性气体）。对于某些催化剂，还必须通入一定量的蒸汽进行升温还原。当催化剂不是用工艺还原时，则在还原后期逐步加入工艺气体。如果是停车后再开车，催化剂只是表面钝化，就可用工艺气体直接进行升温开车，不需要进行长时间的还原处理。

反应器的停车也需要特别小心。不同的工艺过程对停车的要求也不同。临时性的短期停车，只需关闭催化反应器的进出口阀门，保持催化剂床层的温度，维持系统正压即可。当短时间停车检修时，为了防止空气漏入引起已还原催化剂的剧烈氧化，可用纯氮气充满床层，保护催化剂不与空气接触。若系统停车时间较长，生产使用的催化剂又是具有活性的金属或低价金属氧化物，为防止催化剂与空气中的氧反应，放热烧坏催化剂和反应器，则要对催化剂进行钝化处理。即用含有少量氧的氮气或水蒸气处理，使催化剂缓慢氧化，氮气或水蒸气作为载热体带走热量，逐步降温。操作的关键是通过控制适宜的配氧浓度来控制温度，开始钝化时氧的浓度不能过大，在催化剂无明显升温的情况下再逐步递增氧含量。若是更换催化剂的停车，则应包括催化剂的降温、氧化和卸出几个步骤。

4．催化剂失活与再生

所有催化剂的活性都是随着使用时间的延长而不断下降，在使用过程中缓慢地失活是正常的、允许的，但是催化剂活性的迅速下降将会导致工艺过程在经济上失去生命力。失活的原因是各种各样的，主要是玷污、烧结、积炭和中毒等。

玷污是指催化剂表面渐渐沉积铁锈、粉尘、水垢等非活性物质而导致活性下降的下降。高温下有机化合物反应生成的沉淀物称为结焦或积炭，它的影响与玷污相近。烧结是指催化剂在高温下，较小的晶粒可以重新结晶为较大的晶粒，使孔半径增大，表面积降低，因而导致催化活性降低。中毒是指原料中极微量的杂质比反应物能够更强烈地吸附在催化剂活性中心上，导致催化剂活性的迅速下降的现象。催化剂的毒物通常可分为化学型毒物和选择型毒物两大类。积炭是催化剂在使用过程中，逐渐在表面上沉积上一层炭质化合物，减少了可利用的表面积，引起催化活性的衰退。故积炭也可看做是副产物的毒化作用。

催化剂活性下降后，需要通过适当的处理使其活性得到恢复，这个过程叫再生。再生是延长催化剂的寿命、降低生产成本的一种重要的手段。催化剂的失活可分为暂时性失活和永久性失活。对于暂时性失活，可以通过再生的方法使其恢复活性。而永久性失活则是无法通过再生操作恢复活性的。工业上常用的再生方法有蒸汽处理、空气处理、用酸或碱溶液处理和通入氢气或不含毒物的还原性气体处理。

二、催化剂床层特性

在固定床反应器中，流体是从颗粒间的缝隙通过，并不断与颗粒碰撞发生转向流动，其流体流动状况直接影响到传热与传质过程。因此，了解与流动有关的催化剂床层的性质是非常重要的。

（一）催化剂颗粒直径与形状系数

为了便于催化剂生产以及床层操作，催化剂的形状有多种，如球形、圆柱形、环状、片状、无定形等，其中以球形与圆柱形更为常见。球形颗粒可直接用直径来表示其大小；而非球形颗粒，常用与球形颗粒作对比所得到的相当直径来表示其大小。颗粒的形状是用形状系数来表示。

1．体积相当直径

体积相当直径 d_V 是采用体积相同的球形颗粒直径来表示非球形颗粒直径，即：

$$d_V = \left(6\,\frac{V_P}{\pi}\right)^{1/3} = 1.241 V_P^{1/3} \tag{4-1}$$

式中　　d_V——体积相当直径，m；

　　　　V_P——非球形颗粒的体积，m^3。

2．面积相当直径

面积相当直径 d_a 是采用外表面积相同的球形颗粒直径来表示非球形颗粒直径，即：

$$d_a = (A_P/\pi)^{1/2} = 0.564 A_P^{1/2} \tag{4-2}$$

式中　d_a——面积相当直径，m；

　　　A_P——非球形颗粒的外表面积，m^2。

3．比表面相当直径

比表面相当直径 d_S 是采用比表面积相同的球形颗粒直径来表示非球形颗粒直径。非球形颗粒直径比表面积为：

$$S_V = \frac{A_P}{V_P}$$

式中　S_V——非球形颗粒的比表面积，m^2/m^3。

　　　则：

$$S_V = \frac{6}{d_S}$$

$$d_S = \frac{6}{S_V} = \frac{6V_P}{A_P} \tag{4-3}$$

式中　d_S——比表面相当直径，m。

对于固定床反应器，在研究流体力学时，常用体积相当直径；而在研究传热传质时，常用面积相当直径。

4．平均直径

当床层是由大小不一的催化剂颗粒构成时，整个床层催化剂颗粒的平均直径 d_P 可用调和平均法计算得到，即：

$$\frac{1}{d_P} = \sum_{i=1}^{n} \frac{x_i}{d_i} \tag{4-4}$$

式中　d_P——颗粒的平均直径，m；

　　　x_i——各种筛分粒径所占的质量分数；

　　　d_i——质量分数为 x_i 的筛分颗粒的平均粒径，m。

而各筛分颗粒的平均粒径 d_i 取上、下筛目尺寸的几何平均值。即：

$$d_i = \sqrt{d_i' d_i''}$$

式中　d_i'，d_i''——同一筛分颗粒上、下筛目尺寸，m。

标准筛的部分规格见表 4-1。

表 4-1　标准筛的部分规格

目数	20	40	60	80	100	120	140
孔径/(10^{-3}m)	0.920	0.442	0.272	0.196	0.152	0.121	0.105

5．形状系数 φ_S

催化剂的形状系数 φ_S 用球形颗粒的外表面积与体积相同的非球形外表面积之比表示。

$$\varphi_S = \frac{A_a}{A_P} \tag{4-5}$$

式中　A_a——与非球形颗粒等体积的球形颗粒外表面积，m^2。

形状系数 φ_S 反映了非球形颗粒与球形颗粒的差异程度。对球形颗粒来说，$\varphi_S = 1$；对非球形颗粒，$\varphi_S < 1$。

三种相当直径之间的关系可以通过形状系数来关联。即：

$$d_S = \varphi_S d_V = \varphi_S^{\frac{3}{2}} d_a \tag{4-6}$$

【例 4-1】 某圆柱形催化剂，直径 $d=5\text{mm}$，高 $h=10\text{mm}$，求该催化剂的相当直径 d_V，d_a，d_S 及形状系数 φ_S。

解：圆柱体催化剂的体积为 $V_P = \dfrac{\pi}{4} d^2 h$，面积为 $A_P = 2\pi r(h+r)$，则面积相当直径为：

$$d_a = \left(\frac{A_P}{\pi}\right)^{1/2} = \left[\frac{2\pi r(h+r)}{\pi}\right]^{1/2} = \left[2 \times \frac{5}{2} \times \left(10 + \frac{5}{2}\right)\right]^{1/2} = 7.91 \ (\text{mm})$$

比表面相当直径为：

$$d_S = 6\frac{V_P}{A_P} = \left[\frac{6 \times \frac{\pi}{4} d^2 h}{2\pi r(h+r)}\right] = \frac{6 \times \frac{1}{4} \times 5^2 \times 10}{2 \times \frac{5}{2} \times \left(10 + \frac{5}{2}\right)} = 6 \ (\text{mm})$$

体积相当直径为：

$$d_V = \left(6\frac{V_P}{\pi}\right)^{1/3} = \left(\frac{6 \times \frac{\pi}{4} d^2 h}{\pi}\right)^{1/3} = \left(6 \times \frac{1}{4} \times 5^2 \times 10\right)^{1/3} = 7.21 \ (\text{mm})$$

形状系数为：

$$\varphi_S = \frac{d_S}{d_V} = \frac{6}{7.21} = 0.832$$

（二） 床层空隙率

床层空隙率是指颗粒间的自由体积与整个床层体积之比，可用下式计算：

$$\varepsilon = 1 - \frac{\rho_B}{\rho_P} \tag{4-7}$$

式中 ε——床层空隙率；

ρ_P——催化剂颗粒密度，kg/m^3；

ρ_B——催化剂床层堆积密度，kg/m^3。

床层空隙率是催化剂床层的一个重要参数，它与颗粒大小、形状、充填方式、表面粗糙度、粒径分布等有关，对床层流体流动、传热、传质影响较大，也是影响床层压力降的主要因素。

实验结果表明，空隙率在床层径向上分布是不均匀的。空隙率在贴壁处达到最大，在离壁 $1\sim2d_P$ 处也具有较高的值，而床层中部空隙率较小。将器壁对空隙率分布的影响以及由此造成的对流体流动、传热、传质的影响称为壁效应。壁效应是床层固有的现象，也是一个不利的因素，需要采取其他措施来降低它对反应结果的影响。如降低颗粒直径与床层管径 (d_P/D) 比值，能提高床层径向空隙率的均匀性，气流沿径向的分布也就愈均匀，通常要求管径 $D > 8d_P$ 以上。

（三） 固定床的当量直径

固定床的当量直径就是 4 倍的水力半径，即：

$$d_e = 4R_H = 4\frac{\text{流道有效截面积}}{\text{流道润湿周边长}} = \frac{4\varepsilon}{S_e}$$

$$S_e = \frac{(1-\varepsilon)A_P}{V_P} = \frac{6(1-\varepsilon)}{d_S} \tag{4-8}$$

则：

$$d_e = 4R_H = \frac{4\varepsilon}{S_e} = \frac{2}{3}\left(\frac{\varepsilon}{1-\varepsilon}\right)d_S$$

式中 d_e——当量直径，m；

R_H——水力半径，m；

S_e——床层比表面积，m^2/m^3。

【例 4-2】   固定床反应器输送气体反应物的风机，其气流通道为矩形，边长分别为 a 和 b，求其当量直径 d_e。

解：将数据直接代入到式(4-8)，可计算出当量直径为：

$$d_e = 4 \times \frac{ab}{2(a+b)} = \frac{2ab}{a+b}$$

三、流体在固定床中的流动特性

（一）流动特性

流体在固定床层中的流动较在空管中流动要复杂得多。在固定床中，流体在颗粒间的空隙中流动，流动通道是弯曲、变径、相互交错的，流体撞击颗粒后分流、混合、改变流向，增加了流体的扰动程度，因此较空管更容易形成湍流。

为了更好地研究流体在床层内的流动特性，通常需要从径向混合和轴向混合两个方面来考虑。径向混合可以简单地理解为由于流体在流动过程中不断撞击颗粒，使得流体发生分流、变向造成的；而轴向混合可简单地理解为由于流体在轴向通道不断缩小与扩大，造成流体的流速变化而引起的混合。这样，就把床层内流体的流动分成两部分：一部分是流体以平均流速沿轴向作理想置换流动；另一部分为流体的径向和轴向的混合扩散，包括层流时的分子扩散和湍流时的涡流扩散。而床层内流体的混合程度可通过在轴向置换流基础上叠加相应的混合扩散来表示，并根据此流动机理推导出该模型的数学表达式。

（二）气体的分布

在气固相固定床反应器中，流体在径向上的分布是不均匀的，主要原因如下。

① 由于空隙率分布不均匀，造成气流分布也不均匀。

② 流体流速的不均匀分布，造成物料在床层内停留时间不同。

③ 较大气速的气流进入反应器之初，具有相当大的动能，直接冲入床层，造成气流分布不均匀。

④ 催化剂颗粒在堆积过程中产生的沟流、短路等现象，破坏正常操作，最终影响到反应结果。

因此，提高床层内气体流速分布的均匀性对降低返混，提高反应器生产能力和反应选择性具有重要意义。提高气体分布的均匀性，原则上有以下方法。

① 催化剂大小要均一，充填时注意保持各个部位密度均匀，保证催化剂床层各个部位阻力相同；

② 消除气流初始动能，使气流均匀流入反应器床层。在反应器的气流入口处设附加导流装置，如装设分布头、扩散锥或填入环形、栅板形、球形等惰性填料，如图 4-10 所示；或增设环形进料管或多口螺旋形进料装置等，如图 4-11 所示。

另外，还可采用适当的流向，利用自然对流来调整各处气流运动的推动力或采用改变管排列形式的方法，使气流分布更合理。

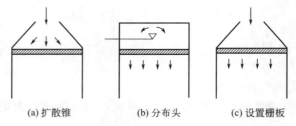

(a) 扩散锥   (b) 分布头   (c) 设置栅板

图 4-10　消除初始动能的方法示意图

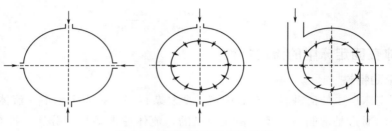

图 4-11　附加导流装置示意图

（三）床层压降

流体通过床层所产生的压降，主要来源于流体与颗粒表面间的摩擦阻力和流体在通道内的收缩、扩大与撞击颗粒、变向分流等引起的局部阻力。计算流体流过固定床压力降的方法很多，但基本上都是利用流体在空管中流动的压力降计算公式经修正而成，最常用的是欧根（Ergun）公式。

流体在空圆管中等温流动时的压力降：

$$\Delta p = f \frac{L}{d_{t}} \times \frac{\rho_{f} u_0^2}{2}$$

式中　Δp——压降，Pa；

　　L——管长，m；

　　d_{t}——管内径，m；

　　ρ_{f}——流体密度，kg/m³；

　　u_0——流体平均流速，m/s；

　　f——摩擦阻力系数。

对于固定床，流体在固定床中的流动的长度为 L'，即 $L' = f_L L$；气体在空隙中的流速为 u，即 $u = u_0 / \varepsilon$；采用床层当量直径，为 d_{e}，即 $d_{e} = \frac{2}{3} \left(\frac{\varepsilon}{1-\varepsilon} \right) d_{S}$。

经整理后得

$$\Delta p = f_{m} \frac{\rho_{f} u_0^2}{d_{S}} \times \frac{L(1-\varepsilon)}{\varepsilon^3} \tag{4-9}$$

通过实验测定得到

$$f_{m} = \frac{150}{Re_{m}} + 1.75 \tag{4-10}$$

式中　Re_{m}——修正的雷诺数。

在此
$$Re_m = \frac{d_s \rho_f u_0}{\mu_f}\left(\frac{1}{1-\varepsilon}\right) = \frac{d_s G}{\mu_f}\left(\frac{1}{1-\varepsilon}\right)$$
(4-11)

从式(4-10)可以看出，f_m 中包括两项。由于第一项的 Re_m 中包含有黏度项，代表摩擦阻力损失，而第二项则代表局部阻力损失。当 $Re_m < 10$ 时为层流，计算压降时可省去第二项；当 $Re_m > 1000$ 时为充分湍流，计算压降时可省去第一项。空隙率是影响压降的重要因素。

【例 4-3】 求固定床床层压降 Δp

已知固定床是选用 230 根 $\phi 46\text{mm} \times 3\text{mm}$ 的反应管，催化剂充填高度 $L = 3.6\text{m}$，颗粒直径为 $d_s = 5\text{mm}$，流体黏度 $\mu_f = 0.0483\text{kg/(m·h)}$，流体的密度 $\rho_f = 1.031\text{kg/m}^3$，床层空隙率 $\varepsilon = 0.35$，质量流量 $G = 488.7\text{kg/h}$。试计算固定床床层的压降。

解： 管内流体的气速：
$$u_0 = \frac{G}{\frac{\pi}{4}d_t^2 \times n \times \rho_f} = \frac{488.7}{0.785 \times (0.046-0.003 \times 2)^2 \times 230 \times 3600 \times 1.031}$$
$$= 0.456\ (\text{m/s})$$

雷诺数：
$$Re_m = \frac{d_s \rho_f u_0}{\mu_f}\left(\frac{1}{1-\varepsilon}\right) = \frac{d_s G}{\mu_f}\left(\frac{1}{1-\varepsilon}\right) = \frac{0.005 \times 0.456 \times 1.031 \times 3600}{0.0483} \times \left(\frac{1}{1-0.35}\right)$$
$$= 269.5$$

摩擦阻力系数：
$$f_m = \frac{150}{Re_m} + 1.75 = \frac{150}{269.5} + 1.75 = 2.31$$

床层压降：
$$\Delta p = f_m \frac{\rho_f u_0^2}{d_s} \times \frac{L(1-\varepsilon)}{\varepsilon^3} = 2.31 \times \frac{1.031 \times (0.456)^2 \times 3.6 \times (1-0.35)}{0.005 \times (0.35)^3}$$
$$= 5405.6\ (\text{Pa})$$

四、固定床反应器中的传质与传热

（一）气固相催化反应的过程

任何化学反应过程的进行，都要求各反应物彼此接触才能进行。气固相催化反应是一非均相反应，不论是在固定床反应器还是在流化床反应器内进行，反应都必然发生在气固相接触的相界面上。因此要求提供比较大的相接触面积来保证传质过程的进行。所以，气固相催化反应采用的催化剂一般都是多孔性结构，其内部表面积极大，化学反应主要在这些表面上进行。

1. 催化反应过程

下面以在多孔催化剂上进行不可逆反应 A(g)──→R(g) 为例，阐明气固相催化反应过程。

图 4-12 所示为描述各过程进行的步骤的示意图。当流体通过固体颗粒时，流体在颗粒表面形成一层相对静止的层流边界层（称为气膜），欲使流体主体中的反应物 A 到达固体表面，必须穿过边界层。该气膜层是气相主体与

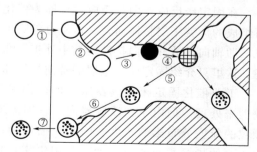

图 4-12　气固相催化反应过程

催化剂颗粒外表面间传递作用的阻力所在。固体催化剂是一多孔性结构，颗粒内部是纵横交错的孔道，这些孔道为催化剂提供了大量的表面积。因此，流体中的反应物还需通过孔道从颗粒的外表面向内表面迁移，从而形成催化剂内部不同深度处气体浓度的不同。反应在催化剂的表面上进行。产物 R 沿着与反应物相反的方向从催化剂的表面向流体主体迁移。

气固相催化反应的具体步骤可以概括如下。

① 反应组分 A 从流体主体向固体催化剂外表面传递（外扩散过程）。

② 反应组分 A 从催化剂外表面向催化剂内表面传递（内扩散过程）。

③ 反应组分 A 在催化剂表面的活性中心吸附（吸附过程）。

④ 在催化剂表面上进行化学反应 $A(g) \longrightarrow R(g)$（表面反应过程）。

⑤ 反应产物 R 在催化剂表面上脱附（脱附过程）。

⑥ 反应产物 R 从催化剂内表面向催化剂外表面传递（内扩散过程）。

⑦ 反应产物 R 从催化剂外表面向流体主体传递（外扩散过程）。

2．反应过程的控制步骤

在上述①～⑦步骤中，第①和第⑦步是气相主体通过气膜与颗粒外表面进行物质传递的过程，称为外扩散过程；第②和第⑥步是流体通过颗粒内部的孔道从外表面向内表面的传质，称为内扩散过程；第③和第④步是在颗粒表面上进行化学吸附和化学脱附的过程；第④步是在颗粒表面上进行的表面反应动力学过程。通常把③④⑤总称为表面反应过程。

由此可见，气固相催化反应过程是个多步骤过程。在这些步骤中，内扩散和表面反应是发生于催化剂颗粒内部，且两者是同时进行的。表面反应过程的三步吸附-反应-脱附则是串联进行的。而外扩散和内扩散及表面反应也是属于串联过程。由于扩散的影响，流体主体、催化剂外表面、催化剂颗粒中心反应物的浓度存在下列关系：$c_{AG} > c_{AS} > c_{AC} > c_{Ae}$，其中$c_{Ae}$为反应物 A 的平衡浓度。因此多孔固体催化剂上进行的气固相催化反应过程不仅存在表面化学反应过程，还同时存在气固两相之间的质量传递和固相内的质量传递过程。所以，气固相催化反应过程的动力学比较复杂。

对于多步骤的反应过程，需要选择控制步骤。所谓控制步骤是指对反应动力学起关键作用的那一步。即如果过程中某一步骤的速率与其他各步的速率相比要慢得多，以致整个反应速率取决于这一步的速率，该步骤就称为速率控制步骤。当反应过程达到定态时，各步骤的速率应该相等，且反应过程的速率等于控制步骤的速率。这一点对于分析和解决实际问题非常重要。

（二）固定床反应器中的传质

在固定床反应器中，反应过程即为催化反应的全过程。而固定床床层是由许多固体颗粒所组成的。就床层整体而言，传质过程除了外扩散和内扩散外，还要考虑床层内流体的混合扩散即轴向扩散和径向扩散。其中外扩散和内扩散的过程已在模块一中介绍过，在此不再赘述。这里只介绍固定床反应器的轴向扩散和径向扩散过程。

工业催化固定床反应器床层的轴向扩散过程一般情况下影响不显著，可以用平推流模型来处理。但由于在反应器内存在固体颗粒，对于流体的轴向扩散会带来一定的影响。颗粒的粒度分布影响较大。因此在描述轴向扩散的影响时，催化剂颗粒的直径分布是一很重要的指标。通常由于大部分固定床反应器床层高度与颗粒直径的比值远大于 50，因此，轴向扩散的影响可以忽略不计。但对于床层很薄的反应器，轴向扩散的影响是不可以忽略的。

流体在固定床反应器中的流动是通过床层中催化剂的颗粒空隙进行的。由于床层空隙率的分布不均匀，使得流体在流动时撞击催化剂固体颗粒而产生了分散，或为躲开固体颗粒而改变流向，造成了在床层径向上存在浓度差和温度差，形成径向扩散过程。同样，当床层直径与催化剂颗粒直径的比值很大时，径向扩散可以忽略。但一般情况下，要想通过改变床层直径与催化剂颗粒直径的比值使径向浓度分布均匀是十分困难的。

要改善固定床反应器的传质状况，提高反应收率，除了改变床层内流体的混合扩散即改变催化剂的粒度分布、床层空隙率的分布，提高流体流动的线速度，消除外扩散的影响外，主要是考虑如何消除或减小内扩散对反应的影响。如采用小颗粒的催化剂、改变催化剂颗粒的孔径结构、把活性组分喷涂在催化剂的外层上等。

（三） 固定床反应器中的传热

1. 固定床反应器传热过程的分析

在固定床反应器中，反应以及反应过程所伴随的热效应是发生在催化剂内表面。因此，整个固定床的传热包括颗粒内传热、颗粒与流体间的传热以及床层与器壁间的传热，传热性能的好坏直接影响到床层温度分布，进而影响反应速率与产物组成。

现在以换热式固定床反应器中进行放热反应为例，讨论床层温度分布的主要特征：①在床层中心处即 $r=0$，温度 T_0 达最高；②在近壁处即 $r \leqslant R$，T_r 很低；③在管壁处即 $r=R$，T_w 最低。由于床层壁面处存在"壁效应"，较大的空隙率增加了边界层气膜的传热阻力，所以近壁处的温度 T_r 与管壁温度 T_w 相差也大。

由于床层内反应放出的热量绝大部分是通过器壁带走，床层的热量主要是以径向的形式从床层中部传递到器壁、再由器壁传给管外换热介质移走。仍以放热反应为例，进一步分析床层内的传热方式：①流体间辐射和导热；②颗粒接触处导热；③颗粒表面流体膜内的导热；④颗粒间的辐射传热；⑤颗粒内部的导热；⑥流体内的对流和混合扩散传热。

因此，床层内的传热过程既包括气体或固体颗粒中的传热，同时也包括气固相界面的传热，这样就使得床层的传热过程变得很复杂。在工程计算中，为了很方便地计算得到床层的温度分布，常将床层进行简化处理。一般情况下，可以把催化剂颗粒看成是等温体，忽略颗粒内部、颗粒在流体间和床层径向传热阻力，床层的传热阻力全部集中在管壁处。经这样处理后，固定床反应器床层的传热过程的计算就可简化成床层与器壁之间的传热计算。

2. 床层对壁总给热系数

若床层是一个平均温度为 T_m 的等温体，则传热速率方程为：

$$dQ = \alpha_t (T_m - T_w) dF \qquad (4-12)$$

式中　Q——传热速率，J/s；

$\quad \alpha_t$——床层对器壁总给热系数，J/(m$^2 \cdot$ s $\cdot$ K)；

$\quad F$——换热面积，m^2；

$\quad T_m$——床层平均温度，K；

$\quad T_w$——器壁温度，K。

床层对器壁总给热系数 α_t 可以通过简便的实验关联式计算得到，如利瓦（Leva）提出的特征数方程。

床层被加热时：　　　$$\frac{\alpha_t d_t}{\lambda_f} = 0.813 Re^{0.9} \exp \left(-6 \frac{d_P}{d_t} \right) \qquad (4-13)$$

床层被冷却时：
$$\frac{\alpha_t d_t}{\lambda_f} = 3.5 Re^{0.7} \exp\left(-4.6\frac{d_P}{d_t}\right)$$ (4-14)

式中 λ_f——流体热导率，J/(m·s·K)；

Re——雷诺数，$Re = \dfrac{d_P G}{\mu_f}$；

μ_f——流体黏度，N·s/m²；

G——质量流速，kg/(m²·h)。

通过上式可计算出床层对壁总给热系数 α_t，最后根据反应放热速率和传热速率方程很容易确定床层所需的换热面积。

【例 4-4】 乙苯脱氢生产苯乙烯系吸热反应过程，采用列管式固定床反应器，列管管径为 $\phi76mm\times4mm$，管数为 90 根，催化剂粒径 d_P 为 8.51mm，气体热导率为 8.956×10^{-5} kJ/(m·s·K)，黏度为 0.0315×10^{-3} kg/(m·s)，密度为 0.53kg/m³，气体质量流速为 1.167kg/(m²·s)。试计算床层对壁总传热系数。

解：（1）求雷诺数

$$Re = \frac{d_P G}{\mu_f} = \frac{0.00851\times1.167}{0.0315\times10^{-3}} = 315.3$$

（2）求床层对壁总传热系数

因为是吸热反应需要加热床层，故按式（4-13）计算

$$\frac{\alpha_t d_t}{\lambda_f} = 0.813 Re^{0.9} \exp\left(-6\frac{d_P}{d_t}\right)$$

$$\alpha_t = 0.813\times(315.3)^{0.9}\exp\left(-6\times\frac{0.00851}{0.068}\right)\times\frac{8.956\times10^{-5}}{0.068} = 8.963\times10^{-2}\, \text{kJ/(m}^2\cdot\text{s·K)}$$

项目三　固定床反应器的计算

固定床反应器的主要计算任务包括催化剂用量、床层高度和直径、床层压力降和传热面积等。固定床反应器的计算方法主要有经验法和数学模型法。

一、经验法

经验法的设计依据主要来自于实验室、中间试验装置或工厂实际生产装置的数据。对中间试验和实验室研究阶段提供的主要工艺参数如温度、压力、转化率、选择性、催化剂空时、收率、催化剂负荷和催化剂用量等进行分析，找出其变化规律，从而可预测出工业化生产装置工艺参数和催化剂用量等。

（一）催化剂用量的计算

经验法比较简单，常取实验或实际生产中催化剂或床层的重要操作参数作为设计依据直接计算得到。

1．空间速度

指单位时间内通过单位体积催化剂的原料标准体积流量，单位为 s⁻¹。它是衡量固定床反应器生产能力的一个重要指标。与模块一中的式（1-21）相同。即：$s_v = \dfrac{V_{0N}}{V_R}$。

2．空间时间（接触时间）

与模块一中的空间时间有所不同。它是指在规定的反应条件下，气体反应物通过催化剂床层中自由空间所需要的时间，单位是 s。接触时间越短，表示同体积的催化剂在相同时间内处理的原料越多，是表示催化剂处理能力的参数之一。

$$\tau = \frac{V_R \varepsilon}{V_0} \tag{4-15}$$

式中　ε——固定床反应器的床层空隙率。

3．空时收率

指反应物通过催化剂床层时，在单位时间内单位质量（或体积）催化剂所获得的目的产物量。它是反映催化剂选择性和生产能力的一个重要指标。

$$S_W = \frac{W_G}{W_S} \tag{4-16}$$

式中　S_W——催化剂的空时收率，$kg/(kg \cdot h)$ 或 $kg/(m^3 \cdot h)$；

　　　W_G——目的产物的质量，kg；

　　　W_S——催化剂的用量，kg 或 m^3。

4．催化剂负荷

指在单位时间内单位质量（体积）催化剂由于反应而消耗的原料质量。这是反映催化剂生产能力的重要指标。

$$S_G = \frac{W_W}{W_S} \tag{4-17}$$

式中　S_G——催化剂负荷，$kg/(kg \cdot s)$ 或 $kg/(m^3 \cdot s)$；

　　　W_W——原料质量流量，kg/s；

　　　W_S——催化剂的用量，kg 或 m^3。

5．床层线速度与空床速度

床层的线速度是指在规定条件下，气体通过催化剂床层自由截面积的流速。

$$u = \frac{V_0}{A_R \varepsilon} \tag{4-18}$$

而空床速度是在规定条件下，气体通过（空）床层截面积的流速。

$$u_0 = \frac{V_0}{A_R} \tag{4-19}$$

式中　u——床层的线速度，m/s；

　　　u_0——空床速度，m/s；

　　　A_R——催化剂床层截面积，m^2。

注意：设计的反应器要与提供数据的装置具有相同的操作条件，如催化剂、反应物、压力、温度等。但通常不可能完全满足，只能估算。

（二）　固定床反应器结构尺寸的计算

催化剂的用量确定后，催化剂床层的有效体积也就确定。很明显，床层高度越高，即床层截面积将变小，操作气速、流体阻力（动力）将增大；反之，床层高度降低必然引起截面积（直径）增大，对传热不利或易产生短路等现象发生。因此，床层的高度与直径通过操作流速、压力降（即动力消耗）、传热、床层均匀性等影响因素作综合评价来确定。

通常，床层的高度或直径的计算是根据固定床反应器某一重要操作参数范围或经验选取，然后校验其他操作参数是否合理，如床层压力降不超过总压力的 15%。床层高度与直径的计算步骤如下。

① 根据经验选取气体空床速度 u_0。

② 床层的截面积为：

$$A_R = \frac{V_0}{u_0} \tag{4-20}$$

式中　A_R——床层的截面积，m^2。

③ 校验床层阻力降 Δp：根据公式（4-9）校验床层压力降。若压力降低于总压力的 15%，则选取的空床速度 u_0 有效，上述计算成立。

④ 确定床层的结构尺寸。

催化剂床层高度：

$$H = \frac{V_R}{A_R} = u_0 \frac{V_R}{V_0} \tag{4-21}$$

式中　V_R——催化剂床层体积，m^3；

　　　A_R——催化剂床层截面积，m^2。

如果采用绝热反应器，可求出内径 D：

$$D = \left(\frac{4A_R}{\pi}\right)^{1/2} \tag{4-22}$$

当选用列管式反应器，床层管内径取 d_t，外径为 d_0，则列管数 n 为：

$$n = \frac{A_R}{\frac{\pi}{4}d_t^2} = \frac{V_R}{\frac{\pi}{4}d_t^2 H} \tag{4-23}$$

对于壳管式反应器（壳程装催化剂），其截面积 A_R 为

$$A_R = \frac{\pi}{4}D^2 - n\frac{\pi}{4}d_0^2$$

也可采用正三角形排列总面积的计算方法，再求出反应器的直径，即：

$$A_R = Nt^2 \sin 60°$$

$$D = \left(\frac{4A_R}{\pi}\right)^{1/2} + 2e \tag{4-24}$$

式中　A_R——正三角形排列总面积，m^2；

　　　t——管心距，m；

　　　e——最外端管心与反应器器壁距离，m；

　　　N——圆整后的实际管数。

（三）催化剂床层传热面积的计算

催化剂床层所需的传热面积可参照列管式换热器的计算方法确定，计算公式为：

$$A = \frac{Q}{K\Delta t_m} \tag{4-25}$$

式中　Q——经热量衡算确定的传热速率，J/s；

　　　Δt_m——载热体进出口两端温度差的对数平均值，K；

　　　K——传热系数，$J/(m^2 \cdot s \cdot K)$，传热系数从有关手册中查取或用公式计算。

二、数学模型法

气固相反应器是应用最广的工业反应器，其中的固定床反应器也是模型化研究比较成熟的一类反应器。反应器的模型化是指通过数学模型的建立和求解去预测和模拟反应器的实际操作状况。反应器的数学模型通常是指利用物料衡算和能量衡算将反应动力学模型和描述反应器传递过程（流动、传热、传质）的模型结合起来的一组数学方程，通过这组方程的求解能获得反应器在一定操作条件下的反应结果。但有时把由实验室或工业反应器操作数据直接关联得到的描述反应器操作条件和反应结果之间关系的经验关联式也归入反应器数学模型的范畴。

（一）动力学方程式

对于气固相催化反应而言，它是一个多步骤的反应过程，在确定动力学方程式时需要选择控制步骤。由于生产过程的不同，气固相催化反应的控制步骤主要有以下三种可能性。

① 外扩散做控制步骤　即内扩散过程的阻力很小，表面反应过程的速率很快。反应过程的速率取决于外扩散的速率。浓度变化为：$c_{AG} \gg c_{AS} \approx c_{AC} \approx c_{Ae}$。

② 内扩散做控制步骤　即反应过程的传质阻力主要存在于催化剂的内部孔道，表面反应过程的速率和外扩散的速率很快。浓度变化为：$c_{AG} \approx c_{AS} \gg c_{AC} \approx c_{Ae}$。

③ 表面反应做控制步骤　即传质过程的阻力可以忽略，反应速率主要取决于表面反应过程。通常称为动力学控制。浓度变化为：$c_{AG} \approx c_{AS} \approx c_{AC} \gg c_{Ae}$。

因此，气固相催化反应过程的动力学就比较复杂，不仅仅是由化学反应而决定的。传质过程的影响也不能忽略。

1. 气固相催化反应的本征动力学

气固相催化反应的本征动力学是指表面反应做控制步骤时的动力学。表面反应过程是由反应组分在催化剂表面的活性中心吸附、吸附的物质在催化剂表面上进行化学反应、反应产物在催化剂表面上脱附三步组成的。因此，气固相催化反应的本征动力学存在三种情况：吸附做控制步骤的动力学；化学反应做控制步骤的动力学；脱附做控制步骤的动力学。而在上述过程中，催化剂对反应物的吸附是进行气固相催化反应的基础。所以，首先要介绍有关吸附的知识。

（1）吸附等温方程　催化作用的部分奥秘无疑是化学吸附现象。化学吸附被认为是由于电子的共用或转移而发生相互作用的分子与固体间电子重排。这样，气体分子与固体之间相互作用力具有化学键的特性，与固体物质和气体分子间仅借助于范德华力的物理吸附明显不同。由于化学吸附在吸附过程中有电子的转移和重排，因而化学吸附是具有选择性的。一般情况下，物理吸附在低温下进行，是多层吸附，吸附热较小。而化学吸附在高温下进行，且属于单分子层吸附，吸附热较大。吸附速率随温度的升高而增加。所以，化学吸附是气固相催化反应的重要特征。

① 理想吸附等温方程　理想吸附等温方程是利用兰格缪尔（Langmuir）模型得出的。兰格缪尔（Langmuir）模型的基本假设是：催化剂表面各处的吸附能力是均匀的，各吸附位具有相同的能量；每个吸附中心只能吸附一个分子（单分子层吸附）；吸附的分子间不发生相互作用，也不影响分子的吸附作用；吸附活化能与脱附活化能与表面吸附程度无关。

催化剂上能够吸附气相分子的原子称为活性中心，用符号"σ"表示。由于气体分子的运动，不断地与催化剂表面碰撞，具有足够能量的分子被催化剂上的活性中心吸附。同时被吸附的分子也可以发生脱附，形成一种动态平衡。

若气相中 A 组分在活性中心上的吸附用如下吸附式表示

$$A + \sigma \rightleftharpoons A\sigma$$

对于吸附过程，吸附速率可以写成

$$r_a = k_a p_A \theta_V = k_{a0} \exp(-E_a/RT) p_A \theta_V \tag{4-26}$$

式中　r_a——吸附速率，Pa/h；

E_a——吸附活化能，kJ/kmol；

p_A——A 组分在气相中的分压，Pa；

θ_V——空位率；

k_a——吸附速率常数，h^{-1}；

k_{a0}——吸附指前因子，h^{-1}。

对于脱附过程，脱附速率可以写成

$$r_d = k_d \theta_A = k_{d0} \exp(-E_d/RT) \theta_A \tag{4-27}$$

式中　r_d——脱附速率，Pa/h；

E_d——脱附活化能，kJ/kmol；

θ_A——组分 A 的覆盖率；

k_d——脱附速率常数，h^{-1}；

k_{d0}——脱附指前因子，h^{-1}。

其中：组分 A 的覆盖率 θ_A 为固体催化剂表面被 A 组分覆盖的活性中心数与总的活性中心数之比值，即：

$$\theta_A = \frac{被 A 组分覆盖的活性中心数}{总的活性中心数}$$

空位率 θ_V 为固体催化剂表面未被气相分子覆盖的活性中心数与总的活性中心数之比值，即：

$$\theta_V = \frac{未被气相分子覆盖的活性中心数}{总的活性中心数}$$

由于是化学吸附是单分子层吸附：则有

$$\theta_V + \theta_A = 1 \tag{4-28}$$

吸附过程的净速率（r）为吸附速率与脱附速率之差：$r = r_a - r_d$

当吸附过程达到平衡时，即吸附速率与脱附速率相等，此时：$r = 0$

得：

$$k_a p_A \theta_V = k_d \theta_A$$

将式(4-28)带入上式，则得：

$$\theta_A = \frac{K_A p_A}{1 + K_A p_A} \tag{4-29}$$

其中：
$$K_A = \frac{k_a}{k_d} = \frac{k_{a0}}{k_{d0}} \exp\left(\frac{E_d - E_a}{RT}\right) = \frac{k_{a0}}{k_{d0}} \exp\left(\frac{q}{RT}\right) \tag{4-30}$$

式中，q 表示吸附热，是脱附活化能与吸附活化能之差。

由于气固相催化反应的类型是各种各样的，在反应过程中，也可能出现不同情况下的吸附，式(4-29)仅表示单分子吸附的特征。

若组分 A 在吸附过程时发生解离，如：$N_2 \rightleftharpoons 2N$

则：
$$A_2 + 2\sigma \rightleftharpoons 2A\sigma$$

吸附方程和脱附方程分别为：
$$r_a = k_a p_A \theta_V^2 \qquad r_d = k_d \theta_A^2$$

平衡时：
$$k_a p_A (1-\theta_A)^2 = k_d \theta_A^2$$

得吸附方程为：
$$\theta_A = \frac{\sqrt{K_A p_A}}{1+\sqrt{K_A p_A}} \tag{4-31}$$

若吸附过程不仅吸附 A 分子，同时还吸附 B 分子，则：
$$A + \sigma \rightleftharpoons A\sigma \qquad B + \sigma \rightleftharpoons B\sigma$$

组分 A 的吸附方程和脱附方程分别为：
$$r_{aA} = k_{aA} p_A \theta_V \qquad r_{dA} = k_{dA} \theta_A$$

平衡时：
$$k_{aA} p_A \theta_V = k_{dA} \theta_A$$

对于 B 组分同样也存在上述吸附平衡式：
$$k_{aB} p_B \theta_V = k_{dB} \theta_B$$

由于 A、B 组分同时被吸附，则存在：$\qquad \theta_V + \theta_A + \theta_B = 1$

得吸附方程为：
$$\theta_A = \frac{K_A p_A}{1+K_A p_A + K_B p_B} \tag{4-32}$$

$$\theta_B = \frac{K_B p_B}{1+K_A p_A + K_B p_B} \tag{4-33}$$

若有 n 个不同的分子同时被吸附，则 i 组分的吸附方程为：
$$\theta_i = \frac{K_i p_i}{1+\sum_{i=1}^{n} K_i p_i} \tag{4-34}$$

空位率：
$$\theta_V = \frac{1}{1+\sum_{i=1}^{n} K_i p_i} \tag{4-35}$$

② 真实吸附等温方程　实践证明，催化剂的表面是不均匀的，吸附能量也是有强有弱，同时被吸附的分子之间互相产生作用。这样，就导致吸附过程的能量是随催化剂表面覆盖率发生变化的。不符合理想吸附过程。

a. 焦姆金（Темкин）吸附模型　该模型认为，吸附活化能 E_a 与脱附活化能 E_d 与覆盖率的关系如下：
$$E_a = E_a^0 + \alpha\theta \qquad E_d = E_d^0 - \beta\theta$$

吸附热：
$$q = E_d - E_a = (E_d^0 - E_a^0) - (\alpha+\beta)\theta = q^0 - (\alpha+\beta)\theta \tag{4-36}$$

此时，吸附和脱附速率方程为：
$$r_a = k_a p_A \exp(-\alpha\theta_A/RT)$$

$$r_d = k_d \exp(\beta \theta_A / RT)$$

吸附达到平衡时 $\qquad\qquad r = r_a - r_d$

则： $$\theta_A = \frac{RT}{\alpha + \beta} \ln(K_A p_A) \qquad (4\text{-}37)$$

其中 $K_A = k_a / k_d$，式（4-37）为焦姆金吸附等温式。主要适用于中等覆盖率的情况。

b. 弗罗因德利希（Freundlich）吸附模型　　该模型认为，吸附活化能 E_a 与脱附活化能 E_d 与覆盖率的关系如下：

$$E_a = E_a^0 + \mu \ln\theta \qquad E_d = E_d^0 - \gamma \ln\theta$$

吸附热为：

$$q = E_d - E_a = (E_d^0 - E_a^0) - (\gamma + \mu)\ln\theta = q^0 - (\gamma + \mu)\ln\theta$$

推导得吸附方程式为：

$$\theta_A = K_A p_A^{(\mu + \gamma)/RT} = K_A p_A^{1/L} \qquad (4\text{-}38)$$

（2）双曲线型本征动力学方程　　在推导动力学方程时，若认为吸附和脱附过程符合理想过程，则动力学方程为双曲线型；吸附和脱附过程若按真实过程，则动力学方程为幂级数型。在此只讨论双曲线型本征动力学方程。

由于表面反应过程是由吸附-反应-脱附三步串联进行的。因此，本征动力学方程的推导方法可按如下步骤进行：①先假设反应机理，确定反应所经历的步骤；②在吸附-反应-脱附三个步骤中必然存在一控制步骤；③本征反应速率即为该控制步骤的速率，其余各步则认为达到平衡；④利用各平衡式和 $\sum \theta_i + \theta_V = 1$ 将速率方程中的表面浓度变换成气相组分分压，得到用气相组分分压表示的动力学方程式。

对某一化学反应：$A \rightleftharpoons R$

假设该反应的机理如下。

A 的吸附：$A + \sigma \rightleftharpoons A\sigma$

表面化学反应：$A\sigma \rightleftharpoons R\sigma$

R 的脱附：$R\sigma \rightleftharpoons R + \sigma$

此时各步骤的速率方程如下。

吸附速率方程： $\qquad\qquad r_A = k_{aA} p_A \theta_V - k_{dA} \theta_A$

表面化学反应： $\qquad\qquad r_S = k_S \theta_A - k_S' \theta_R$

脱附速率方程： $\qquad\qquad r_R = k_{dR} \theta_R - k_{aR} p_R \theta_V$

且各覆盖率之间存在： $\qquad\qquad \theta_A + \theta_R + \theta_V = 1$

① 化学反应做控制步骤　　则反应速率：

$$r = r_S = k_S \theta_A - k_S' \theta_R \qquad (4\text{-}39)$$

其余各步达到平衡：即： $\qquad k_{aA} p_A \theta_V = k_{dA} \theta_A$

$$k_{dR} \theta_R = k_{aR} p_R \theta_V$$

得： $\qquad \theta_A = \dfrac{K_A p_A}{1 + K_A p_A + K_R p_R} \qquad \theta_R = \dfrac{K_R p_R}{1 + K_A p_A + K_R p_R}$

带入式（4-39）得：

$$r = k_S \frac{K_A p_A - (K_R / K_S) p_R}{1 + K_A p_A + K_R p_R}$$

其中 $\qquad\qquad K_S = k_S / k_S'$

② 吸附为控制步骤　则反应速率：

$$r = r_A = k_{aA} p_A \theta_V - k_{dA} \theta_A \tag{4-40}$$

其余各步达到平衡：即：

$$k_S \theta_A = k_S' \theta_R \qquad k_{dR} \theta_A = k_{aR} p_R \theta_V$$

得：

$$\theta_V = \frac{1}{(1/K_S + 1)K_R p_R + 1} \qquad \theta_A = \frac{(K_R / K_S) p_R}{(1/K_S + 1)K_R p_R + 1}$$

带入式（4-40）得：

$$r = r_A = k_{aA} \frac{p_A - \dfrac{K_R}{K_S K_A} p_R}{(1/K_S + 1)K_R p_R + 1} \tag{4-41}$$

其中

$$K_A = \frac{k_{aA}}{k_{dA}}$$

③ 脱附为控制步骤　则反应速率：

$$r = r_R = k_{dR} \theta_R - k_{aR} p_R \theta_V \tag{4-42}$$

其余各步达到平衡：即：

$$k_S \theta_A = k_S' \theta_R \qquad k_{aA} p_A \theta_V = k_{dA} \theta_A$$

得：

$$\theta_V = \frac{1}{1 + K_A p_A + K_S K_A p_A} \qquad \theta_A = \frac{K_S K_A p_A}{1 + K_A p_A + K_S K_A p_A}$$

带入式（4-42）得：

$$r = r_R = k_{aR} \frac{K_S K_A p_A - \dfrac{p_R}{K_R}}{1 + K_A p_A (1 + K_S)} \tag{4-43}$$

因此，表面化学反应速率的推导方法可简化如下：先假设反应机理；确定反应控制步骤，反应速率即为该步的速率；其他非控制步骤的速率达到平衡；将速率方程中的表面浓度换算成气相组分的分压即可。对于不同的反应机理和控制步骤，推导的方法是相同的。表 4-2 即为不同的反应机理和其相应的本征动力学方程。

表 4-2　若干气固相催化反应机理和其相应的本征动力学方程

化学式	机理及控制步骤	相应的反应速率式
A $\rightleftharpoons$ R	A + σ $\rightleftharpoons$ Aσ	$r = \dfrac{k(p_A - p_R/K)}{1 + K_R p_R (1 + K_S)}$
	Aσ $\rightleftharpoons$ Rσ	$r = \dfrac{k(p_A - p_R/K)}{1 + K_A p_A + K_R p_R}$
	Rσ $\rightleftharpoons$ R + σ	$r = \dfrac{k(p_A - p_R/K)}{1 + K_A p_A (1 + K_S)}$
A $\rightleftharpoons$ R	2A + σ $\rightleftharpoons$ A$_2$σ	$r = \dfrac{k(p_A^2 - p_R^2/K^2)}{1 + k_R p_R + k_R' p_R^2}$
	A$_2$σ + σ $\rightleftharpoons$ 2Aσ	$r = \dfrac{k(p_A^2 - p_R^2/K^2)}{(1 + k_R p_R + k_A p_A^2)^2}$
	Aσ $\rightleftharpoons$ Rσ	$r = \dfrac{k(p_A - p_R/K)}{1 + K_A p_A^2 + K_A' p_A + K_R p_R}$
	Rσ $\rightleftharpoons$ R + σ	$r = \dfrac{k(p_A - p_R/K)}{1 + K_A p_A^2 + K_A' p_A}$

化学式	机理及控制步骤	相应的反应速率式
A+B ⇌ R+S	A+σ ⇌ Aσ	$r=\dfrac{k[p_A-p_Rp_S/(Kp_B)]}{1+K_{RS}p_Sp_R/p_B+K_Bp_B+K_Rp_R+K_Sp_S}$
	B+σ ⇌ Bσ	$r=\dfrac{k[p_B-p_Rp_S/(Kp_A)]}{1+K_{RS}p_Sp_R/p_A+K_Ap_A+K_Rp_R+K_Sp_S}$
	Aσ+Bσ ⇌ Rσ+Sσ	$r=\dfrac{k(p_Ap_B-p_Rp_S/K)}{(1+K_Ap_A+K_Bp_B+K_Rp_R+K_Sp_S)^2}$
	Rσ ⇌ R+σ	$r=\dfrac{k(p_Ap_B/p_S-p_R/K)}{1+K_{AB}p_Ap_B/p_S+K_Ap_A+K_Bp_B+K_Sp_S}$
	Sσ ⇌ S+σ	$r=\dfrac{k(p_Ap_B/p_R-p_S/K)}{1+K_{AB}p_Ap_B/p_R+K_Ap_A+K_Bp_B+K_Rp_R}$
A+B ⇌ R+S	A+2σ ⇌ 2A$_{1/2}$σ	$r=\dfrac{k[p_A-p_Rp_S/(Kp_B)]}{(1+\sqrt{K_{RS}p_Sp_B/p_B}+K_Bp_B+K_Rp_R+K_Sp_S)^2}$
	B+σ ⇌ Bσ	$r=\dfrac{k[p_B-p_Rp_S/(Kp_A)]}{1+\sqrt{K_Ap_A}+K_{RS}p_Sp_R/p_A+K_Rp_R+K_Sp_S}$
	2A$_{1/2}$σ+Bσ ⇌ Rσ+Sσ+σ	$r=\dfrac{k(p_Ap_B-p_Rp_S/K)}{(1+\sqrt{K_Ap_A}+K_Bp_B+K_Rp_R+K_Sp_S)^3}$
	Rσ ⇌ R+σ	$r=\dfrac{k(p_Ap_B/p_S-p_R/K)}{1+\sqrt{K_Ap_A}+K_{AB}p_Ap_B/p_S+K_Bp_B+K_Sp_S}$
	Sσ ⇌ S+σ	$r=\dfrac{k(p_Ap_B/p_R-p_S/K)}{1+\sqrt{K_Ap_A}+K_{AB}p_Ap_B/p_R+K_Bp_B+K_Rp_R}$

注：k 为反应速率常数；K 为化学平衡常数。

2. 气固相催化反应内扩散控制的宏观动力学

气固相催化反应过程的动力学方程式不能仅仅考虑本征动力学，因为在反应器床层内的催化剂中，由于受内、外扩散的影响，颗粒内各处的温度和浓度不同，导致反应速率在床层内各处均不同。即传质过程对气固相催化反应动力学的影响是不能忽略的。考虑了传质过程的动力学方程为宏观动力学。它是以催化剂颗粒体积为基准的平均反应速率。

$$(-R_A)=\frac{\int_0^{V_S}(-r_A)dV_S}{\int_0^{V_S}dV_S} \tag{4-44}$$

式中　$(-R_A)$——A 组分的宏观反应速率；

　　　　$(-r_A)$——A 组分的本征反应速率；

　　　　V_S—— 催化剂颗粒的体积。

内扩散是指反应物从催化剂的外表面向催化剂的内表面的扩散。由于内扩散的影响，使催化反应的动力学发生了变化。这种影响可以用效率因子来表示。

$$\eta=\frac{\text{有内扩散影响的宏观反应速率}}{\text{本征反应速率}} \tag{4-45}$$

即　　　　　　　　　　$(-R_A)=\eta(-r_A)$

效率因子表示了内扩散对反应的影响程度。η 越小表示内扩散的影响越严重。而效率因子与由于催化剂的内扩散所造成的颗粒内的温度和浓度分布有很大的关系。

（1）催化剂颗粒内气体扩散　　催化剂颗粒是一多孔性的物质，流体要通过催化剂的孔道进行扩散传质。由于孔道的大小、结构均不相同，导致扩散的机理也不同。不论是何种扩散，扩散速率方程均可用费克（Fick）定律来描述：

$$\frac{\mathrm{d}n_A}{S\mathrm{d}t} = -D_A \frac{\mathrm{d}c_A}{\mathrm{d}z} = -\frac{p}{RT}D_A \frac{\mathrm{d}y_A}{\mathrm{d}z} \tag{4-46}$$

式中 n_A——A 组分的物质的量，mol；

        c_A——A 组分在气相中的浓度，mol/cm^3；

        z——沿扩散方向的距离，cm；

        S——扩散通道截面积，cm^2；

       D_A——A 组分的扩散系数，cm^2/s。

当扩散机理不同时，扩散速率中的扩散系数是不同的。

① 单一孔道的扩散   根据孔半径和分子运动平均自由程的相对大小的不同，孔扩散可分为以下几种类型。

a. 分子扩散   当 $\lambda/2r_a \leqslant 10^{-2}$（$\lambda$ 为分子平均自由程；r_a 为平均孔半径）时，孔道内的扩散属于分子扩散。扩散过程的阻力主要是由分子之间相互碰撞造成的，与孔半径没有关系。两组分扩散的分子扩散系数 D_{AB} 可从有关手册中查阅，缺乏实验数据时，也可进行实验测定，或用经验公式估算。下面介绍一常用的经验公式：

$$D_{AB} = 0.436 \times \frac{T^{1.5}(1/M_A + 1/M_B)^{0.5}}{p(V_A^{1/3} + V_B^{1/3})^2} \tag{4-47}$$

式中 D_{AB}——A 组分在 B 组分中的扩散系数，cm^2/s；

        T——系统的温度，K；

        p——系统的总压，kPa；

   V_A，V_B——A、B 组分的分子扩散体积，cm^3/mol；

   M_A，M_B——A、B 组分的相对分子质量。

若扩散过程是多分子扩散，则分子扩散系数可选择其他的经验公式计算。一般情况下，当孔径比较大时，认为孔道内的扩散属于分子扩散。

b. 努森扩散   当 $\lambda/2r_a \geqslant 10$ 时，孔道内的扩散属于努森扩散。扩散过程的阻力主要是由气体分子与孔壁碰撞造成的，与分子之间的相互碰撞没有太大的关系。因此，努森扩散系数 D_K 与孔半径有关，与系统中共存的其他气体无关。

$$D_K = 4850d_0\sqrt{T/M} \tag{4-48}$$

式中 D_K——努森扩散系数，cm^2/s；

        T——系统的温度，K；

       M——为扩散物系的相对分子质量；

       d_0——孔道的直径，cm。

一般情况下，当孔径比较小时，认为孔道内的扩散属于努森扩散。

c. 综合扩散   当 $10^{-2} < \lambda/2r_a < 10$ 时，则上述两种扩散都同时存在，即分子与分子之间的碰撞和分子与孔壁之间的碰撞均不能忽略。此时扩散系数为：

$$D = \frac{1}{1/D_K + (1 - \alpha y_A)/D_{AB}} \tag{4-49}$$

式中 D——综合扩散系数，cm^2/s；

      y_A——气相中 A 组分的摩尔分数；

      α——扩散通量系数，$\alpha = 1 + N_B/N_A$，其中 N_A、N_B 为 A、B 组分的扩散通量，$mol/(m^2 \cdot s)$。

若为定态下等摩尔组分逆向扩散，则：$N_A = -N_B$，式(4-49)变为：

$$D = \frac{1}{1/D_K + 1/D_{AB}}$$ (4-50)

② 多孔颗粒中的扩散 工业上所使用的催化剂，孔隙结构错综复杂。孔道间会有相互交叉，孔径大小不一，各孔道的形状和每根孔道的不同部位的截面积也不相同。导致在催化剂颗粒中的扩散距离与在圆柱形孔道中的扩散距离有所不同。因此需加一校正因子 τ，也叫曲折因子。该值一般由实验确定，通常取为 3～7。

由于扩散速率是以催化剂的外表面积来计算，因此扩散时的孔截面积和催化剂的孔隙率有关。催化剂的有效扩散系数为：

$$D_e = D \frac{\varepsilon_P}{\tau}$$ (4-51)

式中 D_e——有效扩散系数，cm^2/s；

τ——曲折因子；

ε_P——催化剂的孔隙率。

【例 4-5】 镍催化剂在 200℃ 时进行苯加氢反应，若催化剂微孔的平均孔径 $d_0 = 5 \times 10^{-9} m$，催化剂的孔隙率 $\varepsilon_P = 0.43$，曲折因子 $\tau = 4$，求系统总压为 3039.3kPa 时，氢在催化剂内的有效扩散系数 D_e。

解： 为计算方便，用 A 表示氢气，用 B 表示苯。

查手册可得：氢气的相对分子质量 $M_A = 2$，分子扩散体积 $V_A = 7.07cm^3/mol$；

苯的相对分子质量 $M_B = 78$，分子扩散体积 $V_B = 90.68cm^3/mol$。

氢气在苯中的分子扩散系数为：

$$D_{AB} = 0.436 \times \frac{T^{1.5}(1/M_A + 1/M_B)^{0.5}}{p(V_A^{1/3} + V_B^{1/3})^2} = 0.436 \times \frac{(273+200)^{1.5}(1/2+1/78)^{0.5}}{3039.3 \times (7.07^{1/3} + 90.68^{1/3})^2}$$

$$= 0.02571 \ (cm^2/s)$$

氢气在催化剂孔内的努森扩散系数为：

$$D_K = 4850 d_0 \sqrt{T/M} = 4850 \times (5 \times 10^{-7}) \sqrt{473/2} = 0.0373 \ (cm^2/s)$$

综合扩散系数：

$$D = \frac{1}{1/D_K + 1/D_{AB}} = \frac{1}{(1/0.0373) + (1/0.02571)} = 0.01522 \ (cm^2/s)$$

有效扩散系数：

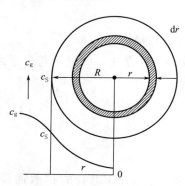

图 4-13 球形催化剂颗粒内浓度分布

$$D_e = D \frac{\varepsilon_P}{\tau} = 0.01522 \times \frac{0.43}{4} = 0.001636 \ (cm^2/s)$$

（2）催化剂颗粒内浓度分布 由于内扩散的影响，导致多孔催化剂内组分的浓度分布是不均匀的。对于反应物而言，从催化剂的外表面到内表面浓度逐渐下降，而对于产物来说正好相反。而浓度对反应速率的影响是不可忽略的。

下面以等温球形催化剂上进行一级不可逆反应为例。

如图 4-13 所示，设球形催化剂的半径为 R，衡算范围选该催化剂上半径为 r，厚度为 dr 的单位体积壳层，对反应组分 A 作物料衡算。

单位时间单位体积进入的组分 A 量：

$$D_e \times 4\pi(r+dr)^2 \frac{d}{dr}\left(c_A + \frac{dc_A}{dr}dr\right)$$

离开的组分 A 量：

$$D_e \times 4\pi r^2 \frac{dc_A}{dr}$$

参加反应的组分 A 量：

$$(4\pi r^2 dr)(-r_A)$$

积累的组分 A 量：0

根据物料衡算公式得：

$$\frac{d^2 c_A}{dz^2} + \frac{2}{z} \times \frac{dc_A}{dz} = \frac{R^2}{D_e}(-r_A) \tag{4-52}$$

式中，$z = r/R$，一级反应动力学方程式 $(-r_A) = k_v c_A$，其中 k_v 是以催化剂颗粒体积为基准的反应速率常数。该式为二阶微分方程。边界条件：

$$r = 0, z = 0, \frac{dc_A}{dz} = 0; r = R, z = 1, c_A = c_{AS}$$

定义一新物理量蒂勒（Thiele）模数 φ_s：

$$\varphi_s = \frac{R}{3}\sqrt{\frac{k_v}{D_e}}$$

则式（4-52）为：

$$\frac{d^2 c_A}{dz^2} + \frac{2}{z} \times \frac{dc_A}{dz} = (3\varphi_s)^2 c_A$$

带入边界条件解该二阶齐次常微分方程得：

$$c_A = \frac{c_{AS}}{z} \times \frac{\sinh(3\varphi_s z)}{\sinh(3\varphi_s)} \tag{4-53}$$

此式即为在球形催化剂上进行等温一级不可逆反应时催化剂内浓度的变化关系。从上式可以看出催化剂内部任意位置的浓度和蒂勒模数 φ_s 有一定的关系，无论 φ_s 为何值，反应物的浓度 c_A 从催化剂的外表面到催化剂的内表面都是逐渐减小的。但 φ_s 值不同，其降低的程度亦不同。φ_s 越大，反应物的浓度变化越剧烈，φ_s 越小，浓度变化越平坦。这是因为 φ_s 增大则意味着颗粒的半径 R 增加，有效扩散系数 D_e 减小而反应速率常数 k_v 增加，这样，不仅增加了反应物向颗粒中心扩散过程中反应物的消耗量，同时又减小了单位时间内反应物向颗粒中心的扩散量。导致反应物的浓度迅速下降。而浓度的变化则是由于反应物的内扩散以及在内表面发生的化学反应综合作用的结果。由此可见蒂勒模数的大小反映了反应过程受化学反应及内扩散影响的程度。蒂勒模数的物理意义可以通过其定义的变形式来表述。

即：

$$\varphi_s^2 = \frac{R^2 k_v}{9 D_e} = \frac{1}{3} \times \frac{(4/3)\pi R^3 k_v c_{AS}}{4\pi R^2 D_e (c_{AS}/R)} = \frac{V_S(-r_A)_S}{S_S D_e \frac{c_{AS}-0}{V_S/S_S}} = \frac{\text{表面反应速率}}{\text{内扩散速率}} \tag{4-54}$$

由式（4-54）可知蒂勒模数表示表面反应速率与内扩散速率的相对大小。若蒂勒模数 φ_s 越大，说明此过程中表面反应速率大而内扩散速率小，即内扩散的阻力比较大。由此内扩散过程对反应的影响比较严重；反之则说明内扩散对反应的影响较小。

（3）等温反应的宏观动力学方程式　根据式（4-44）可知：

$$(-R_A)=\frac{\int_0^{V_S}(-r_A)\mathrm{d}V_S}{\int_0^{V_S}\mathrm{d}V_S}$$

对于球形催化剂而言：$\int_0^{V_S}\mathrm{d}V_S=V_S=\frac{4}{3}\pi R^3$，而 $\mathrm{d}V_S=4\pi r^2\mathrm{d}r$

把式（4-53）带入上式得：

$$(-R_A)=\frac{1}{\frac{4}{3}\pi R^3}\int_0^R\frac{kc_{AS}}{r/R}\times\frac{\sinh(3\varphi_s r/R)}{\sinh(3\varphi_s)}4\pi r^2\mathrm{d}r \qquad (4\text{-}55)$$

即：

$$(-R_A)=\frac{1}{\varphi_s}\left[\frac{1}{\tanh(3\varphi_s)}-\frac{1}{3\varphi_s}\right]kc_{AS}$$

另外宏观动力学方程式还可以通过效率因子来表示，根据效率因子的定义可知：

$$(-R_A)=\eta(-r_A)_S$$

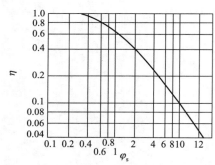

图 4-14　催化剂效率因子和蒂勒模数关系

$(-r_A)_S$ 表示无内扩散影响时的动力学方程式。若催化剂内扩散的影响可以忽略，则意味着催化剂颗粒内的浓度和外表面的浓度相同。即：$(-r_A)_S=kc_{AS}$

效率因子即为：

$$\eta=\frac{1}{\varphi_s}\left[\frac{1}{\tanh(3\varphi_s)}-\frac{1}{3\varphi_s}\right] \qquad (4\text{-}56)$$

由此可见，蒂勒模数对效率因子有很大的影响。效率因子值的大小反映了内扩散对反应的影响程度。而蒂勒模数越大，则表示内扩散的速率大于表面化学反应的速率，宏观反应速率受内扩散的影响越严重，因而效率因子值降低。蒂勒模数对效率因子的影响见图 4-14。从图中可以看出：当 $\varphi_s>9$ 时，内扩散的影响相当严重，此时，$\eta=1/\varphi_s$。当蒂勒模数减小时，内扩散的影响逐渐降低，若 $\varphi_s<0.3$ 时，$\eta=1$。此时可以忽略内扩散的影响。为了提高气固相催化反应的速率，强化反应器的生产强度，一般是采取提高催化剂的效率因子的方法。效率因子的提高可以通过减小催化剂的蒂勒模数如减小催化剂的颗粒尺寸、增大催化剂的孔容和孔半径、或者提高催化剂内的有效扩散系数 D_e 等手段来实现。

【例 4-6】　在一直径为 0.3cm，密度为 $0.8\mathrm{g/cm^3}$ 的球形催化剂上进行一级不可逆反应。在温度为 520℃常压时的反应动力学方程式为 $(-r_A)=7.99\times10^{-7}p_A[\mathrm{mol/(s\cdot g}\,催化剂)]$，气体在催化剂内的有效扩散系数为 $7.82\times10^{-4}\mathrm{cm^2/s}$。试计算等温催化反应的效率因子。

解：计算以浓度为变量的速率常数

$$(-r_A)_V=(-r_A)\rho_P=\rho_P k_p RT c_A$$
$$k_v=7.99\times10^{-7}\times0.8\times8314\times(520+273)=4.21\ (\mathrm{s^{-1}})$$

蒂勒模数：

$$\varphi_s=\frac{R}{3}\sqrt{\frac{k_v}{D_e}}=\frac{0.15}{3}\sqrt{\frac{4.21}{7.82\times10^{-4}}}=3.67$$

效率因子：

$$\eta = \frac{1}{\varphi_s}\left[\frac{1}{\tanh(3\varphi_s)} - \frac{1}{3\varphi_s}\right] = \frac{1}{3.67}\left[\frac{1}{\tanh(3\times3.67)} - \frac{1}{3\times3.67}\right] = 0.262$$

对于其他形状的催化剂来说，推导过程与球形催化剂是一样的。都是在该催化剂上选取一单位体积对反应组分 A 作物料衡算，得到催化剂颗粒内的浓度分布关系；根据浓度分布求得颗粒内的平均反应速率；由内扩散效率因子的定义计算其值。

值得注意的是，不同形状的催化剂，蒂勒模数 φ_s 的表示形式是不一样的。对于半径为 R 的无限长圆柱形催化剂，蒂勒模数 $\varphi_s = (R/3)\sqrt{k_v/D_e}$。而对于半径远远大于其厚度的圆形薄片催化剂，蒂勒模数 $\varphi_s = (L/2)\sqrt{k_v/D_e}$。其中 L 为圆形薄片催化剂的厚度。这样为了统一，任意形状催化剂的蒂勒模数均可以用一通式表示：

$$\varphi_s = \frac{V_S}{S_S}\sqrt{\frac{k_v}{D_e}} \tag{4-57}$$

式中，V_S 为催化剂颗粒的体积；S_S 为催化剂颗粒的外表面积。不同形状的催化剂其效率因子与蒂勒模数关系的表达式也是不同的。但是通过计算发现，它们之间的关系基本相近。因此，用球形催化剂效率因子的公式来计算其他任意形状催化剂的效率因子，不会出现很大的误差。

对于在球形催化剂颗粒上进行的等温非一级反应，其本征动力学方程 $(-r_A) = k_v c_A^n$，这样，对于物料衡算式(4-52)来说是没有解析解的。为了计算方便，可以进行简化得到一近似解。例如：可以用泰勒级数对动力学方程式进行处理，并令蒂勒模数：

$$\varphi_s = \frac{R}{3}\sqrt{\frac{k_v}{D_e}nc_{AS}^{n-1}}$$

则同样可得到效率因子：

$$\eta = \frac{1}{\varphi_s}\left[\frac{1}{\tanh(3\varphi_s)} - \frac{1}{3\varphi_s}\right]$$

（4）非等温反应过程的宏观动力学方程　当催化反应速率较快，热效应较大时，催化剂不能看成是等温的。此时在催化剂颗粒内部会存在明显的温度分布。这会对反应有很大的影响，尤其是对放热反应而言。因此催化剂内部温度的分布也是讨论反应宏观动力学方程必不可少的。

仍以球形催化剂为例。

如图 4-13 所示，设球形催化剂的半径为 R，衡算范围选该催化剂上半径为 r，厚度为 dr 的单位体积壳层，对系统做热量衡算。定常态时，在该衡算范围内，参加反应的反应物的量就等于扩散进去的反应物的量，反应过程所放出（吸收）的热量等于催化剂热传导的热量。即：

$$(-\Delta H)\int_0^{V_S}(-r_A)dV_S = \left[4\pi r^2 D_e\left(\frac{dc_A}{dr}\right)_r\right](-\Delta H) = 4\pi r^2\lambda_e\frac{dT}{dr}$$

整理得：

$$dT = -\frac{(-\Delta H)D_e}{\lambda_e}dc_A \tag{4-58}$$

该式为一阶微分方程。其中 λ_e 为固体催化剂的热导率。边界条件：：$r = R$，$T = T_S$，$c_A = c_{AS}$ 解此微分方程得：

$$T - T_S = \frac{(-\Delta H)D_e}{\lambda_e}(c_{AS} - c_A) \tag{4-59}$$

此式即为催化剂颗粒内温度与浓度的关系。当反应物的浓度 $c_A = 0$ 时，即处于催化剂颗粒中心位置，此时的温差为最大。

$$(T - T_S)_{max} = \frac{(-\Delta H)D_e c_{AS}}{\lambda_e} \tag{4-60}$$

该值对催化反应来说很重要，一般要求该值小于催化剂的允许温度，否则可能会导致催化剂的失活。

把式(4-53) 带入式(4-59) 可得：

$$T - T_S = \frac{(-\Delta H)D_e}{\lambda_e}c_{AS}\left[1 - \frac{\sinh(3\varphi_s z)}{z\sinh(3\varphi_s)}\right] \tag{4-61}$$

此即为在催化剂内部任意位置处温度与浓度的关系。若要求非等温时宏观动力学方程，需式(4-44)、式(4-52) 和式(4-59) 联立求解。一般情况下是没有解析解的。

【例 4-7】 在［例 4-6］中，若该反应的热效应 $(-\Delta H) = 2135 J/mol$，催化剂的有效热导率 $\lambda_e = 3.6 \times 10^{-6} J/(s \cdot cm \cdot K)$ 试计算催化剂中心处的温度值。

解：原料在气相主体中的浓度：

$$c_{AS} = \frac{p_A}{RT} = \frac{101.33}{8314 \times (273 + 520)} = 1.53 \times 10^{-5} \quad (mol/cm^3)$$

催化剂中心处的温度值：

$$(T - T_S)_{max} = \frac{(-\Delta H)D_e c_{AS}}{\lambda_e} = \frac{2135 \times 7.82 \times 10^{-4} \times 1.53 \times 10^{-5}}{3.6 \times 10^{-6}} = 7.095(K)$$

$$T = (273 + 520) + 7.095 = 800.1(K) = 527.1 \quad (℃)$$

3．气固相催化反应外扩散控制的宏观动力学

外扩散是指反应物从流体主体向催化剂的外表面扩散的过程。由于外扩散的影响，导致催化反应的动力学发生了变化。这种影响也可以用效率因子来表示。

$$\eta = \frac{有外扩散影响的宏观反应速率}{本征反应速率}$$

同样，效率因子也表示了外扩散对反应的影响程度。η 越小表示外扩散的影响越严重。一般情况下，颗粒外表面上的反应物的浓度总是低于气相主体的浓度，因而效率因子值是小于 1 的。效率因子值的大小与流体和催化剂外表面的扩散及所造成的温度和浓度分布有很大的关系。

（1）流体与催化剂外表面的扩散过程 由于在催化剂的外表面上存在一层流边界层，使得气相主体反应物的浓度与催化剂外表面反应物的浓度有所不同。因此存在一外扩散过程，该扩散过程的阻力主要存在于层流层。扩散方程可用下式表示：

$$\frac{dn_A}{dt} = k_G S_e(c_{AG} - c_{AS}) \tag{4-62}$$

式中 dn_A/dt——单位时间内传递 A 物质的物质的量，mol/s；

k_G——气相传质系数，cm/s；

S_e——催化剂颗粒的外表面积，cm^2；

c_{AG}，c_{AS}——气相主体与催化剂外表面反应物的浓度，mol/cm^3。

同时，在外扩散过程过程中，也会存在气相主体温度与催化剂外表面的温度的不同，这样，外扩散过程中的传热方程可用下式表示：

$$\frac{dQ}{dt} = \alpha_G S_e (T_S - T_G) \tag{4-63}$$

式中　dQ/dt——单位时间内传递的热量，J/s；

$\quad\quad\alpha_G$——流体与催化剂颗粒外表面的传热系数，$J/(m^2 \cdot h \cdot K)$；

T_G，T_S——气相主体与催化剂外表面的温度，K。

外扩散过程中的气相传质系数 k_G 和流体与催化剂颗粒外表面的传热系数 α_G 可以用传质因子 J_D 和传热因子 J_H 计算。

传质因子：

$$J_D = \frac{k_G \rho_g}{G}(Sc)^{2/3}$$

传热因子：

$$J_H = \left(\frac{\alpha_G}{Gc_p}\right)Pr^{2/3}$$

式中　J_D，J_H——传质因子和传热因子；

$\quad\quad G$——气体质量流速，$g/(cm^2 \cdot s)$；

Sc，Pr——分别为施密特数 $Sc = \mu_g/(\rho_g D)$ 和普朗特数 $Pr = c_p \mu_g/\lambda$。

传质因子 J_D 和传热因子 J_H 是雷诺数 Re_m 的函数，可以通过雷诺数进行计算。

当 $0.3 < Re_m < 300$ 时：$J_D = 2.10 Re_m^{-0.51}$　　　$J_H = 2.26 Re_m^{-0.51}$

当 $300 < Re_m < 6000$ 时：$J_D = 1.19 Re_m^{-0.41}$　　　$J_H = 1.28 Re_m^{-0.41}$

而雷诺数的大小与流体的流动特性和物理性质及反应床层都有一定的关系。一般情况下，在固定床反应器中，雷诺数可用下式计算：

$$Re_m = \frac{d_S G}{\mu_g (1-\varepsilon)} \tag{4-64}$$

式中，d_S 为催化剂颗粒外表面积相当直径，cm；ε 为床层空隙率；μ_g 为气体黏度。

【例 4-8】　苯加氢反应在 1013.3kpa，温度 220℃下进行。气体的质量流速 $G = 3000kg/(m^2 \cdot h)$，平均分子量 $M = 14.4$。采用直径 $d_S = 0.83cm$ 的球形催化剂。催化剂的颗粒密度 $\rho_P = 0.9g/cm^3$，床层堆积密度 $\rho_B = 0.6g/cm^3$，试计算该反应过程的传质系数。已知气体黏度 $\mu_g = 1.4 \times 10^{-4} (g/cm \cdot s)$，扩散系数 $D = 0.267cm^2/s$。

解：床层空隙率：$\quad\quad\quad\quad \varepsilon = 1 - \frac{\rho_B}{\rho_P} = 1 - \frac{0.6}{0.9} = 0.3\dot{3}$

雷诺数：$\quad Re_m = \frac{d_S G}{\mu_g(1-\varepsilon)} = \frac{0.83 \times 3000 \times 1000/(3600 \times 10000)}{1.4 \times 10^{-4} \times (1 - 0.3\dot{3})} = 741.07$

传质因子：由于 $300 < Re_m = 741.07 < 6000$

$$J_D = 1.19 Re_m^{-0.41} = 1.19 \times (741.07)^{-0.41} = 0.0792$$

气体密度：

$$\rho_g = \frac{pM}{RT} = \frac{1013.3 \times 14.4}{8314 \times (220 + 273)} = 3.56 \times 10^{-3} \;(g/cm^3)$$

传质系数：

$$k_{\mathrm{G}} = \frac{J_{\mathrm{D}}G}{\rho_{\mathrm{g}}}\left(\frac{\mu_{\mathrm{g}}}{\rho_{\mathrm{g}}D}\right)^{-2/3} = \frac{0.0792 \times 3000 \times 1000}{3.56 \times 10^{-3} \times 3600 \times 10000}\left(\frac{1.4 \times 10^{-4}}{3.56 \times 10^{-3} \times 0.267}\right)^{-2/3}$$
$$= 6.397 \quad (\mathrm{cm/s})$$

（2）流体与催化剂外表面的浓度分布和温度分布　在定常态下，单位时间内，反应组分从流体主体扩散到催化剂外表面的量等于该组分在催化剂内反应掉的量，则：

$$\frac{\mathrm{d}n_{\mathrm{A}}}{\mathrm{d}t} = k_{\mathrm{G}}S_e(c_{\mathrm{AG}} - c_{\mathrm{AS}}) = k_v c_{\mathrm{AS}}^n \tag{4-65}$$

通过上式可得流体主体反应物的浓度与催化剂颗粒外表面反应物的浓度的关系。当反应级数不同时，关系也不同。若反应为一级不可逆反应则 $n=1$，则可得：

$$c_{\mathrm{AS}} = c_{\mathrm{AG}}/(1+Da)$$

若为二级反应，则：

$$c_{\mathrm{AS}} = \frac{\sqrt{1+4Dac_{\mathrm{AG}}} - 1}{2Da}$$

式中，$Da = k_v/(k_{\mathrm{G}}S_e)$ 称为达姆科勒（Damkohler）数，是化学反应速率与外扩散速率的比值。该值反映了外扩散对反应的影响。该值越大，说明外扩散的阻力越大，外扩散对反应过程的影响越大。反之，则影响较小。当 $Da \to 0$ 时，可以忽略外扩散的影响。不论本征动力学的形式如何，都可以通过式（4-65）得到流体主体反应物的浓度与催化剂颗粒外表面反应物的浓度之间的函数表达式。只是函数表达式的形式不同。

同样，在定常态下，单位时间内传递的热量应该等于单位时间内反应所放出的热量。

$$(-R_{\mathrm{A}})(-\Delta H) = \alpha_{\mathrm{G}}S_e(T_{\mathrm{S}} - T_{\mathrm{G}}) \tag{4-66}$$

把式（4-65）代入式（4-66）得：

$$T_{\mathrm{S}} - T_{\mathrm{G}} = \frac{k_{\mathrm{G}}}{\alpha_{\mathrm{G}}}(-\Delta H)(c_{\mathrm{AG}} - c_{\mathrm{AS}}) \tag{4-67}$$

该式为催化剂表面温度与浓度的关联式，当流体主体温度、浓度以及催化剂外表面的浓度已知时，通过上式即可求出催化剂表面的温度。

式（4-67）还可以进行简化处理：对于多数气体可认为 $Pr/Sc \approx 1$，因此 $J_{\mathrm{H}} \approx J_{\mathrm{D}}$

可得：

$$T_{\mathrm{S}} - T_{\mathrm{G}} = \frac{(-\Delta H)}{\rho_{\mathrm{g}}c_p}(c_{\mathrm{AG}} - c_{\mathrm{AS}}) \tag{4-68}$$

由此可见，催化剂外表面与流体主体的温差与浓度差呈线性关系。对于热效应不大的反应，如果浓度差较大，则需要考虑温差的问题；若浓度差较小，则不需要考虑温差的问题。而对于热效应较大的反应，无论吸热反应还是放热反应，浓度差是大还是小，都需要考虑温差的问题。只是对于放热反应，更需要注意温差的问题。否则会导致催化剂烧结。

【例 4-9】　试计算［例 4-8］中催化剂外表面的浓度及温度。已知：原料气中苯的摩尔分率为 0.1。动力学方程式为 $(-r_{\mathrm{A}}) = 7.99 \times 10^{-7} p_{\mathrm{A}}[\mathrm{mol/(s \cdot g}$ 催化剂$)]$，气体的定压比热容 $c_p = 49\mathrm{J/(mol \cdot K)}$，反应热效应 $(-\Delta H) = 2.135 \times 10^5 \mathrm{J/mol}$。

解： 气相主体中 A 的浓度 c_{AG}：

$$c_{\mathrm{AG}} = \frac{p_{\mathrm{A}}}{RT} = \frac{1013.3 \times 0.1 \times 10^3}{8314 \times (273+220)} = 2.472 \times 10^{-2} \quad (\mathrm{mol/L})$$

反应速率常数 k_v：

$$k_v = \rho_\text{p} k_p RT = 7.99 \times 10^{-7} \times 0.9 \times 8314 \times (220 + 273) = 2.95 \text{s}^{-1}$$

达姆科勒（Damkohler）数：

$$Da = \frac{k_v}{k_\text{G} S_\text{e}} = \frac{k_v V_\text{S}}{k_\text{G} S_\text{S}} = \frac{2.95 \times (4/3 \times 3.14 \times 0.415^3)}{6.397 \times 4 \times 3.14 \times 0.415^2} = 0.0638$$

因为是一级反应，所以催化剂外表面的浓度 c_AS：

$$c_\text{AS} = \frac{c_\text{AG}}{1 + Da} = \frac{2.472 \times 10^{-2}}{1 + 0.0638} = 2.32 \times 10^{-2} \quad (\text{mol/L})$$

催化剂外表面的温度：

$$T_\text{S} - T_\text{G} = \frac{(-\Delta H)}{\rho_\text{g} c_p}(c_\text{AG} - c_\text{AS}) = \frac{2.135 \times 10^5 \times 14.4}{3.56 \times 10^{-3} \times 49} \times (2.472 - 2.45) \times 10^{-5} = 26.8 \quad (\text{℃})$$

$$T_\text{S} = 220 + 26.8 = 246.8 \quad (\text{℃})$$

（3）宏观动力学方程　根据外扩散效率因子的定义，外扩散做控制步骤的动力学方程可用下式表示：

$$(-R_\text{A}) = \eta(-r_\text{A})_\text{G}$$

即只要求出效率因子，就可得到动力学方程。

$$\eta = \frac{(-R_\text{A})}{(-r_\text{A})_\text{G}} = \frac{k_v c_\text{AS}}{k_v c_\text{AG}} = \frac{c_\text{AS}}{c_\text{AG}} \tag{4-69}$$

把催化剂外表面和流体主体的浓度关系式代入上式，即可求得效率因子值。由于反应级数不同，浓度关系式也不同，因此效率因子的值也不同。

一级反应：
$$c_\text{AS} = c_\text{AG}/(1 + Da)$$
$$\eta = 1/(1 + Da)$$

二级反应：
$$\eta = \frac{1}{4Da^2}(\sqrt{1 + 4Da} - 1)^2$$

达姆科勒（Damkohler）数越大，效率因子值越小。即外扩散效率因子总是随达姆科勒数的增加而下降。反应级数越高，η 随 Da 增加而下降得越明显。无论反应级数等于几，当 Da 趋近于零时，η 总是趋近于1。这说明，反应级数越高，越需要采取措施降低外扩散阻力，以提高外扩散效率因子。

（二）数学模型方法的特征

数学模型方法成为化学反应工程基本研究方法的一个重要原因是：由于化学反应与传质、传热过程的耦合，反应过程通常表现出很强的非线性，使其与单纯的传递过程有显著差异。由于强非线性，反应过程常呈现一些非寻常的属性，如反应器的不稳定性和参数的敏感性等。对这类强非线性过程，经验的变量关联往往不足以揭示其某些重要特征，而利用数学模型进行模拟分析，则往往能收到事半功倍的效果。所以数学模型方法是一种较适宜的选择。但在实践中发现数学模型方法也有下述一些明显的局限性，如：

① 由于实际过程的复杂性，对其作透彻的了解十分困难，即使能透彻了解，也往往难以进行如实的描述，因此必须作出不同程度的简化，从而导致不同程度的失真；

② 模型中通常包含一些需由实验确定的模型参数，由于各种因素的影响，参数往往存在不确定性，而不易准确测定；或即使能测得一定过程条件下的参数值，但随着条件变化，参数值也会变化；

③ 模型方法以单因素研究为主，而实际过程往往为多因素影响。

提出数学模型方法的初衷是定量地描述反应过程，以便用于反应器的设计和操作模拟分析。但由于上述局限性，在反应器开发中模型方法往往需与实验工作紧密配合，相互补充。因而特别需要强调模型实用化的技巧。例如可以通过计算机模拟计算考察过程对模型参数的敏感性，如果模拟计算的结果表明某一参数在一定范围内对过程不产生敏感影响，则该参数不需精确测定，甚至作粗略估计即足以满足应用需要。这种模拟实验显然可以大大减少实验工作量。

（三） 数学模型方法的工作步骤

数学模型方法的工作步骤大致如下。

① 通过实验和其他途径深入认识实际过程，把握过程的物理实质和影响因素，并尽可能区分其主次。

② 根据研究的目的，对实际过程作出不同程度的简化，提出便于进行数学描述的物理模型。

③ 对物理模型进行数学描述，建立模型方程（组）。

④ 通过实验测定和参数估值确定模型方程中所含模型参数的数值。

⑤ 进行模拟计算，将计算结果与实验结果比较。如有需要，对模型和参数进行修正，并重复上述步骤。

在模型研究中的一个重要观念是过程分解。对于建立反应器模型，分解主要是将过程区分为化学反应部分和物理传递部分。前者指反应动力学，是化学反应本征决定的。后者指纯属物理过程的流动、传质和传热，由化学反应以外的因素决定。一个完整的反应器模型通常要考虑这两方面的因素，在分别研究后进行综合。

模型研究的另一个重要观念是过程的简化。模型立足于对过程的简化，只有简化才使模型建立成为可能。但简化程度应适应模型研究的目的。对于一个有限的应用目标，显然没有必要建立十分周全的模型。将在下一节中论及的固定床反应器的六种模型，就是根据不同要求建立详简不同模型的典型例子。因而应该强调模型的周全程度与应用目标的一致，并不是对过程的描述愈细致愈好。也就是说，不必要的细致描述，并不是一个成功的模型应具有的。

（四） 建立反应器数学模型的方法

如前所述，建立反应器数学模型的基本方法是把反应器中进行的过程分解为化学反应过程和物理传递过程，分别建立反应动力学模型和反应器传递模型，然后通过物料衡算和能量衡算把它们综合起来，建立反应器数学模型。虽然这类模型也建立在对实际过程作不同程度简化的基础上，但多少考虑了实际过程的物理本质，因而称为机理性模型。但在某些情况下，或者由于过程的复杂性，难以建立基于反应动力学和反应器传递过程的机理模型，或者由于过程的特殊性，没有必要分别建立动力学模型和传递模型，也可采用将反应器的输入变量和输出变量直接关联的方法来建立反应器的"黑箱"模型。

1. 机理性模型

通过反应动力学方程和反应器传递模型的综合建立反应器数学模型时，根据反应器中物料聚集状态（即微观混合程度）的不同，需采用不同的描述方法。对微观完全混合的反应系统（如气相和互溶液相反应系统），应采用以反应器或反应器中的某一微元体积作为描述对象的方法；对微观完全离析的反应系统（如固相加工过程），应采用以反应物料为描述对象的方法；对微观部分混合的反应系统（如气液或液液反应系统中的分散相），可采用微元总体特性衡算模型进行描述。

2. 经验关联模型

经验关联模型系以整个反应器为对象，将反应结果（如转化率、选择性、产物分布）与反应器的结构参数和操作条件用数学方程式或图表直接进行关联。在这种模型中，既没有哪怕是形式最简单的动力学方程，也不涉及沿反应器长度的复杂的积分运算。在集总动力学模型出现以前，这种方法曾被广泛用于进行烃类热裂解、催化裂化等复杂反应的反应器的模型化，利用根据中试装置或工业装置数据回归的模型去指导这些反应器的操作优化。

经验模型的主要缺点是不涉及任何有关化学反应和传递过程的机理，因此只有在回归模型所用的实验数据范围内才能可靠地使用，而将它外推应用于原实验范围之外时，往往会有很大的风险。

近30年来，反应动力学的理论研究和实验测定技术都有了长足的进步，在许多原先为经验模型一统天下的领域里，以反应动力学方程为基础的反应器模型的应用日见普遍。但由于经验模型具有在原实验数据范围内可靠预测和计算简便的优点，在某些应用场合中仍有其存在的价值。

综上所述可知，离开具体的研究对象和研究任务去比较两类反应器数学模型的优劣是没有意义的，重要的是根据对象和任务的特殊性去选择合适的模型化方法。

（五）固定床反应器的数学模型

对固定床反应器，已提出了从比较简单到相当复杂的多种数学模型，用于固定床反应器的设计及其定态和非定态特性的研究。模型方程均按定态、单一反应（A $\longrightarrow$ B）、气相密度为常数的条件写出，大体上可区分为六种模型，并已获普遍认可。下面仅介绍其中的拟均相基本模型，并对其特性和应用作简要说明，固定床反应器的其他数学模型及求解方法可查阅相关资料。

拟均相基本模型也称为拟均相一维平推流模型，是最简单、最常用的固定床反应器模型。"拟均相"系指将实际上为非均相的反应系统简化为均相系统处理，即认为流体相和固体相之间不存在浓度差和温度差。本模型适用于：①化学反应是过程的速率控制步骤，流-固相间和固相内部的传递阻力均很小，流体相、固体外表面和固体内部的浓度、温度确实可以认为接近相等；②流-固相间和（或）固相内部存在传递阻力，但这种浓度差和温度差对反应速率的影响已被包括在表观动力学模型中。"一维"的含义是只在流动方向上存在浓度梯度和温度梯度，而垂直于流动方向的同一截面上各点的浓度和温度都相等。"平推流"的含义则是在流动方向上质量传递和能量传递的唯一机理是主体流动本身不存在任何形式的返混。在上述意义下，轴向流动固定床反应器的数学模型可参照均相平推流模型写出：

物料衡算方程

$$-u\frac{dc_A}{dz}=\rho_B(-r_A) \tag{4-70}$$

管内热量衡算方程

$$u\rho_g c_p \frac{dT}{dz}=\rho_B(-r_A)(-\Delta H_r)-\frac{4K}{d_t}(T-T_c) \tag{4-71}$$

管外热量衡算方程

$$u_c \rho_c c_{pc}\frac{dT_c}{dz}=\frac{4K}{d_t}(T-T_0) \tag{4-72}$$

流动阻力方程

$$-\frac{dp}{dz}=f_k\frac{\rho_g u^2}{d_p} \tag{4-73}$$

式中 u——管内流体线速度，m/s；

135

u_c——管外载热体线速度，m/s；

ρ_B——催化剂床层堆积密度，kg/m³；

ρ_g, ρ_c——反应物流和管外载热体密度，kg/m³；

c_p, c_{pc}——反应物流和载热体定压比热容，kJ/(kg·K)；

T_c——载热体温度，K；

K——传热系数，kJ/(m²·K·s)；

d_t——反应管直径，m；

d_P——固体颗粒直径，m；

f_k——流动阻力系数。

对绝热反应器，式(4-71)最后一项为零。

对绝热反应器，模型方程的边界条件为：

$$z=0 \text{ 处}, c_A = c_{A0}, T = T_0, p = p_0$$

对反应物流和载热体并流的列管式反应器，模型方程的边界条件为：

$$z=0 \text{ 处}, c_A = c_{A0}, T = T_0, T_c = T_{c0}, p = p_0$$

对这两种情况，模型方程的求解均属常微分方程的初值问题。对反应物流和载热体逆流的列管式反应器，模型方程的边界条件为：

$$z=0 \text{ 处}, c_A = c_{A0}, T = T_0, p = p_0$$

$$z=L \text{ 处}, T_c = T_{c0}$$

三、固定床反应器参数敏感性

在反应操作过程中，当反应系统中某一个参数的微小变化引起其他参数发生了重大变化，这种现象则称为参数的灵敏性。例如在图4-15所表示的非恒温非绝热固定床反应器中，当冷却剂温度（壁温）稍微提高，催化床层的最高温度（或称热点）有很大提高，即热点温度对冷却剂温度很敏感。在这里，首先讨论绝热反应器的灵敏性问题，然后再定性说明非等温非绝热反应器的灵敏性问题。

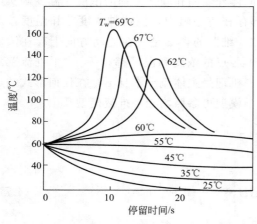

图 4-15 固定床反应器轴向温度分布

（一）绝热式固定床反应器的参数灵敏性

绝热式固定床反应器的返混很小，不存在反应器整体的热稳定性。它与壁面之间无热量传递，因此，也可忽略径向温度差。对放热反应过程，沿床层轴向温度始终是递增的，故不存在热点温度。反应器各处状态仅决定于进口条件。绝热固定床反应器床内参数的灵敏性是一个重要的问题。

假设绝热式固定床反应器径向温度均一；对该类反应器的讨论，可采用一维拟均相理想流动模型。

物料衡算为：
$$\frac{\mathrm{d}x_A}{\mathrm{d}l} = \frac{(-r_A)(1-\varepsilon)}{u_0 c_{A0}} \quad (4-74)$$

热量衡算为：
$$\frac{\mathrm{d}T}{\mathrm{d}L} = \frac{(1-\varepsilon)(-r_A)}{u_0 c_p \rho_g}(-\Delta H_r) \quad (4-75)$$

两式相除得：

$$\frac{\mathrm{d}T}{\mathrm{d}x_A}=\frac{(-\Delta H_r)c_{A0}}{\rho_g c_p}=\Delta T_{ab}$$ (4-76)

式中 ΔT_{ab}——绝热温升，K。

下面分别讨论进口温度、浓度的改变对过程的影响。

1. 进口温度对床层参数的影响

假设流体进口温度为 T_0，出口温度为 T，若进口温度有 $\mathrm{d}T_0$ 的变化，则出口气体温度也将出现 $\mathrm{d}T$ 的变化。$\mathrm{d}T/\mathrm{d}T_0$ 称为温度灵敏度。若反应动力学方程为：

$$(-r_A)=k_0\exp\left(-\frac{E}{RT}\right)f(c_A)$$

$$=k_0\exp\left(-\frac{E}{RT_0}\right)\exp(\delta)=k(T_0)\exp(\delta)$$ (4-77)

式中，$\delta=\dfrac{E}{RT_0^2}\Delta T$，$\delta$ 称为灵敏性指数。将式(4-77)、式(4-76)、式(4-75)联立求解，其中将反应物浓度近似看成常数可得床层轴向温度的表达式，并对 T_0 求导得：

$$2\frac{RT_0}{E}(1-\mathrm{e}^{-\delta})+\mathrm{e}^{-\delta}\left[\frac{\mathrm{d}(\Delta T)}{\mathrm{d}T_0}-2\frac{\Delta T}{T_0}\right]=1-\mathrm{e}^{-\delta}$$ (4-78)

通常 $\dfrac{E}{RT_0}\geqslant 2$，且 $\dfrac{\Delta T}{T_0}$ 值也较小，将上述两项忽略不计，式(4-78)可简化为：

$$\frac{\mathrm{d}(\Delta T)}{\mathrm{d}T_0}=\mathrm{e}^\delta-1$$

由此可得

$$\frac{\mathrm{d}T}{\mathrm{d}T_0}=\mathrm{e}^\delta$$ (4-79)

对于绝热式固定床反应器，可根据工艺条件、操作特性及控制调节能力等确定一个合理的灵敏度 $(\mathrm{d}T/\mathrm{d}T_0)$，由此可计算出反应器允许的进出口流体温度差值：

$$T-T_0=\frac{RT_0^2}{E}\ln\frac{\mathrm{d}T}{\mathrm{d}T_0}$$ (4-80)

2. 进口气体浓度对床层参数的影响

根据热平衡方程与物料衡算方程联解可得：

$$\frac{\mathrm{d}T}{\mathrm{d}x_A}=\Delta T_{ab}=\frac{(-\Delta H_r)c_{A0}}{\rho_g c_p}$$ (4-81)

或

$$\Delta x_A=\frac{\Delta T}{\Delta T_{ab}}=\frac{\rho c_p \Delta T}{(-\Delta H_r)c_{A0}}$$ (4-82)

由于反应器的灵敏度决定了流体进、出口的温差值，希望通过绝热反应器获得较高转化率只能从降低绝热温升着手。对于已确定的反应过程，反应热是恒定的，定压比热容变化也不大，故最好的办法是在原料气中掺入惰性气体（不参与反应的气体），这样可以降低反应物的浓度，从而降低了绝热温升值，达到提高反应转化率的目的。工业上通常采用水蒸气作为稀释剂，出口气体经冷却冷凝便可除去水分。

（二）非恒温非绝热固定床反应器的灵敏性

前面已提到，稍微提高非恒温非绝热固定床反应器的冷却剂温度，催化剂床层的最高温度（或称为热点）就有很大提高，即热点温度对冷却剂的温度很敏感。非恒温非绝热固定床反应器还有许多其他的参数敏感性，如入口温度和浓度。Froment 曾计算过理想的单向非恒温非绝热固定床反应器在单级反应器壁温恒定，流体密度恒定，流体和固体间无温差和压差情况下的敏感性。

反应温度 T 对进口温度 T_0 的敏感性（设 T_0 等于器壁温度 T_w）示于图 4-16 中，可以看到，当温度从 708～718K 时，热点看不出有什么大的提高。但是只要将温度再提高 5K，就会形成 853K 的热点峰值。图 4-17 中表示了反应温度 T 对分压 p 的敏感性。从图中可看到，在 p 值低时，几乎没有什么热点。当 p 上升超过 0.016atm 时，温度开始超过 753K。在 $p=0.018$atm 时，在反应器长度为 0.7m 处产生热点，温度约 788K。敏感性在这里形成峰值。p 值只需再增加 0.0002atm，热点就增加了 37K。当最后 p 达到 0.019atm 时，温度就会失去控制。在设计这种或其他型式的反应器时，首先必须研究所有的敏感性，最好的方法是进行模拟分析并建立模型，必须通过合理控制各种参数努力使这些敏感性减到最少，还必须利用适当的过程控制手段防止温度失控。从上述情况可以得出结论，参数敏感性和反应器安全是密切相关的。

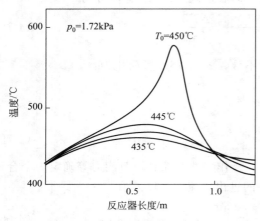

图 4-16　非恒温非绝热固定床反应器温度对进口温度的敏感性

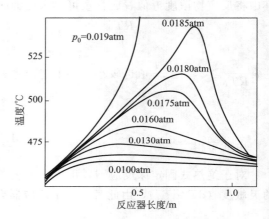

图 4-17　非恒温非绝热固定床反应器温度对反应分压的敏感性
（1atm＝101325Pa）

项目四　固定床反应器的技能训练

一、固定床反应器的生产案例

合成气生产甲醇，是目前化工生产尤其是煤化工生产过程中甲醇产品的一条重要生产路线。工业上合成甲醇的工艺有高压法、中压法和低压法。

（一）工艺流程

低压法合成工艺是指采用低温、低压和高活性铜基催化剂，在 5MPa 左右压力下，由合成气合成甲醇的工艺，工艺流程如图 4-18 所示。

经天然气部分氧化反应生成的合成气，经废热锅炉和加热器换热后，进入脱硫器，脱硫后的合成气经水冷却和汽液分离器分离除去冷凝水后进入合成气三段离心式压缩机，压缩至稍低于 5MPa。从压缩机第三段出来的气体不经冷却，与分离器出来的循环气混合后，在循环气压缩机中压缩到稍高于 5MPa 的压力，进入合成塔反应器，在催化剂床层中进行合成反应。

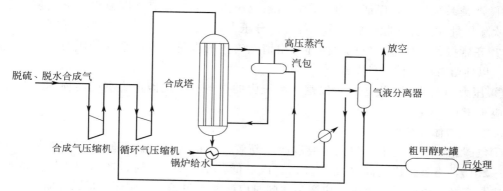

图 4-18　甲醇等温合成工艺流程

该反应催化剂为铜基催化剂，操作压力为 5MPa，操作温度为 513～543K。合成塔顶尾气经转化后含 CO_2 量稍高，送入 CO_2 吸收塔用 K_2CO_3 溶液吸收部分 CO_2，使合成气中 CO_2 保持在适宜值。从反应器出来的粗甲醇中甲醇含量约 80%，其余大部分是水及二甲醚，同时还含有部分称为轻馏分的可溶性气体。冷凝换热后经气液分离器分离后，送入粗甲醇贮罐。

（二）　合成反应器

低压等温合成甲醇系统，采用的是换热式固定床反应器。该反应器类似于列管式换热器。催化剂填装于列管中，壳程走冷却水（锅炉给水）。反应热由管外锅炉给水带走，同时产生高压蒸汽。通过对蒸汽压力的调节，可以方便地控制反应器内反应温度，使其沿管长几乎不变，避免了催化剂的过热，延长了催化剂的使用寿命。为了维护合成塔的操作，在操作中需注意以下操作条件的控制。

1. 温度控制

等温合成反应器内催化剂层一般不设温度测量装置，催化剂层温度由合成塔出口气体温度进行判断。影响合成塔出口气体温度的因素主要有汽包压力、入塔气量、入塔气体成分、系统负荷等。主要调节手段有以下三种。

① 调节外送蒸汽量。即开大外送蒸汽阀门，送出蒸汽量增大，汽包压力降低，合成塔内水的沸腾温度降低，移出热量增加，催化剂层温度下降，使合成塔出口气体温度下降。反之，合成塔出口气体温度上升。这种方法适用于正常情况下对温度的小幅度调节。

② 调节循环量。在新鲜气量一定的情况下，增大循环气量，则入塔气量随之增加，气体带出的热量增加，催化剂层温度下降，使合成塔出口气体温度下降。反之，合成塔出口气体温度上升。这种方法适用于对温度的较大幅度调节。

③ 调节入塔气中一氧化碳、二氧化碳和惰性气体的含量。适当提高入塔气中一氧化碳含量或者二氧化碳含量和惰性气体含量，将加剧合成反应，增加反应放出的热量，提高催化剂层温度，使合成塔出口气体温度上升。反之，合成塔出口气体温度下降。一般只有在调节汽包压力和循环气量的方法用尽之后，方可采用这种调节手段。

2. 压力控制

合成系统的压力取决于合成反应的好坏及新鲜气量的大小。合成反应正常进行，新鲜气量适量时，系统压力稳定。当合成反应进行得好，新鲜气量少时，压力降低；反之，则压力升高。压力调节的控制要点如下。

① 严禁系统超压，保证安全生产，当系统压力超标时，应立即减少新鲜气量，必要时加大吹除气量或打开吹除气放空阀，卸掉部分压力。

② 正常操作条件下，应根据循环气中惰性气体的含量来控制系统的压力，但不宜控制过高，以便留有压力波动的余地。

③ 压力的调节应缓慢进行，以避免系统内的设备和管道因压力突变而损坏，调节速度一般应小于 0.1MPa/min。

3. 入塔气体成分控制

①氢碳比。入塔气中氢碳比主要取决于新鲜气中的氢碳比。新鲜气中正常氢碳比应为 2.05～2.15，当氢碳比过高（大于 2.15）或过低（小于 2.0）时，都不利于甲醇的合成反应，应与变换岗位联系，要求尽快调整，同时应调整汽包压力或循环气量，以防止合成塔出口气体温度（即催化剂层温度）波动。

② 惰性气体含量。入塔气中惰性气体含量取决于吹除气量，在催化剂活性好、合成反应正常、系统压力稳定时，可适当减少吹除气量，维持较高的惰性气体含量，以减少原料气的消耗。反之，应增加吹除气量，降低惰性气体含量，维持系统压力不超标。

③ 硫化物含量。在发现硫化物含量大幅度超过指标 4 时，应立即减少或切断新鲜气，以免催化剂中毒，并通知脱硫工序采取措施，提高脱硫效率，降低原料气硫含量。

（三） 催化剂

列管式固定床反应器催化剂的装卸、使用维护都对反应器的操作有很大的影响。

1. 催化剂的维护

在生产期间严格控制气体中有毒气体含量。要严格控制催化剂层温度，要求不产生大幅度的波动。一般规定：正常操作温度波动范围小于 5℃，波动速度每小时小于 8～10℃，热点的温度波动小于 ±5℃。

在停产期间对催化剂的维护主要是如何保护催化剂。短期停产反应温度正常，但压力超过额定指标的短期停产，在切断气源前，应先将催化剂层稍稍降温后停车，特别是甲醇合成塔，以免循环压缩机停车过快而使催化剂层温度在短期内升高，使催化剂过热。合成塔不检修，但需卸压以便修理系统中其他设备（如管道或阀门）时的短期停用，塔内通纯氮，保持正压以保护催化剂，即当催化剂温度至 100℃ 左右时，关进出口阀，由塔前压力表接管处通入纯氮，使塔内维持正压 20～40mmHg，以免空气进塔烧坏催化剂。合成塔进行检修而内件不吊出的短期停塔，用纯氮保护催化剂，即在催化剂层降温后，以纯氮置换塔内反应气体。合格后，由塔底副线通入纯氮，当顶盖卸掉后应不断有氮气逸出，或将氮气管插入中心管内，以免空气进塔烧坏催化剂，检修后不开车前，要将已进入空气的管道和设备以氮气置换，使氧含量降至安全范围内，以免这部分空气进入塔内。

长期停产时对合成塔催化剂的保护方法是使催化剂钝化，即用含有少量氧的氮气通过催化剂层，使活性的金属铁表面生成一层氧化膜，它起保护催化剂的作用。催化剂钝化有两种方法，一种是用合格的精炼气加空气进行钝化；另一种是用氮气加空气进行钝化，其操作步骤完全相同，但后者操作较安全，操作步骤如下。将催化剂降至常温，卸去系统压力；用合格精炼气（或氮气）将系统置换至排放气中含甲醇量在 1％ 以下；在循环气中进行钝化，钝化时严格控制压力及温度。进塔气体中氧含量根据催化剂层温度而定，一般控制在 20％～50％ 之间；当催化剂层温度不再上升，反而有下降趋势，进塔和出塔气体中氧含量相等时，逐步增大氧含量至 20％，温度不再上升，标志钝化结束。

催化剂钝化后再还原的方法及条件与新催化剂还原没有什么不同，只是钝化后还原所需时间大为缩短而已。对催化剂的维护，主要是前三个阶段的维护，维护的关键是严格控制催化剂的升温速率。

2. 催化剂的装卸

（1）催化剂的填充操作

① 填装前的准备　新催化剂质量标准：通过分析检验确认新催化剂的成分、结构和强度等物化性质均符合设计要求，筛选、分拣以保证催化剂颗粒完整、干燥、无污染。

用特制布袋包装新催化剂，每袋约 6kg 左右，装袋时应小心谨慎，装好的布袋应小心堆放和搬运，防止催化剂破碎和潮解；用布袋包装氧化铝球，每袋 2kg；按要求准备炉管阻力测量设备和振荡器；准备测量标尺。

用手电筒探照炉管内壁，确认管底支撑格栅完好，无异物堵塞，管内壁干净。

用阻力测量设备测量每根空炉管的阻力降，确认每根炉管空管阻力一致。阻力测量方法：将阻力测量管用胶管连接于服务空气管上，用阀门控制空气流量，使孔板前压力表指示为 0.3MPa，这样，空气流量就固定了，孔板后压力表的指示值就代表炉管的阻力。

② 填装操作　每根炉管管底填装 1 袋氧化铝球，约高 20mm，氧化铝球的作用是防止催化剂的破碎物堵塞管底支撑格栅，防止气流受阻和气流不均匀。每根炉管都分成 3 段填装，每段装 6 袋催化剂，第一段装完 6 袋后，振荡器在炉顶振荡 45s。第一段振荡完成后再装第二段，振荡 45s，再装第三段，再振荡 45s。最后再在上面补充 1～2 袋，每根管约填装 19～20 袋，催化剂层顶部距管口法兰约高 700mm。全部装完或装完一组后，即开始测量每根实管阻力，测量方法同空管阻力测量方法，并做好阻力测量记录。

取炉管阻力的平均值，确认每根炉管的阻力与平均阻力之差不大于 5%，重复上述操作，根据情况看是否要抽出、回收、重装，直至达到规定要求。

确认每根炉管填装符合要求后，在每根炉管内装入一袋氧化铝球。铝球顶部距管口约 500mm。放入气体分布器，将管法兰与炉管法兰对合。

在填装时要注意：填装过程中应严防各种杂物掉入管内，填装人员应禁止将不必要的杂物带至填装现场。如有杂物掉入，则应设法将其取出。填装过程中应防止催化剂破碎。实管阻力的测量是填装过程中十分关键的一步，应保证所有炉管阻力与阻力平均值之差不大于 5%。因为阻力不同，意味着催化剂填装松紧不一样，催化剂过于密实或出现桥接、空洞现象，将导致炉管间气体分配不均匀，管壁温度不一样，从而出现炉管超温以致降低炉管寿命。

填装完成后应用测量标尺逐管测量，以防漏装。装完后用皮盖封住管口法兰，以防其他作业人员将异物掉入炉管内。

（2）催化剂的卸出　催化剂管底带有法兰。在拆除法兰、抽取催化剂支座后，即可方便地卸出催化剂。有时当催化剂黏结时还需要用木榔头或皮面锤子锤打催化剂管。管底事先应装好布袋以便卸出的催化剂溜入回收桶。

催化剂管顶带有法兰。拆除顶部法兰、拉出分布器后用真空装置抽吸催化剂。被吸出的催化剂进入旋风分离器后回收。

（四）　异常现象的分析判断及处理方法

异常现象的分析判断及处理方法见表 4-3。

表 4-3　异常现象的分析判断及处理方法

序号	异常现象	原因分析判断	操作处理方法
1	合成塔系统阻力增加	①催化剂局部烧结 ②换热器管程被堵塞 ③阀门开得太小或阀头脱落 ④设备内件损坏,零部件堵塞气体管道 ⑤催化剂粉化	①停车更换 ②停车清理 ③将阀门开大或停车检修 ④停车检查、更换、清理 ⑤改善操作条件,保护催化剂
2	合成塔温度升高	①汽包压力过高 ②循环量过小,带出热量少 ③汽包液位低 ④入塔气中CO含量过高,反应剧烈 ⑤温度表失灵,指示假温度	①调整汽包压力在指标范围内 ②加大循环量 ③适当加大软水入汽包量 ④适当降低CO含量 ⑤联系仪表维修,校正温度计
3	合成塔压力升高	①催化剂层温度低,反应状态恶化 ②负荷增大 ③惰性气体含量增大,反应差 ④氢碳比失调,合成反应差	①适当提高催化剂温度 ②负荷增大后,其他工艺指标相应调整 ③开大吹除气放空阀,降低惰性气体含量 ④联系变换岗位相应调整
4	甲醇分离器液位突然上涨	①放醇阀阀头脱落,醇出不去 ②系统负荷增大,而放醇阀未相应开大 ③输醇管被蜡堵塞 ④液位计失灵,发出假液位指示	①开旁路阀或停车检修 ②开大放醇阀 ③停车处理 ④联系仪表维修,校正液位计
5	催化剂中毒及老化	①原料气中硫化物、氧化物超标 ②气体中含油水,覆盖在催化剂表面 ③催化剂长期处高温下,操作波动频繁	①加强精制脱硫效果,严格控制气体质量 ②各岗位加强油水排放 ③保持稳定操作
6	输醇压力猛涨	①甲醇分离器液位太低,高压气体窜入输醇管 ②醇库进口阀未开或堵塞,醇无法进入贮槽 ③放醇阀内漏,大量跑气 ④辅醇管被异物堵塞 ⑤误操作,打开阀门大量跑气	①调整液位在指标范围内 ②联系醇库将阀门打开或检修 ③停车更换阀门 ④停车疏通处理 ⑤修正并稳定操作

二、　固定床反应器的实训操作

乙苯脱氢制苯乙烯在工业生产中均采用固定床催化剂脱氢生产方法,其脱氢反应主要发生在烷基部分, 所以它的催化剂与烷烃脱氢催化剂相似, 这类催化剂的主要类型有氧化锌、氧化镁和氧化铁系等几种。目前, 工业生产中多选用铁系催化剂。

（一）　实训目的

掌握气-固相催化剂脱氢的反应原理及固定床反应器的实验操作技术。

掌握原料配比对脱氢收率的影响及最佳操作条件选择。

学会仪器、仪表的使用、保护和对产品的分析及数据处理。

掌握催化剂性能的检测方法。

（二）　实训原理

1. 乙苯脱氢的主反应和副反应

乙苯在催化剂的作用下进行烷基脱氢制苯乙烯, 主要发生下列反应。

主反应：

主要副反应：

$$C_6H_5CH_2CH_3 + H_2 \longrightarrow C_6H_5CH_3 + CH_4$$
$$C_6H_5CH_2CH_3 \longrightarrow C_6H_6 + C_2H_4$$
$$C_6H_5CH_2CH_3 + H_2 \longrightarrow C_6H_6 + C_2H_6$$
$$C_6H_5CH_2CH_3 \longrightarrow 8C + 5H_2$$

2. 工艺条件

反应温度 550～650℃。

反应压力为常压；水蒸气：乙苯＝(1.2～2.6)∶1(质量比)。

催化剂：氧化铁系。

（三） 实训装置

本装置是用于气-固相催化反应与分离的模拟实验专用设备。装置由反应系统和精制分离系统组成，前者全部为不锈钢材料制；后者为玻璃填料塔。

反应系统中的固定床反应器为凹凸面法兰连接中间加柔性石墨垫及螺母拧紧密封，加热采用管式加热炉，为三段电加热，自动控温。反应器可从炉中拉出，能方便地装填催化剂。管路部分采用卡套式和硅橡胶密封垫连接方式，流程布局合理。控温采用智能化精度较高的温度控制仪表。仪表测温与控温可任意选用各种类型温度传感器，使用时极其方便，本装置采用带补偿导线的 K 型热电偶。反应产物经直管冷凝器进入气液分离器，液体进入带有冷却水的油水分离器，油层排出后进入第一级精馏塔，脱出未反应的原料，釜液进入第二精馏塔，最后在二塔顶部馏出纯度较高的产品。反应系统的设备结构为两大部分：第一部分为温度自动测量显示及控制仪表组成的仪表柜，其中电路选用了固态继电器的电子控制单元，结构紧凑，性能可靠，操作简便；第二部分为流程设备，有控制吹扫气流量的不锈钢调节阀门、转子流量计、湿式流量计、预热器、反应器、气液分离器、油水分离器、双柱塞加料泵等组成的操作流程设备。

1. 技术指标

反应器：$\phi 50mm \times 3.5mm$，长 0.8m。

预热器：$\phi 12mm \times 2mm$，长 250mm。

反应炉：$\phi 300mm$，长 700mm，三段加热，上、下段功率均为 1.5kW，中段 2kW，最高温度 600℃。

预热炉：加热功率 0.8kW，最高温度 400℃。

气液分离器：$\phi 50mm$，长 170mm。

精馏塔1：塔径 15mm、塔高 1400mm，5 个侧线口，两段加热保温，功率 300W。

塔釜：250mL，加热功率 200～300W。

预热器：加热功率 70W。

精馏塔2：塔径 15mm、塔高 1200mm，一段加热保温，功率 300W。

塔釜：250mL，加热功率 200W。

回流比控制器：0～99s 可调，数码显示。

2. 工艺流程

乙苯脱氢装置工艺流程如图 4-19 所示。

（四） 实训步骤

1. 反应系统的操作

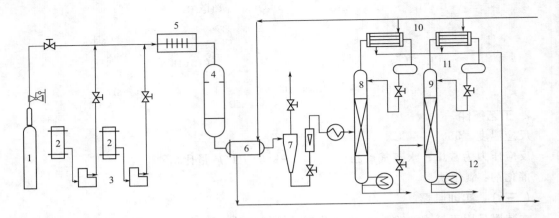

图 4-19　乙苯脱氢装置工艺流程

1—氮气钢瓶；2—原料罐；3—计量泵；4—反应器；5—预热器；6,10—冷凝器；7—气液分离器；
8—脱乙苯塔（精馏塔1）；9—苯乙烯提纯塔（精馏塔2）；11—塔顶回流罐；12—塔底再沸器

(1) 催化剂的填装

拆开下口接头，将反应器从炉上方拉提出，卸出原装填物，用丙酮或乙醇清洗干净后吹干，连接好下口接头，插入测温套管及催化剂支撑管和不锈钢支撑网，放少许耐高温钴硅酸铝棉或加入少量粗粒惰性物体。注意：装催化剂要将套管放在反应器中心位置。最后将上部接头的测温套管安装好，拧紧小螺母，使测温管不会移动，再卸开下部接头后，放在炉内，连接好上下口接头，插入测温热电偶。

(2) 电路及测温热电偶线路检查

检查电路与测温热电偶线路位置与标识是否相符。无误后可进行系统试漏（注意：第一次全流程管路试漏，此后仅对反应器进行试漏即可）。

(3) 气密性检验　充氮后，压力至 0.1MPa，保持数分钟，如果压力计指针不下降为合格，可开始升温操作，如果有下降时，可通过涂拭肥皂水检查各处是否有气泡。如有漏点，用扳手拧紧后再试，直至压力不下降为准。

(4) 开车

① 将冷凝器、气液分离器通冷却水。

② 先通氮气升温，升温时要将仪表参数 OPH 控制在 20，此时加热仅以 20% 的强度进行，电流值不大，以后可提高该给定值，但不能超过 50 。以防止过度加热，而热量不能及时传给反应器则造成炉丝烧毁。控温仪表的使用应仔细阅读人工智能（AI）工业调节器的使用说明书，没有阅读该使用说明书的人，不能随意改动仪表的参数，否则仪表不能正常进行温度控制。

③ 当温度达到 200℃ 时可开启加料泵，进入一定量的水。达到反应温度后维持一段时间，再进乙苯（或根据催化剂的性能要求进行升温操作）。

④ 测定温度与流量。

反应器控温是依靠插在电炉中的热电偶传感器传导毫伏信号而进行的。这时因它在加热区内，温度要比反应器内温度高许多，调整温度给定值，则可达到床内反应温度要求，经过数次测试即可找到最佳温度给定值。如不理想，可先进行仪表自整设定操作，还不理想，再检查热电偶插入位置是否合适。

⑤ 液体泵的使用。

泵使用前要在齿轮槽内注入机油，仔细地连接好泵的加料管和进料管，注满计量管内液体，将出口管降低一定高度，打开计量管旋塞，让液体从出口流出，这就排除了泵头中的气体。使用中通过计时和读出液面刻度随时调节泵的流量。

2. 分离系统的操作

（1）塔的安装

在塔的各个接口处，凡是有磨口的地方都要涂以活塞油脂（真空油脂），并小心地安装在一起，另外，若用带有翻边法兰的接口时，要将各塔节连接处放好垫片，轻轻对正，小心地拧紧带镙纹的压帽（不要用力过猛以防损坏），这时要上好支撑卡子螺钉，调整塔体使整体垂直，此后调节升降台距离，使加热包与塔釜接触良好（注意：不能让塔釜受压）以后再连接好塔头（注意：不要固定过紧使它们相互受力），最后接好塔头冷却水出入口胶管（注意：操作时先通水！）。

（2）抽真空

将真空系统连接好，关闭进料阀门，开真空泵使塔内有一定真空度，关闭真空系统阀门，观察 U 形管水银压力计（或压力变送器的显示值）是否下降，5min 内不降为合格。

（3）安装控温、测温元件

将各部分的控温、测温热电偶放入相应位置的孔内。

（4）电路检查

① 插好操作台板面各电路接头，检查各接线端子标记与线上标记是否吻合（设备安装时已接好，若无意外请勿乱动）。

② 检查仪表柜内接线有无脱落。电源的相、零、地线位置是否正确，检查无误后进行升温操作。

（5）加料

未进行连续操作之前可做间歇的精馏方法操作。这时要靠较低真空度将反应液体吸入精馏塔 1 塔釜中，釜内有一定的液位后开始启动釜加热系统，当正常反应后，靠调节阀控制进入量（在转子流量计有指示，找到进出塔的平衡值，以维持之），操作前要加入几粒陶瓷环，以防暴沸，还要加入阻聚剂（苯醌类）。精馏塔 2 的进料要靠更高的真空度将精馏塔 1 釜液吸入塔内。调解两塔的真空度可达到稳定的操作，在操作过程中要仔细控制才行。

（6）升温

首先开启总电源开关，开启测温开关，温度显示仪表有数值出现。此时开启釜热控温开关，仪表有显示。给定 OPH 参数在 20。温度控制的数值给定要按仪表的 ∧、∨ 键，在仪表的下部显示出设定值。温度控制仪的使用详见说明书（人工智能工业调节器说明书），不允许不了解使用方法就进行操作。当给定值和参数值都给定后控制效果不佳时，可将控温仪表参数 CTRL 改为 2 再次进行自动整定。自动整定需要一定时间，温度经过上升、下降、再上升、下降、类似位式调节，很快就达到稳定值。

升温操作注意事项：

① 釜热控温仪表的给定温度要高于沸点温度 50～80 ℃，使加热有足够的温差以进行传热。其值可根据实验要求而取舍，边升温边调整，当很长时间还没有蒸汽上升到塔头内时，说明加热温度不够高，还需提高。此温度过低蒸发量少，没有馏出物；温度过高蒸发量大，易造成液泛。

② 还要再次检查是否给塔头通入冷却水，此操作必须在升温前进行，不能在塔顶有蒸汽出现时再通水，这样会造成塔头炸裂。当釜已经开始沸腾时，打开上、下段保温电源，顺

时针方向调节保温电流给定旋钮，使电流维持在 0.2～0.3A 之处（注意：不能过大，过大会造成过热，使加热膜受到损坏，另外，还会造成因塔壁过热而变成加热器，回流液体不能与上升蒸汽进行气液相平衡的物质传递，反而会降低塔分离效率）。

③ 升温后观察塔釜和塔顶温度变化，当塔顶出现气体并在塔头内冷凝时，进行全回流一段时间后可开始出料。

④ 用回流比操作时，应开启回流比控制器给定比例（通电时间与停电时间的比值，通常是以秒计），此比例即采出量与回流量之比。

⑤ 与反应连接后的操作要比单塔连续精馏复杂得多，要在反应系统操作一段时间，当油水分离器内有一定液面后才能进料。同时不仅要控制好两塔的真空度和加料量，而且更要控制好两釜液体的采出量，以保持釜的液位在一定的位置上。回流比的确定要以馏出物的分析结果来决定，当塔底和塔顶的温度不再变化时，认为已达到稳定。可取样分析，并收集之。

3. 停止操作

当操作结束时，先关闭塔壁保温电源并将电位器旋至 0 点处（注意：一定要进行这一操作，否则下次开车会发生突然有大电流输入造成危险!）。无蒸汽上升时停止通冷却水。关闭真空泵。

对反应部分要停止加反应物料，通水或通氮气吹扫，降温至 200℃后再停车。

4. 事故处理

开启电源开关指示灯不亮，并且没有交流接触器吸合声，则保险坏或电源线没有接好。

开启仪表等各开关时指示灯不亮，并且没有继电器吸合声，则分保险坏，或接线有脱落的地方。

控温仪表、显示仪表出现四位数字，则告知热电偶有断路现象。

仪表正常但电流表无指示，可能保险坏或固态变压器、固态继电器发生问题。

仪表显示温度为负值，热电偶接线反相。

开电源后接触器有嗡嗡交流响声，有杂质落入，反复启动可消除。

真空度下降或尾气无流量指示，塔或反应系统漏气或加料泵漏液。

（五） 产品分析及数据处理

1. 容量分析法

苯乙烯含量的测定是取 2mL 液体（油层）产品样，放入 250mL 锥形瓶中，然后向样品中加入过量的溴试剂，直到溶液在 10min 内黄色不褪，同时剧烈摇动。多余的溴与 KI（加入 1g）反应为　$Br_2 + 2KI \longrightarrow 2KBr + I_2$　在暗处放置 10～15min，生成的 I_2 用 $c_{Na_2S_2O_3}$ = 0.1mol·L^{-1} 的 $Na_2S_2O_3$ 标准溶液滴定，在接近终点时，加入淀粉指示剂滴定至蓝色消失。然后做一空白实验，记录消耗的 $Na_2S_2O_3$ 溶液的体积（mL）。产品分析记录见表 4-4。

实验所需试剂：浓度为 0.1mol·L^{-1} $Na_2S_2O_3$ 标准溶液；淀粉溶液指示剂。溴试剂：把化学纯（CP）甲醇 100 份和预先在 130℃下干燥过的 KBr13～14 份混合，过滤后每 1L 溶液加 Br_2 18～20g。

表 4-4　产品分析记录

取样量	$V_{空白}$/mL	$V_{实验}$/mL

2. 色谱分析法

色谱分析操作条件：色谱柱用6201；柱直径3mm，长1~2m，柱前压力0.1MPa，柱温度150℃。桥流100~150mA，载气为氢气，检测器为热导检测器。惠普色谱工作站。

3. 实验数据

（1）实验数据记录　升温过程记录见表4-5。

表4-5　升温过程记录

时间							
上段控温							
中段控温							
下段控温							
反应测温							
现象							

反应过程记录见表4-6。

表4-6　反应过程记录

时间/min	反应温度/℃	加料量		产品量		备注
		乙苯/mL	水/mL	油层/mL	水层/mL	

分离过程记录见表4-7。

表4-7　分离过程记录

设备名称	塔顶温度/℃	塔顶真空度/Pa	塔釜温度/℃	塔釜真空度/Pa	釜残液量/mL	塔顶馏分量/mL
塔1						
塔2						

（2）实验数据处理

乙苯转化率 X　　　$X = \dfrac{反应掉的乙苯量}{加入反应器的乙苯量} \times \%$

苯乙烯的收率 Y　　　$Y = \dfrac{生成苯乙烯所消耗的乙苯量}{加入反应器的乙苯量} \times \%$

催化剂的选择性 S　　　$S = \dfrac{生成苯乙烯所消耗的乙苯量}{反应掉的乙苯量} \times \%$

（3）结果分析与讨论　（略）

（4）思考题

① 乙苯脱氢过程中为什么要加入水蒸气？实训反应时为什么没有加入？

② 为什么对反应液进行减压分离？

③ 实训装置和工业生产装置有哪些主要区别？

④ 如何进行产品储存？

三、固定床反应器的仿真操作

（一）训练目的

① 熟练掌握固定床反应器的开车、停车操作。

② 能够对操作过程中的异常事故进行处理。

（二）生产原理

本仿真单元操作训练选用的是一种对外换热式气-固相催化反应器，热载体是丁烷。该固定床反应器取材于乙烯装置中催化加氢脱除乙炔（碳二加氢）工段。在乙烯装置中，液态烃热裂解得到的裂解气中乙炔约含 $1000\sim5000\mu L/L$，为了获得聚合级的乙烯、丙烯，须将乙炔脱除至要求指标。催化选择加氢是最主要的方法之一。

在加氢催化剂存在下，碳二馏分中的乙炔加氢为乙烯，可发生如下反应：

主反应：$\qquad C_2H_2 + H_2 \longrightarrow C_2H_4 + 174.3kJ/mol$

副反应：$\qquad C_2H_2 + 2H_2 \longrightarrow C_2H_6 + 311.0kJ/mol$

$\qquad\qquad\qquad C_2H_4 + H_2 \longrightarrow C_2H_6 + 136.7kJ/mol$

$\qquad mC_2H_4 + nC_2H_2 \longrightarrow$ 低聚物（绿油）

高温时，还可能发生裂解反应：

$$C_2H_2 \longrightarrow 2C + H_2 + 227.8kJ/mol$$

从生产的要求考虑，希望反应系统中最好只发生乙炔加氢生成乙烯的反应，这样既能脱除原料中的乙炔，又增产了乙烯。而乙炔加氢生成乙烷的反应是乙炔一直加氢到乙烷，虽然可以脱除乙炔，但对乙烯的增产没有贡献。因此用此法脱除乙炔不如乙炔加氢生成乙烯的方式好。同时不希望发生其他的副反应。所以乙炔加氢反应要求催化剂对乙炔加氢的选择性要好。影响催化剂反应性能的主要因素有反应温度，原料中炔烃、双烯烃的含量，炔烃比，空速，一氧化碳、二氧化碳、硫等杂质的浓度。

1．反应温度

反应温度对催化剂加氢性能影响较大，碳二加氢反应均是较强的放热反应，高温不仅有利于副反应的发生，而且对安全生产造成威胁。一般地，提高反应温度，催化剂活性提高，但选择性降低。采用钯型催化剂时，反应温度为 $30\sim120℃$。本装置反应温度由壳侧中冷剂（热载体）控制在 $44℃$ 左右。

2．炔烃浓度

炔烃浓度对催化剂反应性能有着重要影响。加氢原料所含炔烃、双烯烃浓度高，反应放热量大，若不能及时移走热量，会使得催化剂床层温度较高，加剧副反应的进行，导致目的产品乙烯的加氢损失，并造成催化剂的表面结焦的不良后果。

3．氢炔比

乙炔加氢反应的理论氢炔比为 1.0，如氢炔比小于 1.0，说明乙炔未能脱除。当氢炔比超过 1.0 时，就意味着除了满足乙炔加氢生成乙烯需要的氢气外，有过剩的氢气出现，反应的选择性就下降了。一般采用的氢炔比为 $1.2\sim2.5$。本装置中控制碳二馏分的流量是 $56186.8t/h$，氢气的流量是 $200t/h$。

4．一氧化碳

一氧化碳会使加氢催化剂中毒，影响催化剂的活性。在加氢原料中的一氧化碳的含量有一定的限制，如碳二加氢所用的富氢中一氧化碳含量应小于 $5\mu L/L$。

（三）工艺流程

工艺流程如图 4-20、图 4-21 所示。

反应原料有两股：一股为 $-15℃$ 左右的碳二馏分，进料由流量控制器 FIC1425 控制；另一股为 $10℃$ 左右的 H_2 和 CH_4 的混合气（富氢），进料量由控制器 FIC1427 来控制，两股原料按一定比例在管线中混合，经原料气/反应气换热器（EH423）预热，再在原料预热器（EH424）中用加热蒸汽（S3）预热至 $38℃$，进入固定床反应器（ER424A/B），预热温度由温度控制器 TIC1466 通过调节预热器 EH424 加热蒸汽

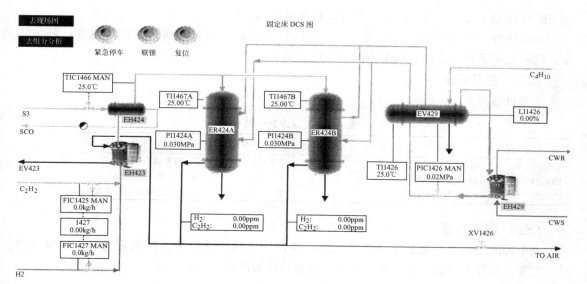

图 4-20　固定床单元 DCS 流程图

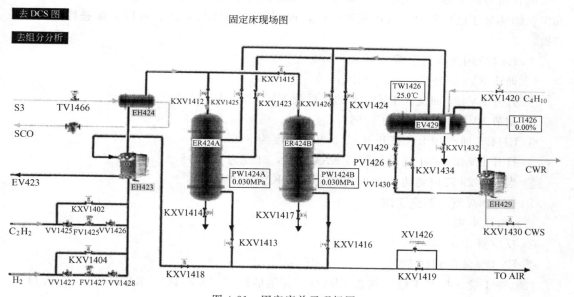

图 4-21　固定床单元现场图

（S3）的流量来控制。

　　ER424A/B 中的反应原料在 2.523MPa、44℃ 的条件下反应，反应所放出的热量由反应器壳侧循环的加压 C_4 中冷剂蒸发带走，反应气送 EH423 冷却后，去系统外的下一工序进一步净化。C_4 蒸气在水冷器 EH429 中由冷却水冷凝，而 C_4 中冷剂的压力由压力控制器 PIC1426 通过调节 C_4 蒸气冷凝回流量来控制在 0.4MPa，从而保证了 C_4 中冷剂的温度为 38℃。

　　为了生产运行安全，该单元有一联锁，联锁源为：①现场手动紧急停车（紧急停车按钮）；②反应器温度高温报警（TI1467A/B ＞ 66℃）。联锁动作是：①关闭氢气进料，FIC1427 设手动；②关闭加热器 EH424 蒸汽进料，TIC1466 设手动；③闪蒸器冷凝回流控制 PIC1426 设手动，开度 100％；④自动打开电磁阀 XV1426。

该联锁有一复位按钮。联锁发生后，在联锁复位前，应首先确定反应器温度已降回正常，同时处于手动状态的各控制点的设定应设成最低值。

（四）主要设备

主要设备如表 4-8 所示。

表 4-8　主要设备一览表

设备位号	设备名称	设备位号	设备名称
EH423	原料气/反应气换热器	EV429	C_4 闪蒸罐
EH424	原料气预热器	ER424A	碳二加氢固定床反应器
EH429	C_4 蒸气冷凝器	ER424B	碳二加氢固定床反应器（备用）

（五）训练步骤

本单元所用原料均为易燃易爆性气体，操作中必须严格按照生产规程进行。出现事故时，要先冷静分析问题，正确作出判断，根据具体情况制定处理方案。

● 冷态开车

确认所有调节器设置为手动，调节阀、现场阀处于关闭状态。装置的开工状态为反应器和闪蒸罐都处于已进行过氮气冲压置换后，保压在 0.03MPa 状态，可以直接进行实气冲压置换。

1. EV429 闪蒸器充丁烷

① 确认 EV429 压力为 0.03MPa；

② 打开 EV429 回流阀 PV1426 的前后阀 VV1429、VV1430；

③ 调节 PV1426 阀开度为 50％；

④ EH429 通冷却水，打开 KXV1430，开度为 50％；

⑤ 打开 EV429 的丁烷进料阀门 KXV1420，开度为 5％；

⑥ 当 EV429 液位到达 50％时，关进料阀 KXV1420。

2. ER424A 反应器充丁烷

（1）确认事项

① 反应器 0.03MPa 保压；

② EV429 液位到达 50％。

（2）充丁烷　打开丁烷冷剂进 ER424A 壳层的阀门 KXV1422、KXV1423、KXV1425、KXV1427，开度为 50％，有液体流过，充液结束。

3. ER424A 启动

（1）启动前准备工作

① ER424A 壳层有液体流过；

② 打开 S3 蒸汽进料控制 TIC1466，开度为 30％；

③ 调节 PIC1426 设定，压力控制在 0.4MPa，投自动；

④ 乙炔原料进料控制 FIC1425 设手动，开度为 0％。

（2）ER424A 充压，实气置换

① 打开 FV1425 前后阀 VV1425、VV1426 和 KXV1411、KXV1412，开度约为 50％；

② 打开 EH423 的进出口阀 KXV1408、KXV1418，开度为 50％；

③ 微开 ER424A 出料阀 KXV1413，开度为 5%，碳二馏分进料控制 FIC425（手动），慢慢增加进料，提高反应器压力，充压至 2.523MPa；

④ 慢开 ER424A 出料阀 KXV1413，充压至压力平衡，进料阀应为 50%，出料阀开度稍低于 50%（49.8%）；

⑤ 乙炔原料进料控制 FIC1425 设自动，设定值 56186.8t/h。

（3）ER424A 配氢，调整丁烷冷剂压力

① 稳定反应器入口温度在 38.0℃，使 ER424A 升温；

② 当反应器温度接近 38.0℃（超过 35.0℃），准备配氢，打开 FV1427 的前后阀 VV1427、VV1428，开度为 50%；

③ 氢气进料控制 FIC1427 设自动，流量设定在 80t/h；

④ 观察反应器温度变化，当氢气量稳定后，FIC1427 设手动；

⑤ 稳定 2min 后，缓慢增加氢气量，注意观察反应器温度变化；

⑥ 氢气流量控制阀开度每次增加不超过 5%；

⑦ 氢气量最终加至 200t/h 左右，此时 $H_2/C_2=2.0$，FIC1427 投串级；

⑧ 控制反应器温度在 44.0℃ 左右。

● 正常运行控制

熟悉工艺流程，维护各工艺参数稳定；密切注意各工艺参数的变化情况，发现突发事故时，应先分析事故原因，并做及时正确的处理。

1. 固定床反应器正常运行时反应器进出物流的组成和流量

正常运行时反应器进出物流的组成和流量如表 4-9 所示。

表 4-9 固定床反应器正常运行时反应器进出物流的组成和流量

物流号 / 物流名称 / 项目	1 号		2 号		3 号		4 号	
	C_2H_2 混合前		H_2 混合前		混合原料（ER424 入）		ER424 出料	
流量和组成	/(kg/h)	(质量分数)/%	/(kg/h)	(质量分数)/%	/(kg/h)	(质量分数)/%	/(kg/h)	(质量分数)/%
成分 H_2	0.00	0.00	147.89	73.88	147.89	0.26	0.00	0.00
CH_4	6.41	0.011	52.28	26.12	58.69	0.10	58.69	0.10
C_2H_4	47374	84.31	0.0007	0.00	47374	84.02	47374	84.02
C_2H_6	7531.8	13.40	0.00	0.00	7832	13.36	8640.9	15.32
C_2H_2	961.29	1.71	0.00	0.00	961.3	0.70	0.00	0.00
CO_2	14.16	0.025	0.00	0.00	14.16	0.00	14.16	0.025
C_3H_6	292.17	0.52	0.00	0.00	292.17	0.00	292.2	0.518
C_3H_8	5.79	0.0015	0.00	0.00	5.79	0.00	5.79	0.0103
C_3H_4	0.83	0.00	0.00	0.00	0.83	0.00	0.83	0.0015
>C_4	0.002	100.0	0.00	0.00	0.002	0.00	0.002	0.00
总计	56187		200.17	100.00	56389	100.0	56387	100.00

2. ER424A 与 ER424B 间切换

① 关闭氢气进料；

② ER424A 温度下降低于 38.0℃ 后，打开 C_4 冷剂进 ER424B 的阀 KXV1424、KXV1426，关闭 C_4 冷剂进 ER424A 的阀 KXV1423、KXV1425；

③ 开 C_2H_2 进 ER424B 的阀 KXV1415，微开 KXV1416，关 C_2H_2 进 ER424A 的阀 KXV1412。

3. ER424B 的操作

ER424B 的操作与 ER424A 操作相同。

● 正常停车操作

① 关闭氢气进料，关 VV1427、VV1428、FIC1427 设自动，设定值为 0%；

② 关闭加热器 EH424 蒸汽进料，TIC1466 设手动，开度为 0.0%；

③ 闪蒸器冷凝回流控制 PIC1426 设手动，开度为 100%；

④ 逐渐减少乙炔进料，开大 EH429 冷却水进料；

⑤ 逐渐降低反应器温度、压力，至常温、常压；

⑥ 逐渐降低闪蒸器温度、压力，至常温、常压。

● 事故处理

事故处理如表 4-10 所示。

表 4-10　事故处理

事　故　名　称	主　要　现　象	处　理　方　法
氢气进料阀卡住	氢气量无法自动调节	①降低 EH429 冷却水量 ②用旁通阀 KXV1404 手动调节氢气量
预热器 EH424 阀卡住	换热器出口温度超高	①增加 EH429 冷却水量 ②减少配氢量
闪蒸罐压力调节阀卡住	闪蒸罐温度、压力超高	①增加 SH429 冷却水量 ②用旁通阀 KXV1434 手动调节
反应器漏气	反应器压力迅速降低	停工
EH429 冷却水进口阀卡住	闪蒸罐压力、温度超高	停工
反应器超温	反应器温度超高，会引发乙烯聚合的副反应	增加 EH429 冷却水量

分析与思考

1. 反应过程中的氢炔比如何控制。

2. 叙述加氢脱炔过程中反应温度的控制方案。

3. 该过程中 C_4 冷剂的作用是什么。

4. ER424A 与 ER424B 何时切换，如何切换。

知识点归纳

一、固定床反应器的结构

① 绝热式固定床；

② 列管式固定床；

③ 自热式固定床；

④ 径向固定床。

二、固定床反应器的工作原理

1. 固体催化剂性质。

组成：活性组分、助催化剂、载体、抑制剂。

性能：活性、选择性、寿命及机械强度、热稳定性和抗毒稳定性。

物理结构：比表面积、孔容积、孔径分布、孔隙率、真密度、假密度。

制备方法：沉淀法、浸渍法、混合法、离子交换法、熔融法等。

2. 催化剂床层特性

（1）催化剂颗粒直径与形状系数

体积相当直径 $$d_V = 1.241 V_P^{1/3}$$

面积相当直径 $$d_a = (A_P/\pi)^{1/2} = 0.564 A_P^{1/2}$$

比表面相当直径 $$d_S = 6/S_V = 6V_P/A_P$$

形状系数： $$\varphi_S = A_a/A_P$$

平均直径： $$\frac{1}{d_P} = \sum_{i=1}^{n} \frac{x_i}{d_i}$$

（2）床层空隙率 $$\varepsilon = 1 - \frac{\rho_B}{\rho_P}$$

（3）固定床的当量直径 $$d_e = 4R_H = \frac{4\varepsilon}{S_e} = \frac{2}{3}\left(\frac{\varepsilon}{1-\varepsilon}\right)d_S$$

3. 流体在固定床中的流动特性（径向混合和轴向混合）

（1）气体分布的均匀性 催化剂大小要均一保证催化剂床层各个部位阻力相同，消除气流初始动能，使气流均匀流入反应器床层。

（2）床层压降 $$\Delta p = f_m \frac{\rho_f u_0^2}{d_S} \times \frac{L(1-\varepsilon)}{\varepsilon^3}$$

4. 固定床反应器中的传质与传热

（1）气固相催化过程 外扩散、内扩散、表面化学反应、内扩散、外扩散。

控制步骤：反应过程中最慢的一步。

（2）传质 外扩散和内扩散，反应器的轴向扩散和径向扩散过程。

（3）传热 传热方式：流体间辐射和导热、颗粒接触处导热、颗粒表面流体膜内的导热、颗粒间的辐射传热、颗粒内部的导热、流体内的对流和混合扩散传热。

传热系数计算： $$\frac{\alpha_t d_t}{\lambda_f} = 0.813\left(\frac{d_P G}{\mu_f}\right)^{0.9} \exp\left(-6\frac{d_P}{d_t}\right)（床层被加热）$$

$$\frac{\alpha_t d_t}{\lambda_f} = 3.5\left(\frac{d_P G}{\mu_f}\right)^{0.7} \exp\left(-4.6\frac{d_P}{d_t}\right)（床层被冷却）$$

三、固定床反应器的计算

1. 经验法

依据主要来自于实验室、中间试验装置或工厂实际生产装置的数据进行计算。

（1）催化剂用量 依据空间速度、接触时间、空时收率、催化剂负荷、床层线速度与空床速度等经验数据进行计算。

（2）反应器床层结构尺寸的计算

① 催化剂床层高度：

$$H = V_R/A_R = u_0(V_R/V_0)$$

② 催化剂床层直径： 绝热式固定床：$$D = \left(\frac{4A_R}{\pi}\right)^{1/2}$$

③ 列管式反应器：先计算所需反应器的根数，再根据排列方式计算直径。

催化剂床层传热面积的计算：$A = \dfrac{Q}{K \Delta t_m}$

2. 数学模型法

（1）动力学方程式

① 气固相催化反应的本征动力学。

● 朗缪尔理想吸附：

基本假设：催化剂表面各处的吸附能力是均匀的；

各吸附位具有相同的能量；

每个吸附中心只能吸附一个分子（单分子层吸附）；

吸附的分子间不发生相互作用，也不影响分子的吸附作用；

吸附活化能与脱附活化能与表面吸附程度无关。

吸附方程：若只吸附 A 分子 $\theta_A = \dfrac{K_A p_A}{1 + K_A p_A}$

若 A 分子发生解离吸附 $\theta_A = \dfrac{\sqrt{K_A p_A}}{1 + \sqrt{K_A p_A}}$

若同时吸附 n 个分子 $\theta_A = \dfrac{K_A p_A}{1 + \sum\limits_{i=1}^{n} K_i p_i}$

● 真实吸附：

焦姆金吸附模型：认为吸附活化能 E_a 与脱附活化能 E_d 与覆盖度的关系如下。
$$E_a = E_a^0 + \alpha\theta \qquad E_d = E_d^0 + \beta\theta$$
弗罗因德利希吸附模型：认为吸附活化能 E_a 与脱附活化能 E_d 与覆盖度的关系如下。
$$E_a = E_a^0 + \mu\ln\theta \qquad E_d = E_d^0 + \gamma\ln\theta$$
本征动力学方程：存在三种可能性，吸附、反应、脱附分别作控制步骤的动力学方程式。不论哪一步为控制步骤，动力学方程式皆可表示如下。
$$(-r_A) = \frac{(\text{动力学项})(\text{推动力项})}{(\text{吸附项})^n}$$
只是控制步骤和机理不同，则各项的形式不同。

② 内扩散作控制步骤的宏观动力学。

● 催化剂颗粒内气体扩散：

分子扩散 D_{AB}：扩散阻力主要为分子之间相互碰撞。

努森扩散 D_K：扩散阻力主要为气体分子与孔壁碰撞。

综合扩散 D：
$$D = \frac{1}{1/D_{AB} + 1/D_K}$$
以颗粒为基准的有效扩散 D_e：$D_e = D \dfrac{\varepsilon_P}{\tau}$

物理量：蒂勒模数 $\varphi_s = \dfrac{V_S}{S_S}\sqrt{\dfrac{k_v}{D_e}}$ 表示表面反应速率与内扩散速率的相对大小。

催化剂颗粒内浓度分布：$c_A = \dfrac{c_{AS}}{z} \times \dfrac{\sinh(3\varphi_s z)}{\sinh(3\varphi_s)}$

催化剂颗粒内温度分布：$T - T_S = \dfrac{(-\Delta H)D_e}{\lambda_e}c_{AS}\left[1 - \dfrac{\sinh(3\varphi_s z)}{z\sinh(3\varphi_s)}\right]$

等温时动力学方程式：$(-R_A) = \dfrac{1}{\varphi_s}\left[\dfrac{1}{\tanh(3\varphi_s)} - \dfrac{1}{3\varphi_s}\right](-r_A)_S$

非等温时则需要物料衡算、热量衡算和动力学方程式联立求解，一般没有解析解。

③ 外扩散作控制步骤的宏观动力学。

外扩散过程：$\quad \dfrac{\mathrm{d}n_A}{\mathrm{d}t} = k_G S_e(c_{AG} - c_{AS}) \qquad \dfrac{\mathrm{d}Q}{\mathrm{d}t} = \alpha_G S_e(T_S - T_G)$

外扩散过程中的传质系数 k_G 和传热系数 α_G 可以用传质因子 J_D 和传热因子 J_H 计算。

达姆科勒（Damkohler）数：$Da = \dfrac{k_v}{k_G S_e}$ 反映了化学反应速率与外扩散速率的相对大小。

动力学方程式：反应级数不同，表达形式也不同。

一级反应：$(-R_A) = \dfrac{1}{1 + Da}(-r_A)_G$

二级反应：$(-R_A) = \dfrac{1}{4Da^2}(\sqrt{1 + 4Da} - 1)^2(-r_A)_G$

（2）数学模型　拟均相一维活塞流模型。

物料衡算方程 $\qquad\qquad\qquad -\mu\dfrac{\mathrm{d}c_A}{\mathrm{d}z} = \rho_B(-r_A)$

管内热量衡算方程 $\qquad \mu\rho_g c_p \dfrac{\mathrm{d}T}{\mathrm{d}z} = \rho_B(-r_A)(-\Delta H_r) - \dfrac{4K}{d_t}(T - T_c)$

管外热量衡算方程 $\qquad \mu_c\rho_c c_{pc}\dfrac{\mathrm{d}T_c}{\mathrm{d}Z} = \dfrac{4K}{d_t}(T - T_0)$

流动阻力方程 $\qquad\qquad\qquad -\dfrac{\mathrm{d}p}{\mathrm{d}z} = f_k\dfrac{\rho_g \mu^2}{d_P}$

四、固定床反应器的技能训练

① 固定床反应器的生产案例。

② 固定床反应器的操作。

③ 固定床反应器的仿真操作。

 自测练习

填空题

1. 衡量催化剂的性能指标主要有＿＿＿＿＿、寿命和＿＿＿＿＿。

2. 固体催化剂失活的原因有：＿＿＿＿＿、烧结、＿＿＿＿＿、＿＿＿和经由气相损失。

3. 固定床反应器床层内的传热过程主要包括 ＿＿＿＿＿ 和＿＿＿＿＿＿＿＿ 过程。

4. 蒂勒模数 φ_s 愈大，则粒内的浓度梯度就＿＿＿，φ_s 愈小，内外浓度愈近于＿＿＿。

5. 固定床反应器可通过＿＿＿＿＿＿＿＿＿＿和 ＿＿＿＿＿＿＿ 方法使气体分布均匀。

6. 固相催化反应过程中，反应物 A 的浓度分布为：＿＿＿＿＿。若内扩散作为控制步骤，则浓度分布＿＿＿＿＿＿＿，若外扩散作为控制步骤，则浓度分布＿＿＿＿＿＿＿。

7. 某固定床反应器所采用的催化剂颗粒的堆积密度为 810kg/m^3，真密度为 2000kg/m^3，颗粒密度为 1200kg/m^3，该床层的空隙率为_____，催化剂的孔隙率为_____。

8. 固定床反应器的型式主要有_____和_____两种。

9. 固定床反应器器壁使床层空隙率在径向分布_____处最大，_____处最小。

10. 消除内扩散对反应的影响的方法是_____；消除外扩散对反应的影响的方法是_____。

判断题

1. 分子扩散阻力由气体分子间碰撞引起，努森扩散阻力由气体分子与孔壁碰撞引起。

2. "飞温"可使床层内催化剂的活性和选择性、使用寿命等性能受到严重的危害。

3. 内扩散效率因子越大，说明反应过程中内扩散的影响越小。

4. 催化剂的有效系数是球形颗粒的外表面与体积相同的非球形颗粒的外表面之比。

5. 消除气流初动能和使催化剂床层各部位阻力相同能使气体分布均匀。

6. 气固相催化反应宏观反应速率的控制步骤是反应过程中速率最快的那一步。

7. 达姆科勒（Damkohler）数，是化学反应速率与内扩散速率的比值。

8. 增加床层管径与颗粒直径比可降低壁效应，提高床层径向空隙率的均匀性。

9. 径向固定床反应器可采用细粒催化剂的原因是该反应器的压降较小。

10. 表面反应速率越大蒂勒模数越小，内扩散速率越大蒂勒模数越大。

思考题

1. 叙述催化剂颗粒内气体的扩散过程。

2. 固定床反应器分为几种类型？其结构有何特点？

3. 如何根据化学反应热效应的情况选择不同型式的固定床反应器？

4. 固定床催化反应器床层空隙率的大小与哪些因素有关？

5. 何谓催化剂的有效系数？如何利用其判断反应过程属于哪种控制步骤？

6. 原料进口初始动能会给生产带来什么危害，采取什么措施可以消除？

7. 请解释空间速度、空时收率和催化剂负荷，并说明三者的区别？

8. 固定床反应器的温度如何分布，如何控制径向温度的分布。

9. 何为固定床反应器的参数敏感性。

10. Langmuir 型等温吸附的基本假定是什么。

计算题

1. 某圆环形催化剂，内径 $d=5 \text{mm}$，外径 $d=8 \text{mm}$，高 $h=10 \text{mm}$。求该催化剂的相应直径 d_V、d_a、d_S 及形状系数 φ_S。

2. 在一直径为 6mm 的球形催化剂上进行甲烷氧化反应。当反应在 0.1013MPa、450℃等温下进行时，反应速率常数为 10s^{-1}，试计算内扩散有效因子。若其他条件不变，改用 4mm 的球形催化剂，则有效因子是多少；若用直径和高度均等于 6mm 的圆柱形催化剂，有效因子为多少。已知：催化剂的曲折因子等于 3.8，孔隙率为 0.37，孔内扩散属于分子扩散。

3. 某固定床反应器内，催化剂颗粒粒度分布如下：

催化剂颗粒直径 d_{Pi}/mm	3.42	2.35	1.84
催化剂质量分率 x_i/%	5.4	20.7	73.9

试计算催化剂颗粒的平均直径？

4. 某常压反应在一直径 $d_S=0.43\text{cm}$ 的球形催化剂进行，反应温度为220℃。气体的质量流速 $G=2000\text{kg}/(\text{m}^2\cdot\text{h})$，平均分子量24。催化剂的颗粒密度 $\rho_P=0.89\text{g/cm}^3$，床层堆积密度 $\rho_B=0.64\text{g/cm}^3$，试计算该反应过程的传质系数。已知气体黏度 $\mu=1.4\times10^{-4}\text{g}/(\text{cm}\cdot\text{s})$，扩散系数 $D=0.267\text{cm}^2/\text{s}$。

5. 乙烯氧化生成环氧乙烷时，所用银催化剂的球形颗粒直径为 6.35mm，空隙率为 0.6，床层高度为 7.7m，反应气体的质量流速为 18.25kg/$(\text{m}\cdot\text{s})$，黏度为 $2.43\times10^{-5}\text{kg}/(\text{m}\cdot\text{s})$，密度为 15.4kg/m^3，试求固定床床层的压力降是多少？

6. 在固定床列管式反应器中进行丙烯氨氧化制丙烯腈的反应管内径 $D_i=25\text{mm}$，床高 $L=2.7\text{mm}$，催化剂的平均粒径 $d_P=3.5\text{mm}$，形状系数近似取 1，床层的空隙率为 0.5，床层平均温度为 733K，原料气摩尔比为：$C_3^==\text{NH}_3$：空气：$\text{H}_2\text{O}=1:1.1:12.5:3.19$，反应混合气的黏度为 $3.15\times10^{-5}\text{Pa}\cdot\text{s}$。每根反应管加入的丙烯量为 1.48mol/h 管内平均压力为 $1.428\times10^5\text{Pa}$，反应视为等容过程，试计算床层的压力降。

7. 某固定床反应器内进行一氧化反应，其床层直径为 101.6mm，催化剂颗粒直径为 3.6mm，流体热导率为 $5.225\times10^{-5}\text{kJ}/(\text{m}\cdot\text{s}\cdot\text{K})$，流体密度为 5.3kg/m^3，黏度 $3.4\times10^{-5}\text{Pa}\cdot\text{s}$，质量流速 $2.65\text{kg}/(\text{m}^3\cdot\text{s})$。试求床层对壁的总给热系数？

8. 在直径为 0.5m^3 固定床反应器中进行等温一级不可逆气-固相催化反应 A→P。原料气的流量为 $0.5\text{m}^3/\text{s}$，假定反应物在反应器中呈活塞流，反应温度下的本征反应速率常数为 $2.0\times10^{-3}\text{m}^3\cdot\text{s}^{-1}$，内扩散有效扩散系数为 $1.0\times10^{-6}\text{m}^2/\text{s}$，催化剂的颗粒密度为 $1.8\times10^3\text{kg/m}^3$。若采用 $\phi5\text{mm}$ 的球形催化剂，催化剂床层高度为 3.0m，堆积密度为 $1.0\times10^3\text{kg/m}^3$，计算：反应器出口处的 A 转化率。

9. 有一年产量为 5000t 的乙苯脱氢制苯乙烯的装置，是一列管式固定床反应器。化学反应方程式如下：

$$乙苯 \longrightarrow 苯乙烯 + 氢 \qquad （主反应）$$
$$乙苯 \longrightarrow 甲苯 + 甲烷 \qquad （副反应）$$

年生产时间 8300h，原料气体是乙苯和水蒸气的混合物，其质量比为 1:1.5，乙苯的总转化率为 40%，苯乙烯的选择性为 96%，空速为 4830h^{-1}，催化剂密度为 1520kg/m^3，生产苯乙烯的损失率为 1.5%，试求床层催化剂的质量。

10. 某固定床反应器中，原料流量为 200kmol/h，采用空速为 0.15s^{-1}，气体的线速为 0.15m/s，床层空隙率为 0.42，操作压力 1.013MPa，操作温度 180℃。求：(1) 催化剂体积；(2) 床层直径；(3) 床层高度。

 主要符号

A_a——与非球形颗粒等体积的球形颗粒外表面积，m^2

A_R——催化剂床层截面积或正三角形排列总面积，m^2

A_P——非球形颗粒的外表面积，m^2

c_{AC}——组分 A 在催化剂内表面中心的浓度

c_{AG}——组分 A 在气相主体的浓度

c_{AS}——组分 A 在催化剂外表面的浓度

c_p——定压比热容，$\text{k}/(\text{kg}\cdot\text{K})$

D——综合扩散系数 cm^2/s

Da——达姆科勒（Damkohler）数，$Da=k_v/(k_G S_e)$

D_{AB}——A 组分在 B 组分中的扩散系数，cm^2/s

D_e——有效扩散系数

D_K——努森扩散系数，cm^2/s

d_a——面积相当直径，m

d_e——固定床当量直径，m

d_0——孔道的直径，m

d_P——颗粒的平均直径，m

d_V——体积相当直径，m

d_s——比表面相当直径，m

d_t——反应管内径，m

E_a——吸附活化能，kJ/kmol

E_d——脱附活化能，kJ/kmol

E_a^0——覆盖率等于零时的吸附活化能，kJ/kmol

E_d^0——覆盖率等于零时的脱附活化能，kJ/kmol

F——换热面积，m²

G——质量流速，kg/(m²·h)

ΔH——反应热，kJ/kmol

J_D，J_H——分别为传质因子和传热因子

k_a——吸附速率常数，h⁻¹

k_d——脱附速率常数，h⁻¹

N_A——A组分的扩散通量，mol/(m²·s)

p_A、p_B——组分A、B在气相中的分压，Pa

Q——传热速率，J/s

R——摩尔气体常数或球形催化剂的颗粒半径

$(-R_A)$——A组分的宏观反应速率

Re——雷诺数

Re_m——修正的雷诺数

R_H——水力半径，m

S_e——床层比表面积，m²/m³

S_g——单位质量催化剂所具有的表面积，m²/g

S_G——催化剂负荷，kg/(kg·s) 或 kg/(m³·s)

S_s——催化剂颗粒的外表面积

S_V——非球形颗粒数的比表面积，m²/m³

S_W——空时收率，kg/(kg·h) 或 kg/(m³·h)

Δt_m——载热体进出口两端温度的对数平均值，K

T_G，T_S——组分A在气相主体及催化剂外表面的温度

u——线速度，m/s

u_0——流体平均流速或容床速度，m/s

V_0——气体体积流量（实际），m³/h

V_{0N}——原料气标准体积流量，m³/h

V_g——孔容积 mL/g

V_P——非球形颗粒的体积，m³

V_R——催化剂床层体积，m³

V_s——催化剂颗粒体积，m³

W_G——目的产物的质量，kg

W_s——催化剂用量，kg 或 m³

x_i——质量分数

α_t——床层对器壁总给热系数，J/(m²·s·k)

β——焦姆金吸附常数

ε——床层空隙率

ε_P——催化剂孔隙率，m³/m³

η——气固相催化反应中的催化剂效率因子

λ——热导率，J/(m²·s·K)

ρ_B——催化剂床层堆积密度，kg/m³

μ_f——流体黏度，N·s/m²

ρ_f——流体密度，kg/m³

ρ_P——催化剂表观密度，kg/m³

ρ_s——催化剂真密度，g/cm³

τ——曲折因子或空间时间

φ_s——形状系数

φ_s——蒂勒模数

模块五　流化床反应器

目标要求

- 了解流化床反应器的特点、基本结构及传质、传热机理，掌握固体流态化的基本原理。
- 了解流化床反应器的工艺计算及主要部件的设计方法。
- 了解流化床反应器的模型计算及内部构件的重要作用。
- 掌握流化床反应器主体结构尺寸的计算。
- 掌握流化床反应器的操作特点及典型工艺的操作流程。
- 熟悉流化床反应器常见问题的避免措施与处理方法。
- 熟悉流化床的实际操作和仿真系统操作。

将固体流态化技术用于化工生产是化工技术发展中的一项重要成就，即流化床反应器。流化床反应器是工业上应用较广泛的一类反应器，适用于催化或非催化的气固、液固等反应系统。本书以气固流化床为例进行讨论。目前，化学工业广泛使用固体流态化技术进行固体的物理加工、颗粒输送、催化和非催化化学加工，使用流化床反应器进行硫铁矿沸腾焙烧、石油催化裂化等生产过程。

项目一　流化床反应器的结构

流化床反应器是固定床反应器的进一步发展。流化床又称为沸腾床，流化床与固定床的主要区别是参与化学反应或作为催化剂的固体颗粒物料在反应过程中处于激烈的运动状态，这使得流化床反应器具有以下特点。

1. 流化床反应器的优点

① 由于可采用细粉颗粒，并在悬浮状态下与流体接触，液固相界面积大（可高达 $3280\sim16400m^2/m^3$），有利于非均相反应的进行，提高了催化剂的利用率。

② 由于颗粒在床内混合激烈，使颗粒在全床内的温度和浓度均匀一致，床层与内浸换热器表面间的传热系数很高 [$200\sim400W/(m^2\cdot K)$]，全床热容量大，热稳定性高，这些都有利于强放热反应的等温操作。这是许多工艺过程的反应装置选择流化床的重要原因之一。

③ 流体与颗粒之间传热、传质速率也较其他接触方式为高。

④ 流化床的颗粒群有类似流体的性质，可以大量地从装置中引入、移出，并可以实现在两个流化床之间大量循环，这使得一些反应-再生、吸热-放热、正反应-逆反应等反应耦合过程和反应-分离耦合过程得以实现，使得易失活催化剂能够在工程中使用。

⑤ 由于流-固体系中空隙率的变化可以引起颗粒曳力系数的大幅度变化，这样在很宽的范围内均能形成较浓密的床层。所以流态化技术的操作弹性范围宽，单位设备生产能力大，设备结构简单、造价低，符合现代化大生产的需要。

2．流化床反应器的缺点

① 气体流动状态与平推流偏离较大，气流与床层颗粒发生返混，以致在床层轴向没有温度差及浓度差，加之气体可能呈大气泡状态通过床层，使气-固接触不良，使反应的转化率降低，因此流化床一般达不到固定床的转化率。

② 催化剂颗粒间相互剧烈碰撞，造成催化剂的破碎，增加了催化剂的损失和除尘的困难。同时由于固体颗粒的磨蚀作用，导致管子和容器的磨损严重。

所以，流化床反应器比较适用于下列过程：热效应很大的放热或吸热过程；要求有均一的催化剂温度和需要精确控制温度的反应；催化剂寿命比较短，操作较短时间就需要更换（或活化）的反应；有爆炸危险的反应，某些能够比较安全地在高浓度下操作的氧化反应，可以提高生产能力，减少分离和精制的负担。另外，流化床反应器一般不适用如下情况：要求高转化率的反应；要求催化剂层有温度分布的反应。

一、流化床反应器的基本结构

流化床的结构型式很多，可有以下几种分类方法。

（一）按照固体颗粒是否在系统内循环分类

分为非循环操作的流化床（单器）和循环操作的流化床（双器）。单器流化床在工业上应用最为广泛，多用于催化剂使用寿命较长的气固催化反应过程，如丙烯氨化氧化反应器、乙烯氧化反应器和萘氧化制苯酐反应器等，其结构如图 5-1～图 5-3 所示。双器流化床多用于催化剂寿命较短容易再生的气固催化反应过程，如石油加工过程中的催化裂化装置，采用

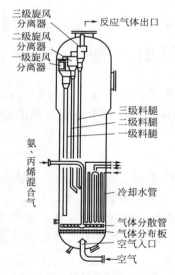

图 5-1 丙烯氨化氧化反应器

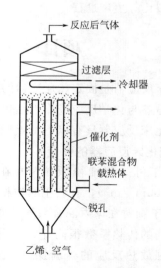

图 5-2 乙烯氧化反应器

硅铝催化剂完成反应，其结构如图 5-4 所示。重油在催化剂上裂解获得轻质油和气态烃，同时发生结焦反应，这些焦炭沉积在催化剂的表面，使得催化剂失去活性，催化裂化过程不能继续，必须将沉积在催化剂表面上的焦炭烧去，此烧焦过程在再生器中进行，焦炭燃烧时放出的热量加热了催化剂颗粒，再生后的催化剂带着显热为裂化过程提供所需的热量。催化剂

在反应器和再生器间的循环，是靠控制两器的密度差所形成的压差实现的。催化剂在两器间的定量、定向流动，同时也完成了催化反应和再生烧焦的连续操作过程。

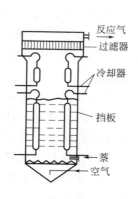

图 5-3　萘氧化制苯酐反应器

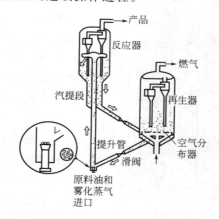

图 5-4　催化裂化反应装置（双器流化床）

（二）按照床层外形分类

分为圆筒形和圆锥形流化床。圆筒形流化床反应器如图 5-1 所示，结构简单，制造容易，设备容积利用率高。圆锥形流化床如图 5-5 所示，结构比较复杂，制造比较困难，设备利用率较低，但因为其截面自下而上逐渐扩大，所以也具有很多优点。

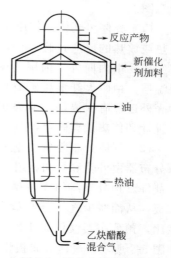

① 适用于催化剂粒度分布较宽的体系，由于圆锥床底部速度大，可保证较大颗粒的流化，防止了分布板上的阻塞现象，而上部速度低，可减少小颗粒的夹带，也减轻了气固分离设备的负荷。对于低速操作的工艺过程可获得较好的流化质量。

② 圆锥形床层底部气体和固体颗粒的剧烈湍动，可使气体分布均匀，因而可大大简化气体分布板的设计。

③ 圆锥形床层底部气体和固体颗粒的剧烈湍动可强化传热，对于反应速率快和热效应大的反应，可使反应不致过分集中在底部，减少底部过热、堵塞和烧结现象。

④ 适用于气体体积增大的反应过程，气体在床层中上升，随着静压力的减小，体积会相应增大，采用锥形床选择一定的锥角，可适应这种气体体积增大的特点，使流化更趋于平稳。

图 5-5　乙炔与醋酸合成醋酸乙烯反应器

（三）按照反应器层数分类

可分为单层和多层流化床，气固催化反应主要采用单层流化床，床中催化剂单层放置，床层温度、粒度分布和气体浓度都趋于均一。当过程对温度和浓度的分布有特别的要求或对热能的回收有较高的要求时，就要采用多层流化床。如图 5-6 所示，用于石灰石焙烧的多层流化床，气流自下而上通过床层，流态化的固体颗粒则沿溢流管从上而下依次流过各层分布板，上部三层为进料预热段，第一、二、三层温度分别为 500℃、730℃和 850℃。第四层为焙烧室，其中温度高达 1015℃，热量靠喷入的燃料油燃烧提供。底层为空气预热段，也是石灰冷却段，温度约 360℃。

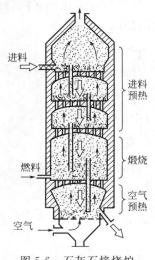

图 5-6　石灰石焙烧炉

（四）按照床层中是否设置内部构件分类

分为自由床和限制床，床中不专门设置内部构件以限制气体和固体的流动的称为自由床，反之则称为限制床。设置内部构件可增进气固接触效率，减少气体返混，改善气体的停留时间分布，提高床层稳定性，从而使高床层和高流速成为可能，许多流化床反应器都采用挡网、挡板等作为内部构件。

（五）按照是否催化反应分类

可分为气固催化流化床反应器和气固非催化流化床反应器两种。反应过程使用催化剂，以一定的流动速度使催化剂颗粒呈悬浮湍动，此类反应的设备为气固相流化床催化反应器。非催化过程不需要使用催化剂，可采用非催化流化床反应器，原料气直接与悬浮湍动的固体原料发生化学反应，矿务加工多为非催化过程，如石灰石焙烧、硫铁矿焙烧等。

尽管流化床反应器的结构型式很多，但无论何种型式，一般都是由壳体、气体分布板、内部构件（比如挡板、挡网等）、内换热器、气固分离装置和固体颗粒加入和卸出装置所组成，如图 5-7 所示。该图为一典型圆筒形壳体的流化床反应器示意图。

（1）壳体　壳体的作用主要是保证流化过程局限在一定的范围内进行，对于存在强烈的吸热或放热的反应过程，保证热量不散失或少散失，一般壳体由三层组成，由内向外，内层为耐火层，通常由耐火砖构成；中间层为保温层，由耐火纤维和矿渣棉等材料构成；最外层为钢壳，有的在钢壳外还设有保温层。耐火层和保温层材料的选择和厚度要根据结构设计和传热计算确定，对于常温过程，一般只有一层钢壳即可。

（2）气体分布装置　包括气体预分布器和气体分布板两部分。预分布器由外壳和导向板组成（或其他），是连接鼓风设备和分布板的部件。预分布器的作用是使气体的压力均匀，使气体均匀进入分布板，从而减少气体分布板在均匀分布气体方面的负荷，与分布板相比，预分布器仅仅居于次要地位。常用气体预分布器的结构型式如图 5-8 所示。气体分布板将在下节中作详细介绍。

（3）内部构件　内部构件有水平构件和垂直构件之分，有不同结构型式，挡板和挡网是最常用的型式，主要用来破碎气泡，改善气固接触，减少返混，从而提高反应速率和反应转化率。大多数反应器设置内部构件，对于自由床（流化床燃烧器）则不设内部构件，床内只有换热管（或称为水冷壁）和管束。

（4）换热装置　流化床反应器的换热装置可以装在床层内即床内换热器，也可以使用夹套式换热器，作用是及时移走或供给热量。

（5）气固分离装置　流化床在运行过程中，由于固体颗粒强烈的扰动，一些细小的颗粒总要随气体溢出流化床外，气固分离装置的作用就是回收这部分细小颗粒使其返回床层，常用的气固分离装置有旋风分离器和内过滤器两种。

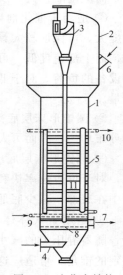

图 5-7　流化床结构
示意图

1—壳体；2—扩大段；
3—旋风分离器；4—进
气口；5—换热管；6—
物料入口；7—物料出
口；8—气体分布器；
9—冷却水进口；10—
冷却水出口

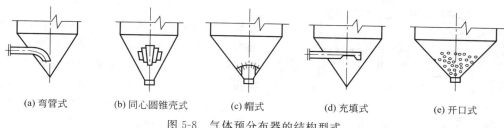

(a) 弯管式　　(b) 同心圆锥壳式　　(c) 帽式　　(d) 充填式　　(e) 开口式

图 5-8　气体预分布器的结构型式

二、气体分布板

流化床的气体分布板是保证流化床具有良好而稳定流态化的至关重要的构件，它应该满足下列基本要求。

① 具有均匀分布气流的作用，同时其压降要小。这可以通过正确选取分布板的开孔率或分布板压降与床层压降之比，以及选取适当的预分布手段来达到。

② 能使流化床有一个良好的起始流态化状态，避免形成"死角"。这可以从气体流出分布板的一瞬间的流型和湍动程度，从结构和操作参数上予以保证。

③ 操作过程中不易被堵塞和磨蚀。

气体分布板的作用有三：一是支撑床层上的催化剂或其他固体颗粒；二是分流，使气体均匀分布在床层的整个床面上，造成良好的起始流化条件；三是导向，可抑制气固系统恶性的聚式流态化，有利于保证床层稳定。

分布板对整个流化床的直接作用范围仅 0.2～0.3m，然而它对整个床层的流态化状态却具有决定性的影响。在生产过程中常会由于分布板设计不合理，气体分布不均匀，造成沟流和死区等异常现象。工业生产中使用的气体分布板的型式很多，主要有：密孔板，直流式、侧流式和填充式分布板，旋流式喷嘴和分支式分布器（多管式气流分布器）等，而每一种型式又有多种不同的结构。下面分别加以介绍。

密孔板又称烧结板，被认为是气体分布均匀、初生气泡细小、流态化质量最好的一种分布板。但因其易被堵塞，并且堵塞后不易排出，加上造价较高，所以在工业中较少使用。

直流式分布板结构简单，易于设计制造。但气流方向正对床层，易使床层形成沟流，小孔易于堵塞，停车时又易漏料。所以除特殊情况外，一般不使用直流式分布板。图 5-9 所示的是三种结构的直流式分布板。

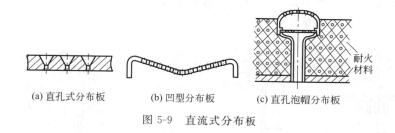

(a) 直孔式分布板　　(b) 凹型分布板　　(c) 直孔泡帽分布板

耐火材料

图 5-9　直流式分布板

填充式分布板是在多孔板（或栅板）和金属丝网上间隔地铺上卵石、石英砂、卵石，再用金属丝网压紧，如图 5-10 所示。其结构简单，制造容易，并能达到均匀布气的要求，流态化质量较好。但在操作过程中，固体颗粒一旦进入填充层就很难被吹出，容易造成烧结。另外经过长期使用后，填充层常有松动，造成移位，降低了布气的均匀程度。

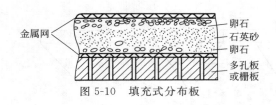

图 5-10 填充式分布板

侧流式分布板如图 5-11 所示，它是在分布板孔中装有锥形风帽，气流从锥帽底部的侧缝或锥帽四周的侧孔流出，是应用最广，效果较好的一种分布板。其中侧缝式锥帽因其不会在顶部形成小的死区，气体紧贴分布板板面吹出，适当气速下也可以消除板面上的死区，从而大大改善床层的流态化质量，避免发生烧结和分布板磨蚀现象，因此应用更广。

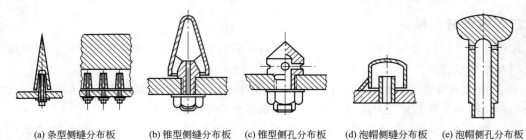

(a) 条型侧缝分布板　　(b) 锥型侧缝分布板　(c) 锥型侧孔分布板　(d) 泡帽侧缝分布板　(e) 泡帽侧孔分布板

图 5-11　侧流式分布板

无分布板的旋流式喷嘴，如图 5-12 所示。气体通过六个方向上倾斜 10° 的喷嘴喷出，托起颗粒，使颗粒激烈搅动。中部的二次空气喷嘴均偏离径向 20°～25°，造成了向上旋转的气流。这种流态化方式一般应用于对气体产品要求不严的粗粒流态化床中。

短管式分布板则是在整个分布板上均匀设置了若干根短管，每根短管下部有一个气体流入的小孔，如图 5-13 所示。孔径为 9～10mm，约为管径的 1/4～1/3，开孔率约 0.2%。短管长度约为 200mm。短管及其下部的小孔可以防止气体涡流，有利于均匀布气，使流化床操作稳定。

多管式气流分布器是近年来发展起来的一种新型分布器，由一个主管和若干带喷射

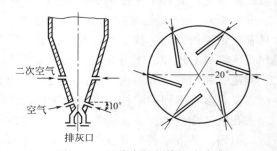

图 5-12　无分布板的旋流式喷嘴

管的支管组成，如图 5-14 所示。由于气体向下射出，可消除床层死区，也不存在固体泄漏问题，并且可以根据工艺要求设计成均匀布气或非均匀布气的结构。另外分布器本身不同时支撑床层质量，可做成薄型结构。

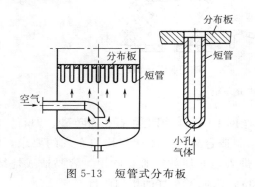

图 5-13　短管式分布板

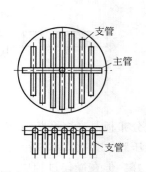

图 5-14　多管式气流分布器

三、旋风分离器

旋风分离器是一种靠离心作用把固体颗粒和气体分开的装置，其结构如图 5-15 所示。含有催化剂颗粒的气体，由进气管沿切线方向进入旋风分离器内，围绕中央排气管向下做回旋运动而产生离心力。催化剂颗粒在离心力的作用下，被抛向器壁，与器壁相撞后，借重力沉降到锥底，而气体旋转至锥底则向上旋转经排气管排出。为了加强分离效果，还可再串联一个或两个旋风分离器。

旋风分离器具有对 $10\mu m$ 以上的粉体分离效率高、结构简单紧凑、操作维护方便等优点，故在石油化工、冶金、采矿、轻工等领域得到广泛应用，随着工业发展的需要，为使旋风分离器达到高效低阻的目的，自 1886 年 Morse 的第一台圆锥形旋风分离器问世以来百余年里，国内外众多学者对分离器的结构、尺寸、流场特性等进行了大量的研究，出现了许多不同用途的旋风分离器。在流化床中使用旋风分离器是为了实现气固分离的目的。

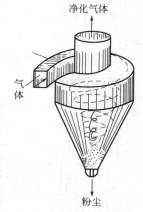

图 5-15　旋风分离器结构

旋风分离器分离出来的固体催化剂靠自身重力通过料腿或下降管回到床层，此时料腿出料口有时能进气造成短路，使旋风分离器失去作用。因此在料腿中加密封装置，防止气体进入。密封装置种类很多，具体如图 5-16 所示。

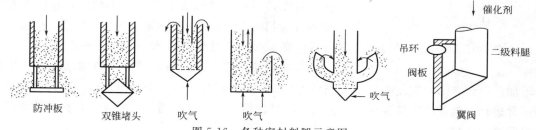

图 5-16　各种密封料腿示意图

双锥堵头是靠催化剂本身的堆积，防止气体窜入，当堆积到一定高度时，催化剂就能沿堵头斜面流出。第一级料腿用双锥堵头密封。第二级和第三级料腿出口常用翼阀密封。翼阀内装有活动挡板，当料腿中积存的催化剂的重力超过翼阀对出料口的压力时，此活动板便打开，催化剂自动下落。料腿中催化剂下落后，活动挡板又回复原样，密封了料腿的出口。翼阀的动作，在正常情况下是周期性的，时断时续，故又称断续阀。也有的采用在密封头部送入外加的气流，有时甚至在料腿的上、中、下处都装有吹气管和测压口，以掌握料面位置和保证细粒畅通。料腿密封装置是生产中的关键，要经常检修，保持灵活好用。

针对影响旋风分离器效率的顶部上涡流和下部的二次带尘，影响动力消耗的进口膨胀损失和出口旋转摩擦等因素，人们进行了不少改进。为了消除因上涡流而引起粉尘从出口管短路逃逸的现象，60 多年前 Van Tongeren 提出的方法是加旁室及时引出增浓粉尘。我国的 C 型、B 型及英国的 Bull 型等就属此类。由于设置了灰尘隔离室，使旁路式分离器较普通分离器的效率高 5％左右。另外，Cardiff 大学的 Biffin 等人研制的新型带集涡室的旋风分离器、德国西门子公司的顶端带导向叶片的旋流分离器、日本专利多头切向进口的多管分离器，以及国内的倾斜螺旋形进口的 CLT/A、CLG、D_1 型等也都是为了削弱上涡流的带尘。

在改善锥体、锥底的气固流况所作的改进方面，最突出的是扩散式分离器（CLK 型）。

由于它的倒锥体及锥体下部的反射屏，减少了粉尘退混和灰斗上部的卷吸夹带，使扩散式的分离效率达 90％～95％，但这种分离器的主要缺点是压降较高。再有就是反射型龙卷风分离器，同样也是利用了反射板的作用，减少了底部粉尘的扬吸。另外，1968 年国外研制的一种具有反向碗及水滴体的直筒形旋风子，由于反向碗的屏挡作用，加上水滴体利用了内旋流的二次分离作用，从而增强了抗返混能力。同时国内的时铭显等对导叶式直筒旋风子进行了一系列的研究，为了改善底部气固流况，提出了分离性能较好的排尘底板结构。

四、内过滤器

内过滤器也是流化床常采用的气固分离装置，近年来，随着细颗粒床的开发和使用，细颗粒的捕集成了设计与操作中的关键。对于有些过程要求带出的固体颗粒很少且颗粒又很细时，多采用内过滤器来分离气体中的颗粒。内过滤器是由多根带有钻孔的金属管（或陶瓷管、金属丝网管）并在其外包覆多层玻璃纤维布构成，金属管分为数组悬挂于反应器扩大段的顶部，如图 5-17 所示。气体从玻璃纤维布的细孔隙中通过，而将绝大部分的固体颗粒过滤下来，从而达到气固分离的目的。

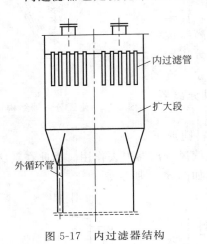

图 5-17　内过滤器结构

过滤器的结构尺寸，主要是确定过滤面积和过滤管的开孔率，一般按经验选取，对于小型床，过滤面积为床层截面积的 8～10 倍，对大型床取 4～5 倍，金属管开孔率一般取金属管总面积的 30％～40％左右。

过滤器使用一段时间后，随着滤饼的增厚其压力降也增加，因此必须定期反吹，过滤管分为几组，当一组反吹时其余几组仍在操作以维持反应器正常运转。随着细颗粒催化剂的使用，内过滤器已难于满足要求，有逐步被高效的旋风分离器所取代的趋势。

项目二　流化床反应器的工作原理

流化床反应器是固体流态化技术在化工生产中应用的一项重要成就，由于流化床具有很高的传热效率，温度分布均匀，气固相有很大的接触面积，因而大大强化了操作，简化了流程。目前，化学工业广泛使用固体流态化技术进行固体的物理加工、颗粒输送、催化和非催化化学加工，使用流化床反应器进行硫铁矿沸腾焙烧、石油催化裂化及丙烯腈、苯胺、醋酸乙烯等的生产。

一、流态化现象

将固体颗粒悬浮于运动的流体中，从而使颗粒具有类似于流体的某些宏观特性，这种流固接触状态称为固体流态化，如图 5-18 所示。设有一圆筒形容器，下部装有一块流体分布板，分布板上堆积固体颗粒，当流体自下而上通过固体颗粒床层时，随着流体的表观（或称空塔）流速变化，床层会出现不同的现象。

当流速较低时，如图 5-18(a) 所示，床层固体颗粒静止不动，颗粒之间仍保持接触，床层的空隙率及高度都不变，流体只在颗粒间的缝隙中通过，此时属于固定床。流速继续增大，当流体通过固体颗粒产生的摩擦力与固体颗粒的浮力之和等于颗粒自身重力时，颗粒位置开始有所变化，床层略有膨胀，但颗粒不能自由运动，颗粒间仍处于接触状态，此时称为初始或临界流化床，如图 5-18(b) 所示。当流速进一步增加到高于初始流化的流速时，颗粒全部悬浮在向上流动的流体中，即进入流化状态，如果床层下部进入的流体是气体，流化床阶段气体以鼓泡的方式通过床层；随着气体流速的继续增加，固体颗粒在床层中的运动也越激烈，此时的气固系统具有类似于液体的特性。随着容器形状变化，床层高度发生变化，但有明显的上界面，这时的床层称为流化床，如图 5-18(c) 所示。当气流速度升高到某一极限值时，如图 5-18(d) 所示，流化床上界面消失，颗粒分散悬浮在气流中被气流带走，这种状态称为气流输送床或稀相输送床。

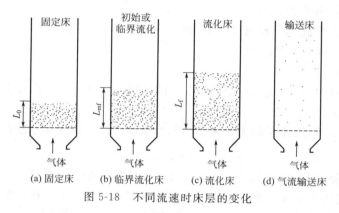

图 5-18　不同流速时床层的变化

在流化床阶段，只要床层有明显的上界面，流化床即称为密相流化床或床层的密相段。对于气固系统，气泡在床层中上升，到达床层表面时破裂，由此而造成床层中激烈的运动很像沸腾的液体，因此流化床又称为沸腾床。当气体通过固体颗粒床层时，随着气速的改变，分别经历固定床、流化床和气流输送三个阶段。这三个阶段具有不同的规律，从不同气速对床层压力降的影响可以明显地看出其中的规律性。

（一）流化床压降

对一个等截面床层，当流体以空床流速 u（或称表观流速）自下而上通过床层时，床层的压力降 Δp 与流速 u 之间的关系在理想情况下如图 5-19 所示。

固定床阶段，流体流速较低，床层静止不动，气体从颗粒间的缝隙中流过。随着流速的增加，流体通过床层的摩擦阻力也随之增大，即压力降 Δp 随着流速 u 的增加而增加，如图中的 AB 段。流速增加到 B 点时，床层压力降与单位面积床层质量相等，床层刚好被托起而变松动，颗粒发生振动重新排列，但还不能自由运动，即固体颗粒仍保持接触而没有流化，如图中的 BD 段。流速继续增大超过 D 点时，

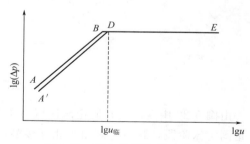

图 5-19　流化床压降-流速关系

颗粒开始悬浮在流体中自由运动，床层随流速的增加而不断膨胀，也就是床层空隙率 ε 随之增大，但床层的压力降却保持不变，如图中 DE 段所示。当流速进一步增大到某一数值时，床层上界面消失，颗粒被流体带走而进入流体输送阶段。

床层初始流化状态下，床层的受力情况可以分析如下：

$$重力（向下）=L_{mf}A(1-\varepsilon_{mf})\rho_P g$$

$$浮力（向上）=L_{mf}A(1-\varepsilon_{mf})\rho_f g$$

$$阻力（向上）=A\Delta p$$

开始流化时，向上和向下的力平衡，即：重力＝浮力＋阻力（即气固摩擦力）

$$L_{mf}A(1-\varepsilon_{mf})\rho_P g=L_{mf}A(1-\varepsilon_{mf})\rho_f g+A\Delta p$$

整理后得：
$$\Delta p=L_{mf}(1-\varepsilon_{mf})(\rho_P-\rho_f)g \qquad (5-1)$$

式中　L_{mf}——开始流化时的床层高度，m；

ε_{mf}——床层开始流化时的床层空隙率；

A——床层截面积，m^2；

ρ_P——固体催化剂颗粒密度，kg/m^3；

ρ_f——流体密度，kg/m^3

Δp——床层压降，Pa。

从临界点以后继续增大流速，空隙率 ε 也随之增大，导致床层高度 L 增加，但 $L(1-\varepsilon)$ 却不变。所以，Δp 保持不变。

在气固流化床，密度相差较大，床层压降可以简化为单位面积床层的重量，即：

$$\Delta p=L(1-\varepsilon)\rho_P g=W/A \qquad (5-2)$$

对已经流化的床层，如将气速减小，则 Δp 将沿 ED 线返回到 D 点，固体颗粒开始互相接触而又成为静止的固定床。但继续降低流速，压降不再沿 DB、BA 线变化，而是沿 DA' 线下降。原因是床层经过流化后重新落下，空隙率增大，压力降减小。

通过压力降与流速关系图，可以分析实际流化床与理想流化床的差异，了解床层的流化质量。实际流化床的 $\Delta p\text{-}u$ 关系较为复杂，图 5-20 所示为某一实际流化床的 $\Delta p\text{-}u$ 关系。

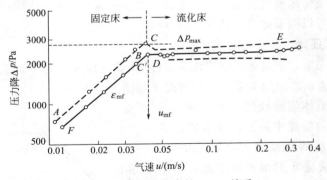

图 5-20　实际流化床的 $\Delta p\text{-}u$ 关系

由图 5-20 中看出，在固定床区域 AB 与流化床区域 DE 之间有一个"驼峰"。形成的原因是固定床阶段，颗粒之间由于相互接触，部分颗粒可能有架桥、嵌接等情况，造成开始流化时需要大于理论值的推动力才能使床层松动，即形成较大的压力降。一旦颗粒松动到使颗粒刚能悬浮时，Δp 即下降到水平位置。另外，实际中流体的少量能量消耗于颗粒之间的碰撞和摩擦，使水平线略微向上倾斜。上下两条虚线表示压降的波动范围。

观察流化床的压力降变化可以判断流化质量以及是否发生不正常的流化现象如腾涌、沟流等。正常操作时，压力降的波动幅度一般较小，波动幅度随流速的增加而有所增加。在一定的流速下，如果发现压降突然增加，而后又突然下降，表明床层产生了腾涌现象。这是因为此时形成气栓，压降直线上升，气栓达到表面时料面崩裂，压降突然下降，如此循环下去。这种大幅度的压降波动破坏了床层的均匀性，使气固接触显著恶化，严重影响系统的正常运转。有时压降比正常操作时低，说明气体形成短路，床层产生了沟流现象。

（二）不正常流化现象

流化床中常见的不正常流化现象包括以下几种现象。

1．沟流现象

沟流现象的特征是气体通过床层时形成短路，气体通过床层时，其气速超过了临界流化速度，但床层并不流化，而是大量的气体短路通过床层，床层内形成一条狭窄的通道，此时大部分床层则处于静止状态，如图 5-21 所示。沟流有两种情况，图 5-21(a) 所示的贯穿沟流和图 5-21(b) 所示的局部沟流。沟流仅发生在局部，称为局部沟流；如果沟流贯穿整个床层，称为贯穿沟流。沟流现象发生时，大部分气体没有与固体颗粒很好接触就通过了床层，这在催化反应时会引起催化反应的转化率降低。由于部分颗粒没有流化或流化不好，造成床层温度不均匀，从而引起催化剂的烧结，降低催化剂的寿命和效率。因为沟流时部分床层为死床，不悬浮在气流中，故在 Δp-u 图上反映出 Δp 始终低于理论值 W/A，如图5-22所示。

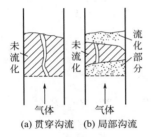

(a) 贯穿沟流　(b) 局部沟流

图 5-21　流化床中的沟流现象

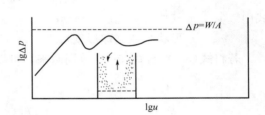

图 5-22　沟流时 Δp-u 的关系

沟流现象产生的原因主要与颗粒特性和气体分布板的结构有关。下列几种情况尤其容易产生沟流：颗粒的粒度很细（粒径小于 $40\mu m$）、密度大且气速很低时；潮湿的物料和易于黏结的物料；气体分布板设计不好，布气不均，通气孔太少或各个风帽阻力大小差别较大。要消除沟流，可适当加大气速、对物料预先进行干燥，另外分布板的合理设计也是十分重要的。还应注意风帽的制造、加工和安装，以免通过风帽的流体阻力相差过大而造成布气不均。

2．大气泡现象

流化床中生成的气泡在上升过程中不断汇合长大，直到床面破裂是正常现象。但是如果床层中大气泡很多，由于气泡不断搅动和破裂，床层波动大，操作不稳定，气固间接触不好，就会使气固反应效率降低，这种现象称为大气泡现象，应力求避免。通常床层较高，气速较大时容易产生大气泡现象。在床层内加设内部构件可以避免产生大气泡，促使平稳流化。

3．腾涌现象

腾涌现象，就是在大气泡状态下继续增大气速，当气泡直径大到与床径相等时，就会将床层分为几段，变成一段气泡和一段颗粒的相互间隔状态。此时颗粒层被气泡像活塞一样向上推动，达到一定高度后气泡破裂，引起部分颗粒的分散下落。腾涌现象发生时，床层密度不均匀，使气固相的接触不良，严重影响产品的产量和质量，并且器壁磨损加剧，引起设备的振动，容易损坏床内零部件。一般来说，床层越高、容器直径越小、颗粒越大、气速越高，越容易发生腾涌现象。在采用高床层、大颗粒时，可以增设挡板以破坏气泡的长大，避免腾涌现象发生。

（三）流化速度

流化床的操作速度在理论上应该是处于临界流化速度和带出速度之间，因此，应首先确定临界流化速度和带出速度，然后再选取操作速度。

1. 临界流化速度

临界流化速度，也称起始流化速度、最低流化速度，是指颗粒层由固定床转为流化床时流体的表观速度，用 u_{mf} 表示。实际操作速率常取临界流化速度的倍数（又称流化数）来表示。临界流化速度对流化床的研究、计算与操作都是一个重要参数，确定其大小是很有必要的。确定临界流化速度最好是用实验测定，也可用公式计算。

临界点时，床层的压降 Δp 既符合固定床的规律，同时又符合流化床的规律，即此点固定床的压降等于流化床的压降。均匀粒度颗粒的固定床压降可用欧根（Ergun）方程表示：

$$\frac{\Delta p}{L} = 150\frac{(1-\varepsilon_{mf})^2}{\varepsilon_{mf}^3} \times \frac{\mu_f u_0}{(\varphi_S d_P)^2} + 1.75\frac{(1-\varepsilon_{mf})}{\varepsilon_{mf}^3} \times \frac{\rho_f u_0^2}{\varphi_S d_P} \tag{5-3}$$

式中　u_0——气体表观速度，m/s；

　　　φ_S——形状系数（球形度）。

若将式(5-3)与式(5-1)等同起来，可以导出下式：

$$\frac{1.75}{\varphi_S \varepsilon_{mf}^3}\left(\frac{d_P u_{mf}\rho_f}{\mu_f}\right)^2 + \frac{150(1-\varepsilon_{mf})}{\varphi_S^2 \varepsilon_{mf}^3} \times \frac{d_P u_{mf}\rho_f}{\mu_f} = \frac{d_P^3 \rho_f(\rho_P-\rho_f)g}{\mu_f^2} \tag{5-4}$$

对于小颗粒，上式左侧第一项可以忽略，故得：

$$u_{mf} = \frac{(\varphi_S d_P)^2}{150} \times \frac{(\rho_P-\rho_f)}{\mu_f}g\frac{\varepsilon_{mf}^3}{1-\varepsilon_{mf}} \quad Re_{mf}<20 \tag{5-5}$$

对于大颗粒，式(5-4)左侧第二项可忽略，得到：

$$u_{mf}^2 = \frac{\varphi_S d_P}{1.75} \times \frac{(\rho_P-\rho_f)}{\rho_f}g\varepsilon_{mf}^3 \quad Re_{mf}>1000 \tag{5-6}$$

如果 ε_{mf} 和（或）φ_S 未知，可近似取：

$$\frac{1}{\varphi_S \varepsilon_{mf}^3} \approx 14 \qquad 及 \qquad \frac{1-\varepsilon_{mf}}{\varphi_S^2 \varepsilon_{mf}^3} \approx 11$$

代入式(5-4)后即得到全部雷诺数范围的计算式：

$$\frac{d_P u_{mf}\rho_f}{\mu_f} = \left[33.7^2 + 0.0408\frac{d_P^3 \rho_f(\rho_P-\rho_f)g}{\mu_f^2}\right]^{1/2} - 33.7 \tag{5-7}$$

　　其中　　　　$$\frac{d_P^3 \rho_f(\rho_P-\rho_f)g}{\mu_f^2} = Ar$$

对于小颗粒：

$$u_{mf} = \frac{d_P^2(\rho_P-\rho_f)g}{1650\mu_f} \quad Re_{mf}<20 \tag{5-8}$$

对于大颗粒：

$$u_{mf}^2 = \frac{d_P(\rho_P - \rho_f)g}{24.5\rho_f} \quad Re_{mf} > 1000 \tag{5-9}$$

用上述各式计算时，应将所得 u_{mf} 值代入 $Re_{mf} = d_P u_{mf} \rho_f / \mu_f$ 中，检验其是否符合规定的范围。如不相符，应重新选择公式计算。

计算临界流化速度的经验或半经验关联式很多，下面再介绍一种便于应用而又较准确的公式（李伐公式）：

$$u_{mf} = 0.00923 \frac{d_P^{1.82}(\rho_P - \rho_f)^{0.94}}{\mu_f^{0.88}\rho_f^{0.06}} \tag{5-10}$$

式中　u_{mf}——临界流化速度（以空塔计），m/s；

　　　d_P——颗粒的平均直径，m；

　　　μ_f——流体黏度，Pa·s。

此式只适用于 $Re_{mf} < 10$，即较细的颗粒。如果 $Re_{mf} > 10$，则需要再乘以图 5-23 中的校正系数 F_G 即可得到所要求的临界流化速度。

由式（5-10）可看出，影响临界流化速度的因素有颗粒直径、颗粒密度、流体黏度等。实际生产中，流化床内的固体颗粒总是存在一定的粒度分布，形状也各不相同，因此在计算临界流化速度时，要采用当量直径和平均形状系数。此外大而均匀的颗粒在流化时流动性差，容易发生腾涌现象，加剧颗粒、设备和管道的磨损，操作的气速范围也很狭窄，在大颗粒床层中添加适量的细粉有利于改善流化质量，但受细粉回收率的限制而不宜添加过多。

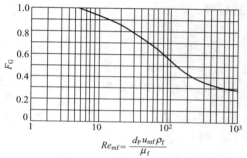

图 5-23　$Re_{mf} > 10$ 时的校正系数

【例 5-1】　某流化床，已知有以下数据：床层空隙率　$\varepsilon_{mf} = 0.55$；流化气体为空气　$\rho_f = 1.2\text{kg/m}^3$，$\mu_f = 18 \times 10^{-6}\text{Pa·s}$；固体颗粒（不规则状的砂）$d_P = 160\mu\text{m}$，$\varphi_S = 0.67$，$\rho_P = 2600\text{kg/m}^3$，求临界流化速度 u_{mf}。

解：

解法一　将已知数据代入式（5-5）得

$$u_{mf} = \frac{(160 \times 10^{-6})^2 \times (2600 - 1.2) \times 9.8}{150 \times 18 \times 10^{-6}} \times \frac{0.55^3 \times 0.67^2}{1 - 0.55} = 0.04 \text{ (m/s)}$$

验算 Re_{mf}　　　$Re_{mf} = \frac{160 \times 10^{-6} \times 0.04 \times 1.2}{18 \times 10^{-6}} = 0.43 < 20$

因此以上计算是合理的。

解法二　若不知道 ε_{mf} 和 φ_S 的情况下，可用式（5-7）计算

$$Ar = \frac{(160 \times 10^{-6})^3 \times 1.2 \times (2600 - 1.2) \times 9.8}{(18 \times 10^{-6})^2} = 387$$

$$Re_{mf} = \sqrt{33.7^2 + 0.0408 \times 387} - 33.7 = 0.234$$

$$u_{mf} = \frac{0.234 \times 18 \times 10^{-6}}{160 \times 10^{-6} \times 1.2} = 0.022 \text{ (m/s)}$$

可见两种方法计算结果相差很大。

　　为了可靠起见，设计中通常不是选用一个而是同时选用几个公式来计算，并将其结果进行分析比较以确定取舍或求其平均值。要得出较精确的 u_{mf}，可以借助试验方法测定或利用专门适用某反应体系的公式加以计算得到。

2. 颗粒带出速度

　　颗粒带出速度 u_t 是流化床中流体速度的上限，也就是气速增大到此值时，流体对粒子的曳力与粒子的重力相等，粒子将被气流带走。此带出速度，或称终端速度，近似等于粒子的自由沉降速度。因此只要求出颗粒的自由沉降速度即可得出带出速度 u_t。颗粒在流体中沉降时，受到重力、流体的浮力和流体与颗粒间摩擦力的作用。此时，重力＝浮力＋摩擦阻力。

　　对球形颗粒等速沉降时，可得出下式：

$$\frac{\pi}{6}d_P^3\rho_P = C_D\frac{\pi}{4}d_P^2\frac{u_t^2\rho_f}{2g} + \frac{\pi}{6}d_P^3\rho_f \tag{5-11}$$

整理后得：

$$u_t = \left[\frac{4}{3}\times\frac{d_P(\rho_P-\rho_f)g}{\rho_f C_D}\right]^{1/2} \tag{5-12}$$

　　式中，C_D 为曳力系数，是 $Re_t=\dfrac{d_P u_t\rho_f}{\mu_f}$ 的函数，对球形粒子，当 $Re_t<0.4$，$C_D=24/Re_t$；当 $0.4<Re_t<500$，$C_D=10/Re_t^{1/2}$；当 $500<Re_t<2\times10^5$，$C_D=0.43$。分别代入式(5-12) 得：

$$u_t = \frac{d_P^2(\rho_P-\rho_f)g}{18\mu_f} \qquad\qquad Re_t<0.4 \tag{5-13}$$

$$u_t = \left[\frac{4}{225}\times\frac{(\rho_P-\rho_f)^2 g^2}{\rho_f\mu_f}\right]^{1/3}d_P \qquad 0.4<Re_t<500 \tag{5-14}$$

$$u_t = \left[\frac{3.1 d_P(\rho_P-\rho_f)g}{\rho_f}\right]^{1/2} \qquad 500<Re_t<2\times10^5 \tag{5-15}$$

　　用上列诸式计算的 u_t 也需再代入 Re_t 中以检验其范围是否相符。

　　对于非球形粒子，C_D 可用非对应的经验公式计算，或者查阅相应的图表。但在查阅中应特别注意适用的范围。

　　用上面的公式还可以考察对于大、小颗粒流化范围的影响。

如对细粒子，当 $Re_t<0.4$ 时

$$\frac{u_t}{u_{mf}} = \frac{式(5-13)}{式(5-8)} = 91.6 \tag{5-16}$$

对大颗粒，当 $Re_t>1000$ 时

$$\frac{u_t}{u_{mf}} = \frac{式(5-15)}{式(5-9)} = 8.72 \tag{5-17}$$

　　可见 u_t/u_{mf} 的大致范围在 $10\sim90$ 之间，颗粒愈细，比值越大，即表示从能够流化起来到被带走为止的这一范围就愈广，这就说明了为什么在流化床中用细的粒子比较适宜的

原因。

【例 5-2】 计算粒径分别为 $10\mu m$，$100\mu m$，$1000\mu m$ 的微球形催化剂在下列条件下的带出速度。已知颗粒密度 $\rho_P = 2500 kg/m^3$，颗粒的球形度 $\varphi_S = 1$；流体密度 $\rho_f = 1.2 kg/m^3$，流体黏度 $\mu_f = 1.8 \times 10^{-5} Pa \cdot s$。

解：（1）$d_P = 10\mu m = 1 \times 10^{-5} m$

$$u_t = \frac{d_P^2(\rho_P - \rho_f)g}{18\mu_f} = \frac{(1\times10^{-5})^2 \times (2500-1.2) \times 9.81}{18 \times 1.8 \times 10^{-5}} = 0.00756 \ (m/s)$$

$$Re_t = \frac{d_p u_t \rho_f}{\mu_f} = \frac{1\times10^{-5} \times 0.00756 \times 1.2}{1.8\times10^{-5}} = 0.005 < 0.4$$

（2）$d_P = 100\mu m = 1 \times 10^{-4} m$

$$u_t = \left[\frac{4}{225} \times \frac{(\rho_P-\rho_f)^2 g^2}{\rho_f \mu_f}\right]^{1/3} d_P = \left[\frac{4}{225} \times \frac{(2500-1.2)^2 \times 9.81^2}{1.2 \times 1.8 \times 10^{-5}}\right]^{1/3} \times 1\times10^{-4} = 0.79 \ (m/s)$$

$$Re_t = \frac{d_p u_t \rho_f}{\mu_f} = \frac{1\times10^{-4} \times 0.79 \times 1.2}{1.8\times10^{-5}} = 5.3 > 0.4$$

（3）$d_P = 1000\mu m = 1 \times 10^{-3} m$

$$u_t = \left[\frac{3.1 d_P(\rho_P-\rho_f)g}{\rho_f}\right]^{1/2} = \left[\frac{3.1 \times 1\times10^{-3} \times (2500-1.2) \times 9.81}{1.2}\right]^{1/2} = 7.96 \ (m/s)$$

$$Re_t = \frac{d_p u_t \rho_f}{\mu_f} = \frac{1\times10^{-3} \times 7.86 \times 1.2}{1.8\times10^{-5}} = 530.7 > 500$$

【例 5-3】 计算粒径为 $80\mu m$ 的球形砂子在 $20\,^{\circ}\mathrm{C}$ 空气中的带出速度。砂子的密度为 $\rho_P = 2650 kg/m^3$，$20\,^{\circ}\mathrm{C}$ 空气的密度 $\rho_f = 1.205 kg/m^3$，空气的黏度 $\mu_f = 1.85 \times 10^{-5} Pa \cdot s$。

解： $d_P = 80\mu m = 8 \times 10^{-5} m$

先考虑在层流区求带出速度：

$$u_t = \frac{d_P^2(\rho_P - \rho_f)g}{18\mu_f}$$

因空气密度 ρ_f 比颗粒密度 ρ_P 小得多，故 $\rho_P - \rho_f \approx \rho_P$，于是上式可简化为：

$$u_t = \frac{d_P^2 \rho_P g}{18\mu_f} = \frac{(8\times10^{-5})^2 \times 2650 \times 9.81}{18 \times 1.85 \times 10^{-5}} = 0.50 \ (m/s)$$

$$Re_t = \frac{d_P u_t \rho_f}{\mu_f} = \frac{8\times10^{-5} \times 0.50 \times 1.205}{1.85\times10^{-5}} = 2.605 > 0.4$$

因 $Re_t > 0.4$，故不能用层流区公式求 u_t，改用过渡区公式计算得：

$$u_t = \left[\frac{4}{225} \times \frac{\rho_P^2 g^2}{\rho_f \mu_f}\right]^{1/3} d_P = \left[\frac{4}{225} \times \frac{2650^2 \times 9.81^2}{1.205 \times 1.85 \times 10^{-5}}\right]^{1/3} \times (8\times10^{-5}) = 0.65 \ (m/s)$$

$$Re_t = \frac{d_P u_t \rho_f}{\mu_f} = \frac{8\times10^{-5} \times 0.65 \times 1.205}{1.85\times10^{-5}} = 3.39 > 0.4$$

表明可用过渡区公式求带出速度。

由以上可以看出，应用式(5-13)～式(5-15)计算球形颗粒的沉降速度时，需要根据雷诺数的大小来选用计算公式，由于 u_t 尚未知，因此要用试差法计算。

3. 操作速度 u_0 的选择

如上所述，求出了临界流化速度和带出速度，原则上确定了流化床操作速度的范围，其范围较宽，要最终确定操作速度，还必须考虑许多因素，加以综合分析比较，才能得出适当的选择。

通常在有下列情况的表现之一时，宜采用较低的操作速度：

- 颗粒易碎或催化剂价格昂贵；
- 颗粒粒度筛分的范围宽，或参加反应使粒度逐渐减小；
- 过程的反应速率很慢，空间速度小；
- 需要的床层高度很低，颗粒有很好的流化特性；
- 反应热不大；
- 粉尘回收系统的效率低或负荷过重等。

而对于下列情况一般则可提高操作速度：

- 过程反应速率快，空间速度高；
- 反应热大需要通过受热面移走；
- 床层基本保持等温状态；
- 要求颗粒具有高度的活动性如循环流化床等。

综上所述，实际生产中，操作气速是根据具体情况确定的。流化数 u/u_{mf} 一般在 $1.5\sim10$ 的范围内，也有高达几十甚至几百的，如石油的催化裂化就是如此。另外也有按 $u/u_t = 0.1\sim0.4$ 左右来选取的。通常采用的气速在 $0.15\sim0.5m/s$。我国的流化床反应器，通常的操作速度 u_0 约为 $0.2\sim1.0m/s$。

二、流化床反应器中的传质

流化床的传质是在流体与颗粒的接触中完成的，从而达到高效的传质和传热的目的，这正是流化床反应器的最突出的优点。因而流化床中的传质及传热也是最重要的问题。传质是以两相间的具体运动为基础的，影响因素众多，情况也十分复杂，目前只能从机理性假设出发，推导出传质系数，但往往只适用于有限的问题，对于实际情况仍靠实验数据及关联式加以解决。

流化床中的传质，一般认为包括颗粒与流体间的、床层与壁或浸泡物体间的传质以及相间传质。以下分别加以介绍。

传质系数 k_d 在模块一中已有介绍。但对于流化床，一般是以整个床中的情况综合来计算的。表 5-1 为根据实验数据关联提出的一些无量纲关联式，在计算时可视具体情况分别选用。

（一）颗粒与流体间的传质

如前所述，气体进入床层后，部分通过乳化相流动，其余则以气泡形式通过床层。乳化相中的气体与颗粒接触良好，而气泡中的气体与颗粒接触较差，原因是气泡中几乎不含颗粒，气体与颗粒接触的主要区域集中在气泡与气泡晕的相界面和尾涡处。无论流化床用作反应器还是传质设备，颗粒与气体间的传质速率都将直接影响整个反应速率或总传质速率。所以，当流化床用作反应器或传质设备时，颗粒与流体间的传质系数 k_G 是一个重要的参数。可以通过传质速率来判断整个过程的控制步骤。关于传质系数，文献报道的经验公式很多，只在一定的范围内适用，使用时应注意适用条件。

表 5-1　颗粒与流体间的传质系数

作　者	关　联　式	适　用　情　况
Froessling	$Sh=2+0.6Re^{1/2}Sc^{1/3}$ $Sh=k_d d_P y/D_g$ $Re=d_P \rho u_0/\mu$ $Sc=\mu/\rho D_g$	单颗圆球（y—惰性或非扩散组分的对数平均分率；u_0—相对速度；D_g—气体分子扩散系数）
Fan，Yang，Wen	$Sh=2.0+1.5[(1-\varepsilon_f)Re]^{0.5}Sc^{0.33}$	液-固流化床 $5<Re<120$，$\varepsilon_f\leqslant 0.84$
Kato 等	①当 $0.5\leqslant Re(d_P/L')^{0.6}\leqslant 80$ $Sh=0.43[Re(d_P/L')^{0.6}]^{0.97}Sc^{0.33}$ ②当 $80\leqslant Re(d_P/L')^{0.6}\leqslant 1000$ $Sh=12.5[Re(d_P/L')^{0.6}]^{0.2}Sc^{0.33}$	气-固流化床 $L'=LX_s$，有效床高 X_s—起传质作用的固体分率（无惰性物质时 $X_s=1$）
Beek	①当 $5<Re_P<500$ $\dfrac{k_d}{u_0}\varepsilon_f Sc^{2/3}=(0.81\pm0.05)Re_P^{-0.5}$ ②当 $50<Re_P<2000$ $\dfrac{k_d}{u_0}\varepsilon_f Sc^{2/3}=(0.6\pm0.1)Re_P^{-0.43}$	液-固流化床　$100<Sc<1000$ $0.43<\varepsilon_f<0.63$ 气-固及液-固流化床 $0.6<Sc<2000$ $0.43<\varepsilon_f<0.75$
Chu	①当 $1<Re'_P<30$ $j_d=5.7(Re'_P)^{-0.78}$ ②当 $30<Re'_P<5000$ $j_d=1.77(Re'_P)^{-0.44}$ $j_d=\dfrac{k_d}{u}Sc^{2/3}$	液-固及气-固流化床

（二）　床层与浸没物体间的传质

此时的传质系数 k_s 的一个通用公式：

$$\frac{k_s}{u_0}\varepsilon_f Sc^{2/3}=C(Re)^{-m} \tag{5-18}$$

其中 $Re=\dfrac{d_P \rho u}{\mu_f(1-\varepsilon_f)}$；$\varepsilon_f$ 为流化床的空隙率。对于液-固流化床，在 $6<Re<200$，$0.45<\varepsilon_f<0.85$ 时，则 $C=1.2\pm0.1$，$m=0.52$；如在 $200<Re<2800$，$0.47<\varepsilon_f<0.9$ 时，则 $C=0.6\pm0.1$，$m=0.375$；对于气-固流化床来说，则有 $C=0.7$，$m=0$，（适用范围 $300<Re<12000$，$0.5<\varepsilon_f<0.95$）。

当 $\varepsilon_f=0.6$ 左右时 k_s 的值达到最大，此时的表观气速 u_{max} 可以由如下公式计算：$C_D<10$，$u_{max}/u_{mf}=(5.0\pm0.5)C_D^{0.75}$；$C_D>10$，$u_{max}/u_{mf}=36$。式中 C_D 是单颗粒子的曳力系数，对于不太细、太轻的粒子，这一比值（u_{max}/u_{mf}）大约在 3～5。

（三）　气泡与乳化相间的传质

由于流化床反应器中的反应实际上是在乳化相中进行的，所以气泡与乳化相间的气体交换作用（也称相间传质）非常重要。相间传质速率与表面反应速率的快慢，对于选择合理的床型和操作参数都直接有关，图 5-24 是相间交换的示意图，从气泡经气泡晕到乳化相的传递是一个串联过程。以气泡的单位体积为基准，气泡与气泡晕之间的交换系数 $(k_{bc})_b$、气泡晕与

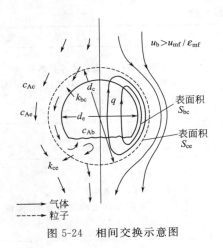

图 5-24 相间交换示意图

乳化相之间的交换系数$(k_{ce})_b$以及气泡与乳化相之间的总系数$(k_{be})_b$均以 s^{-1} 表示；气泡在经历 dl（时间 $d\tau$）的距离内的交换速率（以组分 A 表示），用单位时间单位气泡体积所传递的组分 A 的物质的量（mol）来表示，即：

$$-\frac{1}{V_b}\times\frac{dN_{Ab}}{d\tau}=-u_b\frac{dc_{Ab}}{dl}=(k_{be})_b(c_{Ab}-c_{Ac})$$
$$=(k_{bc})_b(c_{Ab}-c_{Ac})\approx(k_{ce})_b(c_{Ac}-c_{Ae}) \tag{5-19}$$

式中 N_{Ab}——组分 A 的物质的量，kmol；

         V_b——气泡体积，m^3；

         u_b——气泡速度，m/s；

         c_{Ab},c_{Ac},c_{Ae}——气泡相、气泡晕、乳化相中反应组分 A 的浓度，$kmol/m^3$。

气体交换系数的含义是在单位时间内以单位气泡体积为基准所交换的气体体积。三者间的关系如下：

$$\frac{1}{(k_{be})_b}\approx\frac{1}{(k_{bc})_b}+\frac{1}{(k_{ce})_b} \tag{5-20}$$

对于一个气泡而言，单位时间内与外界交换的气体体积 Q 可认为等于穿过气泡的穿流量 q 及相间扩散量之和，即：

$$Q=q+\pi d_e^2 k_{bc} \tag{5-21}$$

式中，$q=\frac{3}{4}u_{mf}\pi d_e^2$，而传质系数 k_{bc} 可由下式估算：

$$k_{bc}=0.975D^{1/2}(g/d_e)^{1/4} \tag{5-22}$$

式中，D 为气体的扩散系数；d_e 为气泡当量直径。将 q 的计算式和式（5-22）代入式（5-21）中可求得：

$$(k_{bc})_b=\frac{Q}{\pi d_e^3/6}=4.5\left(\frac{u_{mf}}{d_e}\right)+\left(5.85\frac{D^{1/2}g^{1/4}}{d_e^{5/4}}\right) \tag{5-23}$$

此外，$(k_{ce})_b$ 可由下式估算：

$$(k_{ce})_b=\frac{k_{ce}S_{bc}(d_c/d_e)^2}{V_b}\approx6.78\left[\frac{D_e\varepsilon_{mf}u_b}{d_e^3}\right]^{1/2} \tag{5-24}$$

式中，S_{bc} 是气泡与气泡晕的相界面积；k_{ce} 为气泡量与乳化相间传质系数；d_c 为气泡晕直径；D_e 为气体在乳化相中的扩散系数。在目前还缺乏实测数据的情况下，可取 $D_e=\varepsilon_{mf}D\sim D$ 之间的值。

需要指出的是，相关文献介绍的不同相间的交换系数及关联式，是根据不同的物理模型和不同的数据处理方法而得出的，引用时必须注意其适用条件。

三、流化床反应器中的传热

由于流化床中流体与颗粒的快速循环，流化床具有传热效率高、床层温度均匀的优点。气体进入流化床后很快达到流化床温度，这是因为气固相接触面积大，颗粒循环速度高，颗粒混合得很均匀以及床层中颗粒比热容远比气体比热容高等原因。研究流化床传热主要是为了确定维持流化床温度所必需的传热面积。在一般情况下，自由流化床是等温的，粒子与流体之间的温差（除特殊情况外）可以忽略不计。流化床中传热的理论和实验研究很多，基于机理研究也推导出很多传热系数公式，但也只能适用于有限定条件的情况。流化床中的传热，与传质类似，包括三个基本形式：一是颗粒与颗粒之间的传热；二是相间即气体与固体颗粒之间的传热；三是床层与内壁间和床层与浸没于床层中的换热器表面间的传热。在这三个形式中，前两种的给热速率要比第三种大得多，因此要提高整个流化床的传热速率，关键在于提高床层与器壁和换热器间的传热。下面着重讨论床层与器壁和换热器间的传热。流化床大多用于反应热负荷大的反应，床层中的大量热量仅靠器壁来传递是不能满足换热要求的，大多数情况下必须采用内换热器。常见的流化床内部换热器如图 5-25 所示。

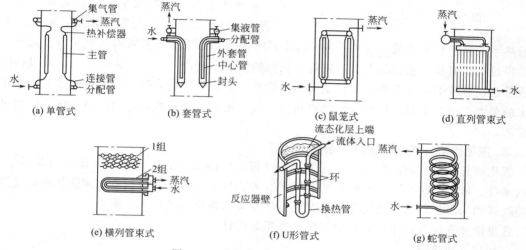

图 5-25　流化床常用的内部换热器

① 列管式换热器是将换热管垂直放置在床层内密相或床面上稀相的区域中。常用的有单管式和套管式两种，根据传热面积的大小，排成一圈或几圈。

② 鼠笼式换热器由多根直立支管与汇集横管焊接而成，这种换热器可以安排较大的传热面积，但焊缝较多。

③ 管束式换热器分直列和横列两种，但横列的管束式换热器常用于流化质量要求不高而换热量很大的场合，如沸腾燃烧锅炉等。U 形管式换热器是经常采用的种类，具有结构简单、不易变形和损坏、催化剂寿命长、温度控制十分平稳的优点。

④ 蛇管式换热器也具有结构简单，不存在热补偿问题的优点，但也存在同水平管束式换热器相类似的问题，即换热效果差，给热系数低，对床层流态化过程有干扰。

1. 床层对换热器壁给热系数的影响因素

流化床与器壁的给热系数 α_w 比空管及固定床中都要高，下面简要说明床层对换热器壁给热系数的影响因素。

（1）操作速度的影响

如图 5-26 所示。在起始流化速度以上，α_w 随气速的增加而增大到一个极大值，然后下降。极大值的存在可用固体颗粒在流化床中的浓度随流速增加而降低来解释。低速时，床层处于固定床阶段，给热系数随着气速的增大略有增大；当气速超过 u_{mf} 处于流化床操作阶

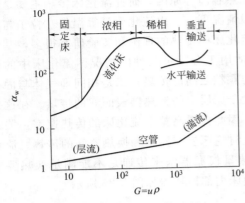

图 5-26　器壁给热系数示例

段，气速越大，由于颗粒的运动越激烈，给热系数剧增；但随着气速进一步增大，床层膨胀加大，床层空隙率也相应增加，对床层与换热器的换热不利，所以此时给热系数减小。

（2）颗粒直径的影响

在操作气速接近的情况下，颗粒直径越小，床层与器壁给热系数越大。因为颗粒小，随着颗粒的运动换热表面与颗粒接触的密度就得到了增大。

（3）换热器形状以及挡网、挡板的影响

因为上下排列的水平换热管对颗粒与中部管子的接触起了一定的阻碍作用，所以水平管的给热系数比垂直管的低，这就是流化床中尽可能少用水平管和斜管的主要原因。此外，管束排得过密或有横向挡板的存在，减弱了颗粒的湍动程度，对传热的影响复杂。加设挡网或挡板都会使颗粒的运动受阻而降低最大给热系数。但在气速较大时，挡板床的给热系数比自由床的要大。而分布板的结构如何也直接关系到气泡的大小和数量，因此对传热的影响也是显著的。

2．流化床层对换热器壁给热系数的计算

流化床与换热表面间的传热是一个复杂过程，给热系数的关联式与流体和颗粒的性质、流动条件、床层与换热面的几何形状等因素有关。目前文献上介绍的流化床换热面的给热系数关联式的局限性很大，遇到实际情况仍需依靠实验数据和关联式来解决。

这里简要介绍流化床层对换热器壁给热系数的计算。

（1）直立换热管

当换热管是直立管时，床层与换热器间的给热系数可按下式计算（适用条件：$Re = \dfrac{d_P u_0 \rho_f}{\mu_f} = 0.01 \sim 100$）。

$$\frac{\alpha_0 d_P}{\lambda_f} = 0.00035 c_R (1 - \varepsilon_f) \left(\frac{c_f \rho_f}{\lambda_f}\right)^{0.43} \left(\frac{d_P u_0 \rho_f}{\mu_f}\right)^{0.23} \left(\frac{c_s}{c_f}\right)^{0.8} \left(\frac{\rho_P}{\rho_f}\right)^{0.66} \tag{5-25}$$

式中　c_R——竖管距离床层中心位置的校正系数，可查图 5-27；

　　$\dfrac{c_f \rho_f}{\lambda_f}$——有量纲的物性数群，$s/m^2$；

　　λ_f——流体的热导率，$J/(m \cdot s \cdot K)$；

　　c_f——流体的比热容，$J/(kg \cdot K)$；

　　c_s——固体颗粒的比热容，$J/(kg \cdot K)$；

　　u_0——流化床的空床气速，m/s；

　　ε_f——流化床的空隙率；

　　α_0——床层与器壁间的给热系数，$W/(m^2 \cdot K)$。

（2）水平换热管

当 $Re = \dfrac{d_t u_0 \rho_f}{\mu_f} < 2000$ 时

$$\frac{\alpha_0 d_t}{\lambda_f}=0.66\left(\frac{c_f\mu_f}{\lambda_f}\right)^{0.3}\left[\left(\frac{d_t u_0\rho_f}{\mu_f}\right)\left(\frac{\rho_P}{\rho_f}\right)\left(\frac{1-\varepsilon_f}{\varepsilon_f}\right)\right]^{0.44} \tag{5-26}$$

式中，d_t 为水平管外径，m。

当 $Re=\dfrac{d_t u_0\rho_f}{\mu_f}>2500$ 时

$$\frac{\alpha_0 d_t}{\lambda_f}=420\left(\frac{c_f\mu_f}{\lambda_f}\right)^{0.3}\left[\left(\frac{d_t u_0\rho_f}{\mu_f}\right)\left(\frac{\rho_P}{\rho_f}\right)\left(\frac{\mu_f^2}{d_P^3\rho_P^2 g}\right)\right]^{0.3} \tag{5-27}$$

当 $2000<Re<2500$ 时，取式(5-26)和式(5-27)的平均值。

（3）外壁面

$$\psi=\frac{(\alpha_0 d_P/\lambda_f)/[(1-\varepsilon_f)c_s\rho_P/c_f\rho_f]}{1+7.5\exp[-0.44(L_h/D)(c_f/c_s)]} \tag{5-28}$$

式中　L_h——换热面的长度，m；

　　　D——流化床反应器的内径，m；

　　　ψ——可查图 5-28。

从流化床与换热器表面间传热的许多研究结果，可以得出各种参数对给热系数影响的定性规律。颗粒的热导率及床层高度对 α_0 没有多少影响；颗粒的比热容增大，α_0 也增大；粒径增大，α_0 降低；流体的热导率是 α_0 最主要的影响因素，α_0 与 λ^n 成正比，其中 $n=1/2\sim 2/3$；床层直径的影响较难判定；床内管子的管径小时 α_0 大，因为它上面的颗粒群更易于更替下来；管子的位置对 α_0 的影响不太大，主要应根据工艺上的要求而定，但如管束排列过密，则 α_0 降低；对水平管束来说，错列的影响更大些；横向挡板使可能达到的 α_0 的最大值降低而相应的气速却需要提高；分布板的开孔情况影响气泡的数量和尺寸，在气速小于最优值时，增加孔数和孔径将使与外壁面的 α_0 值降低。

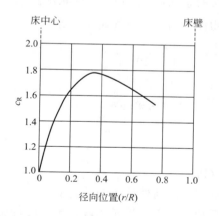

图 5-27　竖管距离床层中心位置的校正系数　　　　　图 5-28　管壁给热系数关联图

【例 5-4】　一流化床内设置了水平管换热器，换热管直径 20mm，计算流化床层对换热管的给热系数。已知条件：$u_{mf}=0.013$m/s，$u_0=0.26$m/s，$\varepsilon_{mf}=0.45$，$\varepsilon_f=0.75$；颗粒 $d_P=1.55\times10^{-4}$m，$\rho_P=1600$kg/m^3，$c_{ps}=0.629$kJ/(kJ·K)；气体 $\lambda_f=0.175$kJ/(m·h·K)，$\mu=0.09$kg/(m·h)，$\rho_g=0.8$kg/m^3，$c_f=1.13$kJ/(kg·K)。

解：首先判断 Re 的范围

$$Re=\frac{d_t\rho_g u_0}{\mu}=\frac{0.02\times0.8\times0.26\times3600}{0.09}=166<2000$$

可采用式(5-26)计算，将已知条件代入有

$$\frac{\alpha_0 d_t}{\lambda_f}=0.66\times\left(\frac{1.13\times0.09}{0.175}\right)^{0.3}\times\left(166\times\frac{1600}{0.8}\times\frac{1-0.75}{0.75}\right)^{0.44}=0.56\times165.72=92.80$$

所以

$$\alpha_0=\frac{92.80\times0.175}{0.02}=812\ [kJ/(m^2\cdot h\cdot K)]$$

项目三　流化床反应器的计算

工艺计算或选用流化床反应器首先是选型，再就是确定床高和床径、内部构件，并计算压力降等。工业上应用的流化床反应器大多为圆筒形，因为它具有结构简单、制造方便、设备利用率高等优点。除了圆筒形外，还有许多其他结构型式的流化床。具体选型主要应根据工艺过程的特点来考虑，即化学反应的特点、颗粒或催化剂的性能、对产品的要求以及生产规模。

一、流化床反应器结构尺寸的计算

流化床的床径与床高是工业流化床反应器的两个主要结构尺寸。对于工业中的化学反应，尤其是催化反应所用的流化装置，首先要用实验来确定主要反应的本征速率，然后才可选择反应器，结合传递效应建立数学模型。鉴于模型本身存在不确切性，因此还需要进行中间试验。这里就催化气固流化床反应器的直径与床高的确定作简要介绍，有关非催化流化床可查阅有关资料。

（一）流化床直径

当生产规模确定后，通过物料衡算得出通过床层的总气量 q_V[m³(标准状况)/h]。用前面介绍的方法，根据反应要求的温度、压力和气固物性，确定操作气速 u，则有：

$$q_V=\frac{1}{4}\pi D_R^2 u\times3600\times\frac{273}{T}\times\frac{p}{1.013\times10^5}$$

$$D_R=\sqrt{\frac{4\times1.013\times10^5\times T\times q_V}{273\times3600\pi up}}=\sqrt{\frac{4.052Tq_V}{9.828\pi up}} \tag{5-29}$$

式中　q_V——气体的体积流量，m³/h；

　　D_R——反应器直径，m；

　$T，p$——反应时的绝对温度（K）和绝对压力（Pa）；

　　u——以 T、p 计的表观气速，m/s，一般取 1/2 床高处的 p 进行计算。

为了尽量减少气体中带出的颗粒，一般流化床反应器上部设置扩大段，扩大段直径由不允许吹出粒子的最小颗粒直径来确定。首先根据物料的物性参数与操作条件计算出此颗粒的自由沉降速度，然后按下式计算出扩大段直径 D_d。

$$q_V=\frac{1}{4}\pi D_d^2 u_t\times3600\times\frac{273}{T}\times\frac{p}{1.013\times10^5}$$

$$D_d=\sqrt{\frac{4.052Tq_V}{9.828\pi u_t p}} \tag{5-30}$$

（二） 流化床高度

一台完整的流化床反应器高度包括流化床浓相段高度 h_1、稀相段高度 h_2（包括扩大段高度和分离段高度）和锥底高度 h_3。

浓相段高度又可由临界流化床高 L_{mf}（也称静止床高 L_D）和膨胀比 R 按式（5-32）计算。对于一定的流化床直径和操作气速，必须有一定的静止床高。对于生产过程，可根据产量要求算出固体颗粒的进料量 W_s(kg/h)，然后根据要求的接触时间 τ(h)，求出固体物料在反应器内的装载量 M(kg)，继而求出临界流化床时的床高 L_{mf}。即：

$$M = W_s \tau$$

$$\tau = \frac{\frac{1}{4}\pi D_R^2 L_{mf}\rho_{mf}}{W_s} = \frac{\frac{1}{4}\pi D_R^2 L_{mf}\rho_P(1-\varepsilon_{mf})}{W_s}$$

$$L_{mf} = \frac{4W_s\tau}{\pi D_R^2 \rho_P(1-\varepsilon_{mf})} \tag{5-31}$$

知道了 L_{mf} 后，可根据床层膨胀比 R 求出流化床的床高 $L_f(h_1)$。床层的膨胀比定义为：$R = h_1/L_{mf} = (1-\varepsilon_{mf})/(1-\varepsilon_f) = \rho_{mf}/\rho_m$。其中 ρ_{mf} 和 ρ_m 分别为临界流化状态和实际操作条件下床层的平均密度。则：

$$h_1 = RL_{mf} \tag{5-32}$$

由于气固系统的不稳定性，床面有一定的起伏，为使床层稳定操作，一般在反应器计算时要考虑在床高之上增加一段高度，使之能够适应床面的起伏，这一段高度称为稳定段高度，用 L_D 表示。它主要取决于床层的稳定性和操作中浓相床层的高度变化范围。

具有扩大段的流化床反应器，通常将内旋风分离器或过滤管设置在扩大段中，因此这一段的高度须视粉尘回收装置的尺寸以及安装和检修的方便来决定。实际操作中的设备多选取扩大段高度 h_2'' 与反应器直径 D_R 大约相等的办法。有时还可不设扩大段，分离段上方只留有安装旋风分离器的空间。

分离段高度 h_2' 的确定。所谓分离高度是指在床层上面空间有这样一段高度，这段高度中，气流内夹带的颗粒浓度随高度而变，而在超过这一高度后，颗粒浓度才趋于一定值而不再减小。即从床层面算起至气流中颗粒夹带量接近正常值处的高度。它是流化床反应器计算中的一个重要参数，所以许多人对此进行了研究。

如 Horio 提出的关联式

$$h_2'/D_R = (2.7D_R^{-0.36} - 0.7)\exp(0.74uD_R^{-0.23}) \tag{5-33}$$

谢裕生等提出的关联式

$$h_2' = (63.5/\eta)\sqrt{d_e/g} \tag{5-34}$$

式中，$\eta = 4.5\%$；d_e 为气泡当量直径，m。

尽管对 h_2' 的研究很多，但由于实验设备的结构、规模及实验条件的差异，使有些研究结果相差甚远，有些与生产实际也相差甚远，至今尚无公认的可靠方法，一般由经验关联式或关联图获取（参考［例5-5］）。

锥底高度 h_3，一般根据锥角计算，锥角可取 $60°$ 或 $90°$，据式（5-35）计算：

$$h_3 = \frac{D_R}{2\tan\dfrac{\theta}{2}} \tag{5-35}$$

式中 D_R——反应器直径，m；

　　　 θ——锥角，(°)。

（三）流化床反应器压力降的计算

　　流化床反应器的压力降主要包括气体分布板压力降、流化床压力降和分离设备压力降。其中流化床压力降的计算已在前面讨论过，此处只简单介绍分布板的压力降计算。

1．分布板的压力降

　　设计分布板时，主要是确定分布板的压力降和开孔率。流体通过分布板的压力降可用床内表观速度的速度头倍数来表示：

$$\Delta p_D = 9.807 C_D \frac{u^2 \rho_f}{2\varphi^2 g} \qquad (5\text{-}36)$$

式中 Δp_D——分布板压力降，Pa；

　　　 φ——分布板开孔率；

　　　 C_D——曳力系数，其值在 1.5～2.5 之间，对于锥帽侧缝式分布板，取 2.0。

2．分布板的临界压力降

　　分布板通过对流体流过设置一定的阻力或压降，并且这种阻力大于气体流股沿整个床截面重排的阻力，起到破坏流股而均匀分布气体的作用。或者说只有当分布板的阻力大到足以克服聚式流态化原生不稳定性的恶性引发时，分布板才有可能将已经建立的良好起始流态化条件稳定下来。因此在其他条件相同的情况下，增大分布板的压降能起到改善分布气体和增加稳定性的作用。但是压降过大将无谓地消耗动力，这样就引出了分布板临界压降的概念。

　　临界压降是指分布板能起到均匀布气并具有良好稳定性的最小压降，它与分布板下面的气体引入及分布板上的床层状况有关。应当指出，均匀分布气体和良好稳定性这两点，对分布板临界压降的要求是不一样的。前者是由分布板下面的气体引入状况所决定，后者由流态化床层所决定。分布板均匀分布气体是流化床具有良好稳定性的前提，否则就根本谈不上流化床会有良好的稳定性。但是分布板即使具备了均匀分布气体的条件，流化床也不一定稳定下来。这两者既有联系，又有区别。因此将分布板的临界压降区分为分布气体临界压降和稳定性临界压降两种。在设计计算中，分布板的压降应该大于或等于这两个临界压降。

　　（1）分布气临界压降　　上面提到分布气临界压降与分布板下的气体流型有关，因此会因预分布器的不同而变化。一般来说，有预分布器时，分布气临界压降会适当降低。

　　王尊孝等测定了直径为 0.5～1.0m 不同开孔率的多孔板（空床层）的径向速度分布，发现多孔板径向速率分布仅与分布板开孔率有关，与气流速度无关。当开孔率小于 1％时，径向速率分布趋于均匀，其布气临界压降 $(\Delta p_D)_{dc}$ 的关联式为：

$$(\Delta p_D)_{dc} = 18000 \frac{\rho_f u^2}{2g} \qquad (5\text{-}37)$$

　　（2）稳定性临界压降　　稳定性临界压降由流化床的状态所决定，随床层的变化而变化。为此，稳定性临界压降通常用床层压降的分率来表示。

　　郭慕孙将流化床的不稳定性分为原生不稳定性与次生不稳定性。前者与流化床内流体和固体特性有关，后者与设备结构有关，特别与分布板的设计关系很大，并提出了分布板操作稳定与否的一个判别准则，就是分布板压降的大小。郭将分布板分为低压降与高压降分布板，相应这两种分布板的流化床总压降 $\Sigma\Delta p$ 随流速变化的趋势如图 5-29 所示。图中 ABC 曲线为低压降分布板的特性，$A'B'C'$ 曲线为高压降分布板的特性。图 5-30 所示为低压降分布板的流速分解示意图。图中 $\sum\Delta p = \Delta p_\mathrm{D} + \Delta p_\mathrm{B}$，其中 Δp_D 和 Δp_B 分别为气体通过分布板和床层的压降。

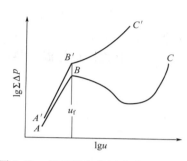

图 5-29　低压降和高压降分布板特性

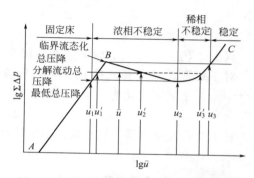

图 5-30　低压降分布板的流速分解示意图

低压降分布板在操作上是不稳定的。从图 5-30 可以看出，当气体以平均速度 $\bar{u} > u_\mathrm{mf}$ 流过系统时，若分布均匀，则应产生一个总压降 $\sum\Delta p$，它沿着图中的曲线 ABC 变化，但因为分布板的压降低，所以当 $\bar{u} > u_1$ 以后，流体可能分解为两部分流动。一部分以 $u_1' < \bar{u} < u$ 的速度流过固定床部分，其余以 $u_2' > \bar{u} > u$ 的流速流过流化床，二者产生相同的压降 $\sum\Delta p_\mathrm{min}$。换言之，当 $\bar{u} > u_1$ 以后，一条表示等压降的水平线可与曲线有两个对应的流速交点，且分解流动所产生的总压降低于均匀流动的总压降 $\sum\Delta p$，所以这样的系统是不稳定的。平均流速超过 u_2 以后，流速仍可能分解，直至 $\bar{u} > u_3$ 以后，床层才进入稳定流态化。

高压降分布板不会出现不稳定现象，其特性曲线 u 与 $\sum\Delta p$ 单值对应，系统总压降始终上升，但过分增大分布板的压降是不经济的。

二、流化床反应器内部构件的计算

（一）换热器传热面积的计算

流化床内换热器的传热面积计算与一般的换热器相同，传热过程的计算公式如下：

$$Q = KA\Delta t_\mathrm{m} \longrightarrow A = \frac{Q}{K\Delta t_\mathrm{m}}$$

$$K = \frac{1}{\dfrac{1}{\alpha_0} + \dfrac{\delta_\mathrm{w}}{\lambda_\mathrm{w}} + \dfrac{\delta_\mathrm{G}}{\lambda_\mathrm{G}} + \dfrac{1}{\alpha_\mathrm{i}}} \tag{5-38}$$

式中　Q——传热速率，$kW/(K \cdot m^2 \cdot s)$；

　　　A——传热面积，m^2；

　　Δt_m——对数平均温差，K；

　　　α_0——床层对管壁的给热系数，$kJ/(m^2 \cdot s \cdot K)$；

　　　α_i——管内流体的给热系数，$kJ/(m^2 \cdot s \cdot K)$；

δ_w，δ_G——分别为换热管壁和污垢层厚度，m；

λ_w，λ_G——分别为换热管材料和污垢层物质的热导率，$kJ/(m \cdot s \cdot K)$。

其中，管内流体的给热系数 α_i 可用化学工程的一般方法求得或参考相关工程数据手册，而式中的污垢层热阻 $\delta_\mathrm{G}/\lambda_\mathrm{G}$ 是指换热器内侧的污垢形成的热阻，由于床层一侧的壁面不断受到固体颗粒的冲刷，因此在此污垢热阻很小，一般不考虑。

流化床中的换热器均安装在远离分布板的床层等温区内，其平均温差在一般情况下可用一般传热计算中常用的对数平均温差，即：

$$\Delta t_m = \frac{\Delta t_1 - \Delta t_2}{\ln \dfrac{\Delta t_1}{\Delta t_2}} = \frac{(T_1 - t_1) - (T_2 - t_2)}{\ln \dfrac{T_1 - t_1}{T_2 - t_2}} = \frac{t_2 - t_1}{\ln \dfrac{T - t_1}{T - t_2}} \tag{5-39}$$

式中，T_1、T_2、t_1、t_2 分别指床层和换热器进出口温度，流化床中 $T_1 = T_2 = T$。

对于列管式或夹套式换热器，管内流体以气化或冷凝的形式进行等温换热时，则有 $t_1 = t_2 = t$，上式可简化为：

$$\Delta t_m = T - t \tag{5-40}$$

对于套管式换热器，其平均温差的计算较复杂，可按下式计算：

$$\Delta t_m = \Delta t_D (t_2 - t_1) \tag{5-41}$$

其中，Δt_D 的计算步骤如下。

① 计算 B 值 $B = \dfrac{1}{2}\left[\dfrac{(T_1 + T_2) - (t_1 + t_2)}{t_2 - t_1}\right]$，流化床中 $T_1 = T_2 = T$，所以有

$$B = \frac{1}{2}\left(\frac{2T - t_1 - t_2}{t_2 - t_1}\right) \tag{5-42}$$

② 计算 R 值：

$$R = \frac{T_2 - T_1}{t_2 - t_1} \tag{5-43}$$

③ 计算 Z 值：

$$Z = \frac{\alpha_i d_i}{\alpha_0 d_0} \tag{5-44}$$

④ 由 R、Z 值查图 5-31，查出 E。

⑤ 由 $\dfrac{E}{B}$ 值查图 5-32，得到 $\Delta t_D / B$。

⑥ 计算 Δt_D 的值。

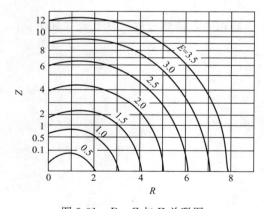

图 5-31　R、Z 与 E 关联图

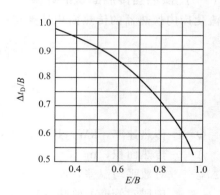

图 5-32　$\Delta t_D / B$ 与 E/B 的关联图

（二） 分布板的计算

分布板的作用是保证良好的流态化状态，但必须要对气体产生一定的阻力，只有这个阻力大于气体通过分布板后沿整个床层重新组合的阻力，分布板才能起到均匀布气的作用。而此阻力即分布板的压力降主要是由开孔率即分布板开孔面积与分布板面积之比来决定的。因此开孔率成为分布板的重要参数。增大分布板压力降或减小开孔率，可改善布气和温度性能的作用，但压力降过大或开孔率过小，将无谓消耗动力，这在技术和经济上是不合理的，因

此便有了临界压降和临界开孔率的概念。

分布板临界压降是分布板能起到均匀布气并且具有良好稳定性的最小压力降，对应的开孔率即为临界开孔率。需要指出的是分布板临界压降可分为两种：布气临界压降和稳定性临界压降，第一种是均匀布气所需要的，由气体引入状况决定，而第二种是使已建立好的均匀布气得以继续保持所需要的，由流化床层决定。因而与此相对应，临界开孔率有所谓分布板临界开孔率和稳定性临界开孔率的区分。

1. 临界开孔率

在有气体预分布器的情况下，可使得临界开孔率由 1% 提高到 1.6%，而在无气体预分布器时，研究者发现，气体的径向速度分布与气体流速无关而仅与分布板的开孔率有关。当开孔率≤1% 时，径向速度分布趋于均匀，因此可以看出，在气体无预分布的情况下，进气管径与床径比在 1/5～1/4 之间、分布板下面进气箱锥角大约为 90°，气流直冲的情况下，分布板的临界开孔率为 1% 左右。

除此之外，也有研究工作者提出用以下经验公式求得临界开孔率：

$$\alpha_{dc} = 0.1\left(\frac{u_0}{u_1}\right)\sqrt{\varepsilon} = 0.1\left(\frac{d_1}{d_t}\right)\sqrt{\varepsilon} \tag{5-45}$$

式中　α_{dc}——分布板布气临界开孔率，无量纲；

　　u_1——气体在进口管中的速度，m/s；

　　ε——分布板的阻力系数，一般在 1.5～2.5 之间；

　　d_1——气体进口管径，m；

　　d_t——流化床床径，m。

实验证明，一般实际采用的值要比按上式计算的数值大一些。

2. 稳定性临界开孔率

稳定性临界压降或稳定性临界开孔率与流化床的状态有关，稳定性临界压降通常可借助床层压降来表示，稳定性临界开孔率是与稳定性临界压降相对应的分布板开孔率。曾有研究机构归纳得到的分布板稳定性临界压降和开孔率的关联式如下：

$$\left(\frac{\Delta p_d}{\Delta p}\right)_{sc} = \frac{1}{2\left(\frac{u_0}{u_{mf}}\right)^2}$$

则

$$\alpha_{sc} = u_0\left(\frac{u_0}{u_{mf}}\right)\sqrt{\frac{\varepsilon\rho_g}{L_{mf}(1-\varepsilon_{mf})\rho_P g} \times \frac{273+t_d}{273+t_f}} \tag{5-46}$$

式中　Δp_d——分布板压降，Pa；

　　Δp——床层压降，Pa；

　　$\left(\dfrac{\Delta p_d}{\Delta p}\right)_{sc}$——分布板稳定性临界压降比，无量纲；

　　α_{sc}——分布板稳定性临界开孔率，无量纲；

　　t_d——进气口气体温度，℃；

　　t_f——床层平均温度，℃。

实际采用的分布板的压降或开孔率是由这两种临界压降或开孔率决定的，在布气临界压降和稳定性临界压降中，哪个数值大就取其作为分布板的压降的依据；开孔率恰好相反，哪个数值小，就取其作为决定分布板开孔率的依据。

（三）旋风分离器尺寸的计算

目前，我国化工常用的旋风分离器型号、结构及尺寸参见表 5-2，符号标注如图 5-33 所示。

表 5-2　各自型号旋风分离器结构特性

序号	型号	进口尺寸			排气管尺寸		器身尺寸		
		h/a	a/D	h_1/D	$A/(h+h_1)$	d_1/D	L_1/D	L_2/D	d_2/D
1	蜗旋型	1.15	0.35	0	1.15	0.4	0.9	1.9	0.15～0.25
2	DF 型	3.1	0.27	0.35	0.45	0.575	1.25	2.8	0.23
3	C 型	3.1	0.27	0.735	0.75	0.575	1.8	2.8	0.23
4	C 型	3.0	0.28	0.35	0.83	0.60	1.31	3.16	0.24

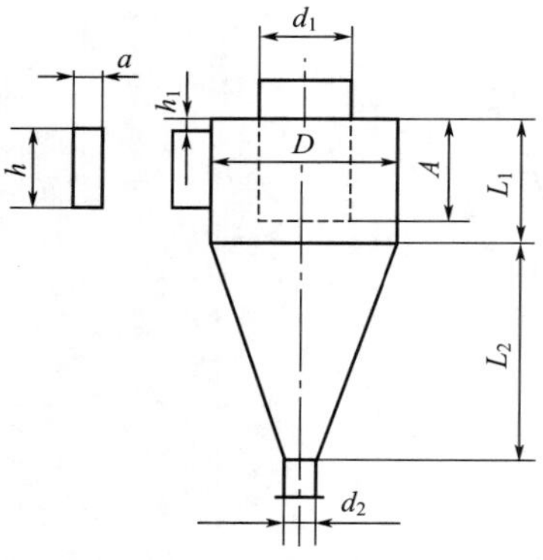

图 5-33　旋风分离器尺寸

旋风分离器结构尺寸的确定，首先根据生产工艺的要求选择适宜的型号，一般来说，短粗的旋风分离器除尘效率低、流体阻力较小，适用于风量大、阻力低和低净化率的要求，细长的旋风分离器除尘效率高，但阻力大。型号选定后，就可以按照流化床稀相段或扩大段的气体流量选择进口气速 u_g，按下式求得旋风分离器的进口面积：

$$ah = \frac{q_V}{u_g} \qquad (5-47)$$

每种型号的旋风分离器的进口高度和宽度都有一定的比例，其他部位的尺寸又与进口高度的宽度呈一定的比例，因此就可以确定出各部分的尺寸了。然后，要校验中央排气口的气速，应该在 3.0～8.0m/s，如果不在此范围，再作适当调整，重新确定结构尺寸，直到满足要求。

【例 5-5】　设计一流化床反应器，根据已知条件试确定该反应器的直径和高度、床层压降及换热面积、旋风分离器的结构尺寸。

已知：进出反应器气体流量为 0.812m³/s 和 0.847m³/s，从反应段移出热量为 31×10^5kW，$\alpha_i = 5.815$kW/(m²·K)。操作条件：反应温度 743K，压力 175kPa，气固接触时间 8s，稀相段温度 573K。

气体性质：进口 $\rho_f = 0.79$kg/m³，$\mu_f = 3.19\times10^{-5}$Pa·s；出口 $\rho_f = 0.98$kg/m³，$\mu_f = 2.46\times10^{-5}$Pa·s，$c_f = 1.382$kJ/(kg·K)，$\lambda_f = 0.05582$W/(m·K)。

固体催化剂：平均粒径 $d_P = 0.191$mm，$d_{P,min} = 0.114$mm，$\rho_P = 1068$kg/m³，床层堆密度 $\rho_B = 640$kg/m³，$c_s = 1.047$(kJ/kg·K)。

解：　根据经验可选用圆筒形流化床反应器，内设锥帽侧缝分布板和百叶窗式挡板，采用套管式冷却器以及两级内旋风分离器。

1. 确定反应器的直径

按经验公式(5-10)求临界流化速度

$$u_{mf} = 0.00923\frac{d_P^{1.82}(\rho_P - \rho_f)^{0.94}}{\mu_f^{0.88}\rho_f^{0.06}} = 0.00923\times\frac{(1.91\times10^{-4})^{1.82}\times(1068-0.79)^{0.94}}{(3.19\times10^{-5})^{0.88}\times0.79^{0.06}}$$

$$= 0.0102 \text{ (m/s)}$$

计算雷诺数：$Re_{mf} = \frac{d_P u_{mf}\rho_f}{\mu_f} = \frac{0.000191\times0.0102\times0.79}{3.19\times10^{-5}} = 0.048 < 5$

所以不需要校正，按式(5-13)计算带出速度：

$$u_t' = \frac{d_{P,min}^2 (\rho_P - \rho_f) g}{18\mu_f} = \frac{0.000114^2 \times (1068 - 0.98)}{1.835 \times 2.46 \times 10^{-5}} = 0.307 \text{（m/s）}$$

$$Re_t = \frac{d_{P,min} u_t' \rho_f}{\mu_f} = \frac{0.000114 \times 0.307 \times 0.98}{2.46 \times 10^{-5}} = 1.39$$

查图 5-34 有 $F_D = 0.87$，则：

$$u_t = u_t' \times F_D = 0.307 \times 0.87 = 0.267 \text{（m/s）}$$

根据一般经验可取操作速度 $u_0 = 0.8 \text{m/s}$。

由公式(5-29) 简化为标况下公式 $D = \sqrt{\dfrac{4q_V}{\pi u_0}}$，计算床层直径：$D = \sqrt{\dfrac{4 \times 0.812}{3.14 \times 0.8}} = 1.14\text{m}$，取整为 $D = 1.2\text{m}$。

2. 反应器高度的确定

反应器高度可按图 5-35 所示，分为浓相段 h_1、稀相段 h_2 和锥底高度 h_3。

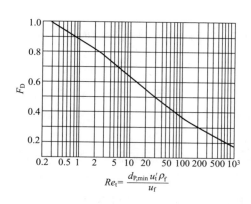

图 5-34　带出速度的校正系数

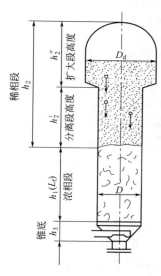

图 5-35　流化床壳体高度分段示意图

（1）浓相段高度 h_1

临界空隙率：

$$\varepsilon_{mf} = 1 - \frac{\rho_B}{\rho_P} = 1 - \frac{640}{1068} = 0.4$$

流化空隙率用经验公式计算，即

$$\varepsilon_f = \left[\frac{u_0^3 \mu_f \rho_f}{d_P^3 g^2 (\rho_P - \rho_f)^2} \right]^{1/9.3}$$

$$= \left[\frac{0.8^3 \times 3.19 \times 10^{-5} \times 0.79}{0.000191^3 \times 9.81^2 \times (1068 - 0.79)^2} \right]^{1/9.3}$$

$$= 0.64$$

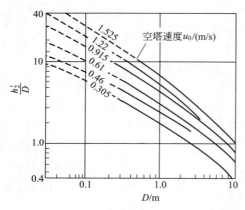

图 5-36　流化床分离段高度经验关联

膨胀比 R：$R = \dfrac{1-\varepsilon_{mf}}{1-\varepsilon_f} = \dfrac{1-0.4}{1-0.64} = 1.67$

则：$h_1 = RL_{mf} = u_0 \tau_c R = 0.8 \times 8 \times 1.67 = 10.7$（m）（其中 τ_c 为气固接触时间，s）

（2）稀相段高度 h_2

稀相段高度 h_2 等于分离段高度 h_2' + 扩大段高度 h_2''。由直径 $D = 1.2\text{m}$ 速度 $u_0 = 0.8\text{m/s}$，查图 5-36，得 $h_2'/D = 2.7$

所以 $h_2' = 2.7 \times 1.2 = 3.24$（m）

由公式求得扩大段直径 $D_d = \sqrt{\dfrac{4q_{Vd}}{\pi u_t}} = \sqrt{\dfrac{4 \times 0.847}{3.14 \times 0.267}} = 2.01$（m）

按经验可取扩大段高度：$h_2'' = D_d = 2.01$（m）

（3）锥底高度 h_3

一般锥角取 $60°$ 或 $90°$，此处取锥角 $\theta = 90°$，由公式计算 $h_3 = D/\left(2\tan\dfrac{\theta}{2}\right) = 1.2/(2\tan 45°) = 0.6$（m）

所以床层总高度：$H = h_1 + h_2' + h_2'' + h_3 = 10.7 + 3.24 + 2.01 + 0.6 = 16.55$（m）

3. 计算床层压降和换热器面积

由床层压降公式：

$$\begin{aligned}
\Delta p &= h_1(1-\varepsilon_f)(\rho_P - \rho_f)g \\
&= 10.7 \times (1-0.64) \times (1068 - 0.79) \times 9.81 \\
&= 40.33 \text{（kPa）}
\end{aligned}$$

换热方式为在浓相段设置指型套管式换热器。轴线装在距反应器中心 2/5 半径处（即 $r/R = 0.4$），指型套管的外管为 $\phi 76\text{mm} \times 3\text{mm}$，内管为 $\phi 32\text{mm} \times 2\text{mm}$。

先求传热系数 K：由于此过程的传热阻力集中于气膜一侧，因此可取 $K \approx \alpha_0$

查图 5-27，当 $r/R = 0.4$ 时，$c_R = 1.75$，则由公式（5-25）求 α_0

$$\alpha_0 = 0.00035\,\frac{\lambda_f}{d_P}c_R(1-\varepsilon_f)\left(\frac{c_f\rho_f}{\lambda_f}\right)^{0.43}\left(\frac{d_P u_0 \rho_f}{\mu_f}\right)^{0.23}\left(\frac{c_s}{c_f}\right)^{0.8}\left(\frac{\rho_P}{\rho_f}\right)^{0.66}$$

$$\begin{aligned}
\alpha_0 &= 0.00035 \times \frac{0.05582 \times 10^{-3}}{0.000191} \times 1.75 \times (1-0.64) \times \left(\frac{1.382 \times 0.79}{0.05582 \times 10^{-3}}\right)^{0.43} \times \\
&\quad \left(\frac{1.91 \times 10^{-4} \times 0.8 \times 0.79}{3.19 \times 10^{-5}}\right)^{0.23} \times \left(\frac{1.047}{1.382}\right)^{0.8} \times \left(\frac{1068}{0.79}\right)^{0.66} \\
&= 0.572\,[\text{kJ/(m}^2 \cdot \text{s} \cdot \text{K)}]
\end{aligned}$$

为安全计，可不考虑校正系数 c_R，这样就可取

$$\alpha_0 = 0.572/c_R = 0.572/1.75 = 0.327\ [\text{kJ/(m}^2 \cdot \text{s} \cdot \text{K)}]$$

再求平均温差 Δt_m，床层内可视为等温 743K。管内为冷水，入口温度 348K，出口温度为 432K，$\Delta t_m = \Delta t_D(t_2 - t_1)$

计算 B：$B = \dfrac{1}{2}\left(\dfrac{2T - t_1 - t_2}{t_2 - t_1}\right) = \dfrac{1}{2} \times \dfrac{2 \times 743 - 348 - 432}{432 - 348} = 4.20$　　同时 $R = 0$（等温）

计算 Z：$Z = \dfrac{\alpha_i d_i}{\alpha_0 d_0} = \dfrac{5.815 \times 32}{0.327 \times 76} = 7.5$

查图 5-31　得 $E = 2.75$，$E/B = 2.75/4.2 = 0.66$

查图 5-32　得 $\Delta t_D / B = 0.82$，则 $\Delta t_D = 0.82 \times 4.2 = 3.44$

所以 $\Delta t_m = 3.44 \times (432 - 348) = 289$（K）

最后计算传热面积 $A = \dfrac{Q}{K \Delta t_m} = \dfrac{31 \times 10^5}{0.327 \times 289 \times 3600} = 9.1$（$m^2$）

实际中，为安全起见，可选取 $18 \sim 20 m^2$ 的换热器。

4. 旋风分离器的尺寸确定

选择 C 型旋风分离器，串联两级置于反应器内使用。

根据给出气体流量 $q_{Vd} = 0.847 m^3/s$，进口气速一般在 $15 \sim 25 m/s$ 之间，取一级旋风分离器的进口气速为 $16 m/s$，按式(5-47)求得进口截面积

$$ah = \frac{q_{Vd}}{u_g} = \frac{0.847}{16} = 0.529 \text{（}m^2\text{）}$$

由表 5-2 查得各部分尺寸比例为

$$\frac{h}{a} = 3.1; \qquad \frac{a}{D} = 0.27; \qquad \frac{h_1}{D} = 0.735; \qquad \frac{A}{h + h_1} = 0.75;$$

$$\frac{d_1}{D} = 0.575; \quad \frac{L_1}{D} = 1.8; \quad \frac{L_2}{D} = 2.8; \quad \frac{d_2}{D} = 0.23$$

三、流化床反应器的数学模型

流化床中颗粒与流体的流动是流化床基本的物理现象，也是流化床工艺计算的重要基础。但是作为流化床反应器，工艺计算中最重要的是确定化学反应的转化率和选择性。因此，需要建立合适的数学模型，流化床反应器的数学模型很多，可以归纳为以下几类：两相模型（气相-乳化相、上流相-下流相、气泡相-乳化相）；三相模型（气泡相-上流相-下流相、气泡相-气泡晕-乳化相）；四区模型（气泡区-泡晕区-乳相上流区-乳相下流区），其中研究较多的是两相模型及鼓泡床模型。

（一）两相模型

两相模型的基本思想是把流化床分成气泡相和乳化相，分别研究这两个相中的流动和传递规律，以及流体与颗粒在相间的交换。对于气、乳两相的流动模式则一般认为气相为置换流，而对乳化相则有种种不同的处理，如置换流、全混流、部分返混、环流或对其流动模式不加考虑等。也可根据模型考虑的深度分成三种级别：第Ⅰ级模型指各参数均作为恒值，不随床高而变，也与气泡状况无关；第Ⅱ级模型指各参数均为恒值，不随床高而变，但与气泡大小有关，用一气泡当量直径作为模型的可调参数；第Ⅲ级模型是指各参数均与气泡大小有关，而气泡大小则沿床高而变，一般都是等温的鼓泡床模型，对于更复杂的情况目前能处理的还不多。

图 5-37 所示为两相模型示意图。建立两相模型有下列几个假设：①气体以 u 进入床层后，在乳化相中的速度等于起始流化速度 u_{mf}，而在气泡相中的速度则为 $u - u_{mf}$；②从静止床高度 L_0 增至流化床的高度 L_f，是由于气泡总体积增加的结果；③气泡相中不含颗粒，且呈平推流向上移动，在不含催化剂颗粒的气泡中，不发生催化反应；④乳化相中包含全部

催化剂颗粒，化学反应只能在乳化相中进行；⑤乳化相的流动为平推流或全混流，与流化床处于鼓泡床、湍流床或高速流化床等状态有关；⑥乳化相与气泡相间的交换是由于气体的穿流和通过界面的传质。

如图 5-37 所示，设气体进入流化床时的浓度为 c_{A0}，在床层顶部气泡相中的浓度为 $c_{Ab,L}$，在床层顶部乳化相中的浓度为 $c_{Ae,L}$，两者按流量比例汇合成浓度 c_{AL}。

（二） 鼓泡床模型

鼓泡床模型如图 5-38 所示，它用于剧烈鼓泡、充分流化的流化床。床层中腾涌及沟流现象极少出现，相当于 $u/u_{mf}>6\sim11$ 时，乳化相中气体全部下流的情况，工业上的实际操作大多属于这种情况。

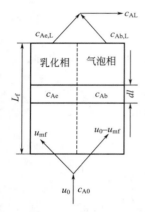

图 5-37 两相模型示意图

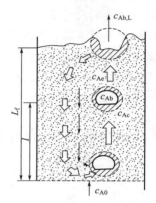

图 5-38 鼓泡床模型示意图

鼓泡床模型有下列基本假设：①床层分为气泡区、泡晕区及乳化相三个区域，在这些相间产生气体交换，这些气体交换过程是串联的；②乳化相处于临界流化状态，超过起始流化速度所需要的那部分气量以气泡的形式通过床层；③气泡的长大与合并主要发生在分布板附近的区域，因而假设在整个床层内气泡的大小是均匀的，认为气泡尺寸是决定床内情况的一个关键因素。这个气泡尺寸不一定就是实际的尺寸，因而称它为气泡有效直径；④只要气体流速大于起始流化速度的两倍，即 $u>2u_{mf}$，床层鼓泡剧烈的条件便可满足，气泡内基本上不含固体颗粒；⑤乳化相中的气体可能向上流动，也可能向下流动，当 $u/u_{mf}>6\sim11$ 时，乳化相中的气体从上流转为下流，虽然流向有所不同，但这部分的气量与气泡相相比甚小，对转化率的影响可忽略，此时，离开床层的气体组成等于床层顶部处的气体组成，这样不必考虑乳化相中的情况，只需计算气泡中的气体组成便可计算反应的转化率。

项目四　流化床反应器的技能训练

一、流化床反应器的生产案例

丙烯腈是生产有机高分子聚合物的重要单体。85％以上的丙烯腈用来生产聚丙烯腈纤维，该纤维又名腈纶或奥纶，具有耐霉烂、耐虫蛀、耐光、耐气候、柔软、保暖、快干等特点。适宜于做衣料、毛毯及户外用帐篷、苫布等。自 1950 年腈纶投放市场后，发展迅速。现已成为继涤纶、尼龙后的第三个大吨位合成纤维品种。由丙烯腈、丁二烯和苯乙烯合成的

ABS 树脂以及由苯乙烯和丙烯腈合成的 SAN 树脂，是重要的工程塑料。

丙烯腈也是重要的有机合成原料。由丙烯腈经催化水合可制得丙烯酰胺，后者用于合成材料的单体，也是合成医药、农药、染料和涂料等的单体，丙烯腈经电解加氢偶联（又称电解加氢二聚）可制得己二腈，己二腈再经加氢可制得己二胺，后者是生产尼龙-66 的主要单体；也用来制造聚氨酯和环氧树脂的固化剂及密封胶、航空涂料和橡胶硫化促进剂等；以丙烯腈为原料也可制得一系列精细化工产品，例如，谷氨酸钠、医药、农药熏蒸剂、高分子絮凝剂、化学灌浆剂、纤维改性剂、纸张增强剂等。

目前，丙烯腈的生产主要采用丙烯氨氧化一步合成法

（一） 丙烯腈生产工艺流程

丙烯腈生产工艺包括：丙烯腈的合成、产品和副产品的回收、产品和副产品的精制。工艺流程如图 5-39 所示。

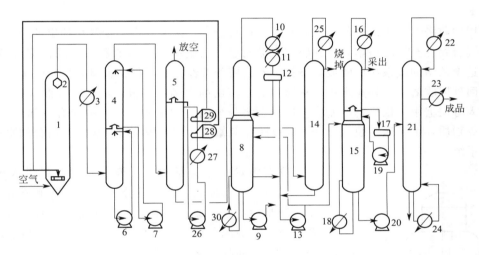

图 5-39　丙烯氨氧化法合成丙烯腈工艺流程

1—反应器；2—旋风分离器；3, 10, 11, 16, 22, 25—塔顶气体冷凝器；4—急冷塔；5—水吸收塔；
6—急冷塔釜液泵；7—急冷塔上部循环泵；8—回收塔；9, 20—塔釜液泵；12, 17—分层器；13, 19—油层抽出泵；
14—乙腈塔；15—脱氰塔；18, 24, 30—塔底再沸器；21—成品塔；23—成品塔侧线抽出冷却器；
26—吸收塔侧线采出泵；27—吸收塔侧线冷却器；28—氨蒸发器；29—丙烯蒸发器

原料丙烯经丙烯蒸发器蒸发，氨经氨蒸发器蒸发后，进行过热、混合，从流化床底部经气体分布板进入反应器，原料空气经过滤由空气压缩机送入反应器的锥底，原料在催化剂作用下，在流化床反应器中进行氨氧化反应。反应生成气经过旋风分离器捕集生成气中夹带的催化剂颗粒，然后进入塔顶气体冷凝器用水冷凝，再进入急冷塔。氨氧化反应放出大量的热，为了保持床层温度稳定，反应器中设置了一定数量的 U 形冷却管，通入高压热水，借水的汽化潜热移走反应热。

经反应后的气体进入急冷塔，通过高密度喷淋的循环水将气体冷却降温。反应器流出物料中尚有少量未反应的氨，这些氨必须除去。因为在氨存在下，碱性介质中会发生一些不希望发生的反应，如氢氰酸的聚合、丙烯醛的聚合、氢氰酸与丙烯醛加成为氰醇、氢氰酸与丙烯腈加成为丁二腈，以及氨与丙烯腈反应生成氨基丙腈等。生成的聚合物会堵塞管道，而各种加成反应会导致产物丙烯腈和副产物氢氰酸的损失。因此，冷却的同时需向塔中加入硫酸

191

以中和未反应的氨。工业上采用硫酸浓度为 1.5%（质量分数）左右，中和过程也是反应物料的冷却过程，故急冷塔也叫氨中和塔。反应物料经急冷塔除去未反应的氨并冷至 40℃ 左右后，进入水吸收塔，利用合成气体中的丙烯腈、氢氰酸和乙腈等产物，与其他气体在水中溶解度相差很大的原理，用水作吸收剂回收合成产物。通常合成气体由塔釜进入，水由塔顶加入，使它们进行逆流接触，以提高吸收效率。吸收产物后的吸收液应不呈碱性，含有氰化物和其他有机物的吸收液由吸收塔釜泵送至回收塔。其他气体自塔顶排出，所排出的气体中要求丙烯腈和氢氰酸含量均小于 2×10^{-5}。

丙烯腈的水溶液含有多种副产物，其中包括少量的乙腈、氢氰酸和微量丙烯醛、丙腈等。在众多杂质中，乙腈和丙烯腈的分离最困难。因为乙腈和丙烯腈沸点仅相差 4℃，若采用一般的精馏法，据估算精馏塔要有 150 块以上的塔板，这样高的塔设备不宜用于工业生产中。目前在工业生产中，一般采用共沸精馏。在塔顶得丙烯腈与水的共沸物，塔底则为乙腈和大量的水。

利用回收塔对吸收液中的丙烯腈和乙腈进行分离，由回收塔侧线气相抽出的含乙腈和水蒸气的混合物送至乙腈塔釜，以回收副产品乙腈；乙腈塔顶蒸出的乙腈水混合蒸汽经冷凝、冷却后送至乙腈回收系统回收或者烧掉。乙腈塔釜液经提纯可得含少量有机物的水，这部分水再返回到回收塔中作补充水用。从回收塔顶蒸出的丙烯腈、氢氰酸、水等混合物经冷凝、冷却进入分层器中。依靠密度差将上述混合物分为油相和水相，水相中含有一部分丙烯腈、氢氰酸等物质，由泵送至脱氰塔（15）以脱除氢氰酸。回收塔釜含有少量重组分的水送至废水处理系统。

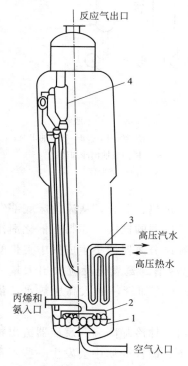

图 5-40　丙烯氨氧化流化床反应器
1—气体分布板；2—丙烯-氨混合气体分配管；3—U 形散热管；4—旋风分离器

含有丙烯腈、氢氰酸、水等物质的物料进入脱氰塔中，通过再沸器加热，使轻组分氢氰酸从塔顶蒸出，经冷凝、冷却后送去再加工。由脱氰塔侧线抽出的丙烯腈、水和少量氢氰酸混合物料在分层器中分层，富水相送往急冷塔或回收塔回收氰化物，富丙烯腈相再由泵送回本塔进一步脱水，塔釜纯度较高的丙烯腈料液由泵送到成品塔。

由成品塔顶蒸出的蒸汽经冷凝后进入塔顶作回流，由成品塔釜抽出的含有重组分的丙烯腈料液送入急冷塔中回收丙烯腈，由成品塔侧线液相抽出成品丙烯腈经冷却后送往成品中间罐。

（二）　流化床反应器

工业上丙烯氨氧化流化床反应器如图 5-40 所示，内部构件由气体分布板、丙烯-氨混合气体分配管、U 形散热管和旋风分离器组等组成。气体分布板、丙烯-氨混合气体分配管均为管式分布器，气体分布板均匀开孔，丙烯-氨混合气体分配管的开孔可以是等距离的，也可以是不等距的，两个分布器之间的距离为 0.53m。在反应器浓相段内设有 68 组 U 形散热管，其中 60 组为冷却管，8 组为过热蒸汽管；稀相段内无任何物件。旋风分离器由三级四组构成，第一级旋风分离器两组并联。分离出来的催化剂微粒经丙烯下料管返回反应部分。简体分两大段，直径较细的称反应段，存在浓相和稀相两个部分，直径较粗的称扩大段，作用是回收被夹带的粒子。一般不设冷却构件，仅设回收催化剂微粒的旋风分离器组。

流化床中的气体分布板有三个作用：支承床层上的催化剂；使气体均匀分布在床层的整个截面上，创造良好的流化条件；导向作用。气流通过分布板后，造成一定的流动曲线轨迹，强化气-固系统的混合与搅动，可抑制气-固系统"聚式"流化的原生不稳定性的恶性引发，有利于保持床层良好的起始流化条件和床层的稳定操作。生产实践证明，对于自由床或浅床，如果气体分布板设计不合理，对流化床反应器的稳定操作影响甚大。

丙烯、氨混合气体分配管与空气分布板之间应有适当的距离，形成一个催化剂的再生区，可使催化剂处于高活性的氧化状态。丙烯和氨与空气分别进料，可使原料混合气的配比不受爆炸极限的限制，比较安全，因而不需要用水蒸气作稀释剂，对保持催化剂活性和延长催化剂寿命，以及对后处理过程减少含氨污水的排放量都有好处。

U形垂直管组不仅移走了反应热，维持适宜的反应温度，而且还起到破碎流化床内气泡、改善流化质量的作用。

在流化床反应器扩大段设置的旋风分离器，一级旋风分离器回收的催化剂颗粒较大，数量较多，沿下料管下到催化剂层底部，下料管末端有堵头。二级和三级旋风分离器的下料管通到催化剂层的上部（二级稍下一点），在下料管末端设置翼阀，以防止气体倒吹。当下料管内催化剂积蓄到一定数量，其重量超出翼阀外部所施加的压力时，其阀便自动开启，让催化剂排出。为了防止下料管被催化剂堵住，在各下料管上、中、下段，需测量料位高度，并向下料管中通入少量空气以松动催化剂。由于反应后的气体中含氧量很少，催化剂从扩大段进入旋风分离器最后流回反应器的过程中，容易造成催化剂被还原而降低活性，因此，在下料管中通入空气也起到再生催化剂、恢复其活性的作用。

细粒子湍流床反应器具有处理能力大、操作平稳、结构简单、经济效益高等优点。但也存在一些问题，例如，气相返混影响反应的选择性，从氧化-还原机理及丙烯氨氧化的特性来看，要求床层下部处于低氧烯比状态，在获得一定转化率（如80%）的同时，提高反应的选择性，在床层上部处于高氧烯比状态，让剩余丙烯继续反应，转化率达98%以上，这样，可以改善反应器的性能。

为克服返混带来的问题，美国海湾研究与开发公司采用快速流化床反应器进行丙烯氨氧比反应，当反应器的表观线速为3.0m/s，反应温度470℃，丙烯质量空速0.2h⁻¹，丙烯腈收率可达75.8%~81.5%。此时气相为平推流，且可以分段布气，满足沿床层高度氧烯比增大的催化反应要求。这一技术自1977年发表专利后，并没有大的发展，主要是受到气固分离设备的限制，因为快速床所分离的固体粒子比湍流床大得多，分离器内粒子浓度大，温度就高（基本上和稀相段温度相近），易发生深度氧化反应。另外，催化剂的跑损严重，增加生产成本。若采用多级旋风分离，会增加气流阻力，降低丙烯腈的选择性。

浙江大学和清华大学研究的UL型丙烯腈流化床反应器，在反应区用横向挡板分为上下两室，有效地防止了气流的返混。下室采用低氧烯比操作，上室采用高氧烯比操作，下室的催化剂通过提升管用二次空气吹入上室，在上室氧化再生后，再通过横隔板下降至下室。

研究发现，在小直径床和工业用大床当量直径基本相同的条件下，几乎没有放大效应，这说明细颗粒催化剂对于内部构件没有苛刻的要求。国内外学者普遍认为细颗粒流化床比粗颗粒床在气-固接触流动特性方面大为优越，床内增设构件，不但无必要，而且会增加催化剂的磨损，增加床层阻力，使轴向温差加大，检修也不方便。

二、流化床反应器的实训操作

本实训单元以硝基苯还原制苯胺为例讲述流化床催化反应器的实际操作步骤及过程。

（一）主要化学反应：

硝基苯还原：　　　$C_6H_5NO_2+3H_2 \longrightarrow C_6H_5NH_2+2H_2O+Q$

催化剂升温活化（催化剂为 Cu—SiO$_2$）：

$$Cu(OH)_2-SiO_2 \longrightarrow CuO-SiO_2+H_2O$$

$$CuO-SiO_2+H_2 \longrightarrow Cu-SiO_2+H_2O$$

（二）工艺叙述

生产工艺流程如图 5-41 所示。

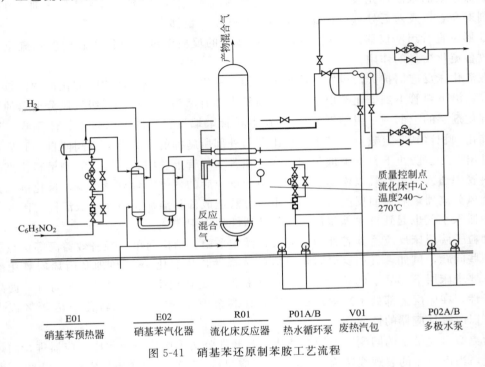

E01	E02	R01	P01A/B	V01	P02A/B
硝基苯预热器	硝基苯汽化器	流化床反应器	热水循环泵	废热汽包	多极水泵

图 5-41　硝基苯还原制苯胺工艺流程

硝基苯经泵打往预热器 E01，预热至 180℃左右进入汽化器 E02。

新氢气自贮罐经中间罐进缓冲罐，与循环氢气混合进入氢气换热器后（回收流化床床顶产物热量），进入汽化器 E02。

汽化器中硝基苯汽化后与氢气混合过热至 180℃后进入流化床 R01 底部。流化床中，硝基苯与氢气在催化剂 Cu—SiO$_2$ 作用下，反应生成苯胺。反应后的混合气从床顶逸出，经换热器、冷凝器实现气液分离。冷凝液冷却后在苯胺水分离器中进行分离，得到的粗苯胺和废水分别进入粗苯胺罐和苯胺水贮罐，供下一工序进一步精制使用。

（三）开车步骤

1．开车前准备

① 检查所有设备管线是否处于良好状态；

② 检查仪表状态；

③ 检查硝基苯、氢气、水、电是否准备齐全，准备开车。

2．置换

① 在系统处于冷态由氮气贮罐进氮气，慢慢向还原系统通入，在系统压力升到 0.05MPa 时调节氮气阀。

② 按照机泵操作法启动氢压机，工作正常后调节系统压力，待流化床内压力到 0.1MPa，打开放空阀，并不断向系统补充氮气，维持系统压力在 0.11～0.12MPa。

③ 经 30min 后取尾气样分析氮中氧含量≤0.5％为合格，高于此值再继续置换，直到分析合格。

④ 关闭氮气阀，同时调节放空阀，用氮气调节好系统压力使流化床内部压力控制在 0.10～0.12MPa。

3．升温

① 将高压蒸汽接入系统，开启汽化器、过热器加热蒸汽阀，并同时打开疏水阀，开始控制较小开启度，等流化床内无水锤声后，适当开大加热蒸汽阀，提高升温速度，为节省时间，可边置换边升温。

② 流化床中心温度升至 180℃，缓慢补充氢气，一旦分布板温度开始上升，则活化开始。

③ 调节氢气量，控制升温速度≤50℃/h。

④ 维持活化温度在 190～220℃，当温度超过 200℃时关闭高压蒸汽。当中心温度开始下降时增加氢气量，降至 210℃时，开启换热器加热蒸汽阀，尽量在高温时维持不小于 8h。

⑤ 在活化过程中，如升温速度过快或系统压力下降较快，可适量补充氮气。

4．硝基苯还原（流化床中心温度≥180℃）

① 催化剂活化 8h 后，准备开车还原，保证开车前流化床温度维持在 180℃以上。

② 启动硝基苯加料泵，打开预热器疏水和进汽阀，向系统进料，初始投料控制在 1m³/h。

③ 当流化床中心温度达到 230℃时开热水循环泵，向流化床列管进水。

④ 正常开车控制流化床中心温度在 235～270℃，系统运行稳定后缓慢提高硝基苯量，提高速度直到可以达到 1.7～1.8m³/h。

5．催化剂再生

若还原终点连续三次分析大于 0.01％，即可判断催化剂单程寿命结束，按停车程序停车，停止加料，关闭硝基苯预热器加热阀，打开疏水阀，停止软水、热水输送泵，接入高压蒸汽，维持床内温度≥180℃，对流化床进行吹料。

① 高温吹料直至尾气氮气中氢含量≤0.5％为合格，关闭氮气阀并调节放空阀，维持系统压力在 0.1～0.12MPa。

② 流化床中心温度小于 180℃时，开大高压蒸汽阀将中心温度升至 180℃，准备再生。

③ 缓慢打开再生口阀门，调节尾气放空阀和循环氢阀，控制流化床升温速度小于 50℃/h。

④ 当流化床中心温度上升时关小蒸汽阀至全关，调节空气量使中心温度维持在 350～360℃，系统压力控制在 0.1～0.12MPa。

⑤ 若流化床各点温度同时下降，此时开大再生口并调节放空阀，控制系统压力稳定，如继续开大再生空气，流化床温度仍继续下降，则判断再生结束，开启氢气循环阀，调节尾气放空控制系统压力，系统自然降温，再生结束，可以进行新的还原反应。

三、流化床反应器的仿真操作

本节以采用 HIMONT 工艺本体聚合生产高抗冲击共聚物的装置（流化床反应器）为例

来说明非催化流化床反应器的操作。

（一）训练目的

① 熟练掌握流化床反应器的开车、停车操作；

② 能够对操作过程中的异常事故进行处理。

（二）生产原理

乙烯、丙烯以及反应混合气在温度为 70℃，压力为 1.35MPa 下，通过具有剩余活性的干均聚物（聚丙烯）的引发，在流化床反应器内进行反应，同时加入氢气以改善共聚物的本征黏度，就可生成高抗冲击共聚物。

主要原料：乙烯，丙烯，具有剩余活性的干均聚物（聚丙烯），氢气。

反应方程式：$n\mathrm{C_2H_4} + n\mathrm{C_3H_6} \longrightarrow (\mathrm{C_2H_4{-}C_3H_6})_n$

主产物：高抗冲击共聚物（具有乙烯和丙烯单体的共聚物）。无副产物。

（三）工艺流程

生产工艺流程如图 5-42 所示。

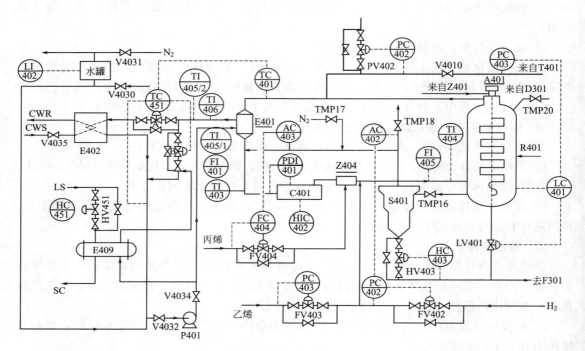

图 5-42　高抗冲击共聚物生产工艺流程

R401—反应器；S401—旋风分离器；P401—开车加热泵；E409—夹套式换热器；

E401—冷却器；C401—循环压缩机；A401—刮刀

聚合物从顶部进入流化床反应器，落在流化床的床层上。流化气体（反应单体）通过一个特殊设计的栅板进入反应器。由反应器底部出口管路上的控制阀来维持聚合物的料位。聚合物料位决定了停留时间，从而决定了聚合反应的程度，为了避免过度聚合的鳞片状产物堆积在反应器壁上，反应器内配置一转速较慢的刮刀，以使反应器壁保持干净。栅板下部夹带的聚合物细末，用一台小型旋风分离器 S401 除去，并送到下游的袋式过滤器中。所有未反应的单体循环返回到流化压缩机的吸入口。

来自乙烯汽提塔顶部的回收气相与气相反应器出口的循环单体汇合，而补充的氢气，乙烯和丙烯加入到压缩机排出口。

循环气体用工业色谱仪进行分析，调节氢气和丙烯的补充量。然后调节补充的丙烯进料量以保证反应器的进料气体满足工艺要求的组成。

用脱盐水作为冷却介质，用一台立式列管式换热器将聚合反应热撤出。该热交换器位于循环气体压缩机之前。注意：共聚物的反应压力约为 1.4MPa（表），温度为 70℃，注意，该系统压力位于闪蒸罐压力和袋式过滤器压力之间，从而在整个聚合物管路中形成一定压力梯度，以避免容器间物料的返混并使聚合物向前流动。

（四）反应器的操作规程

● 冷态开车

1．开车准备

准备工作包括：系统中用氮气充压，循环加热氮气，随后用乙烯对系统进行置换（按照实际正常的操作，用乙烯置换系统要进行两次，考虑到时间关系，只进行一次）。这一过程完成之后，系统将准备开始单体开车。

（1）系统氮气充压加热

① 充氮：打开充氮阀，用氮气给反应器系统充压，当系统压力达 0.7MPa（表）时，关闭充氮阀。

② 当氮充压至 0.1MPa（表）时，按照正确的操作规程，启动 C401 共聚循环气体压缩机，将导流叶片（HIC402）定在 40％。

③ 环管充液：启动压缩机后，开进水阀 V4030，给水罐充液，开氮封阀 V4031。

④ 当水罐液位大于 10％时，开泵 P401 入口阀 V4032，启动泵 P401，调节泵出口阀 V4034 至 60％开度。

⑤ 手动开低压蒸汽阀 HC451，启动换热器 E409，加热循环氮气。

⑥ 打开循环水阀 V4035。

⑦ 当循环氮气温度达到 70℃时，TC451 投自动，调节其设定值，维持氮气温度 TC401 在 70℃左右。

（2）氮气循环

① 当反应系统压力达 0.7MPa 时，关充氮阀。

② 在不停压缩机的情况下，用 PC402 和排放阀给反应系统泄压至 0.0MPa（表）。

③ 在充氮泄压操作中，不断调节 TC451 设定值，维持 TC401 温度在 70℃左右。

（3）乙烯充压

① 当系统压力降至 0.0MPa（表）时，关闭排放阀。

② 由 FC403 开始乙烯进料，乙烯进料量设定在 567.0kg/h 时投自动调节，乙烯使系统压力充至 0.25MPa（表）。

2．开车

本步骤规程旨在聚合物进入之前，使共聚反应系统具备合适的单体浓度，另外通过该步骤也可以在实际工艺条件下，预先对仪表进行操作和调节。

（1）反应进料

① 当乙烯充压至 0.25MPa（表）时，启动氢气的进料阀 FC402，氢气进料设定在 0.102kg/h，FC402 投自动控制。

② 当系统压力升至 0.5MPa（表）时，启动丙烯进料阀 FC404，丙烯进料设定在 400kg/h，FC404 投自动控制。

③ 打开自乙烯汽提塔来的进料阀 V4010。

④ 当系统压力升至 0.8MPa（表）时，打开旋风分离器 S401 底部阀 HC403 至 20％开度，维持系统压力缓慢上升。

（2）准备接收 D301 来的均聚物

① 当 AC402 和 AC403 平稳后，调节 HC403 开度至 25％。

② 启动共聚反应器的刮刀，准备接收从闪蒸罐（D301）来的均聚物。

3．共聚反应物的开车

① 确认系统温度 TC451 维持在 70℃左右。

② 当系统压力升至 1.2MPa（表）时，开大 HC403 开度在 40％和 LV401 在 10％～15％，以维持流态化。

③ 打开来自 D301 的聚合物进料阀。

4．稳定状态的过渡

（1）反应器的液位

① 随着 R401 料位的增加，系统温度将升高，及时降低 TC451 的设定值，不断取走反应热，维持 TC401 温度在 70℃左右。

② 调节反应系统压力在 1.35MPa（表）时，PC402 自动控制。

③ 当液位达到 60％时，将 LC401 设置投自动。

④ 随系统压力的增加，料位将缓慢下降，PC402 调节阀自动开大，为了维持系统压力在 1.35MPa，缓慢提高 PC402 的设定值至 1.40MPa（表）。

⑤ 当 LC401 在 60％投自动控制后，调节 TC451 的设定值，待 TC401 稳定在 70℃左右时，TC401 与 TC451 串级控制。

（2）反应器压力和气相组成控制

① 压力和组成趋于稳定时，将 LC401 和 PC403 投串级。

② FC404 和 AC403 串级联结。

③ FC402 和 AC402 串级联结。

● 正常工艺过程控制

熟悉工艺流程，维护各工艺参数稳定；密切注意各工艺参数的变化情况，发现突发事故时，应先分析事故原因，并做及时正确的处理。

正常工况工艺参数如下。

FC402：调节氢气进料量（与 AC402 串级）　　　　　　　　正常值：0.35kg/h

FC403：单回路调节乙烯进料量　　　　　　　　　　　　　正常值：567.0kg/h

FC404：调节丙烯进料量（与 AC403 串级）　　　　　　　　正常值：400.0kg/h

PC402：单回路调节系统压力　　　　　　　　　　　　　　正常值：1.4MPa

PC403：主回路调节系统压力　　　　　　　　　　　　　　正常值：1.35MPa

LC401：反应器料位（与 PC403 串级）　　　　　　　　　　正常值：60％

TC401：主回路调节循环气体温度　　　　　　　　　　　　正常值：70℃

TC451：分程调节循环气体温度（取走反应热量，与 TC401 串级）正常值：50℃

AC402：主回路调节反应产物中 H_2/C_2 之比　　　　　　　　正常值：0.18

AC403：主回路调节反应产物中 $C_2/(C_3+C_2)$ 之比　　　　正常值：0.38

● 正常停车

1．降反应器料位

① 关闭催化剂来料阀 TMP20。

② 手动缓慢调节反应器料位。

2．关闭乙烯进料，保压

① 当反应器料位降至 10%，关乙烯进料。

② 当反应器料位降至 0%，关反应器出口阀。

③ 关旋风分离器 S401 上的出口阀。

3．关丙烯及氢气进料

① 手动切断丙烯进料阀。

② 手动切断氢气进料阀。

③ 排放导压至火炬。

④ 停反应器刮刀 A401。

4．氮气吹扫

① 将氮气加入该系统。

② 当压力达 0.35MPa 时放火炬。

③ 停压缩机 C401。

● 紧急停车

紧急停车操作规程同正常停车操作规程。

● 事故处理

常见故障产生原因及处理方法见表 5-3。

表 5-3　常见故障产生原因及处理方法

序号	常见故障	产生原因	处理方法
1	温度调节器 TC451 急剧上升，而后 TC401 随着升温	泵 P401 停	①调节丙烯进料阀 FV404,增加丙烯进料量 ②调节压力调节器 PC402,维持系统压力 ③调节乙烯进料阀 FV403,维持 C_2/C_3 比
2	系统压力急剧上升	压缩机 C401 停	①关闭催化剂来料阀 TMP20 ②手动调节 PC402,维持系统压力 ③手动调节 LC401,维持反应器料位
3	丙烯进料量为 0	丙烯进料阀卡	①手动关小乙烯进料量,维持 C_2/C_3 比 ②关闭催化剂来料阀 TMP20 ③手动关小 PV402,维持压力 ④手动关小 LC401,维持料位
4	乙烯进料量为 0	乙烯进料阀卡	①手动关丙烯进料,维持 C_2/C_3 比 ②手动关小氢气进料,维持 H_2/C_2 比
5	催化剂阀显示关闭状态	催化剂阀关	①手动关闭 LV401 ②手动关小丙烯进料 ③手动关小乙烯进料 ④手动调节压力

分析与思考

1. 操作过程中，为什么会出现压缩机喘振现象？
2. 为什么开车前要对系统进行乙烯置换？
3. 气相共聚反应的停留时间是如何控制的？
4. 叙述该单元的换热系统。
5. TC401 的温度为多少，如何控制。

 知识点归纳

一、流化床反应器结构

① 反应器壳体：保证流化过程在一定的范围内进行，有时要设扩大段。

② 气体分布装置：包括气体预分布器和气体分布板两部分，使气体分布均匀。

③ 内部构件：主要用来破碎气泡，改善气固接触，减少返混。常用的内部构件有挡板和挡网以及垂直管束。

④ 换热装置：一般采用内换热器。常用的型式有鼠笼式换热器、管束式换热器和蛇管式换热器。

⑤ 气固分离装置：用来回收被气流所夹带的催化剂颗粒。常用气固分离装置有旋风分离器和内过滤器两种。

二、流化床反应器的工作原理

1. 固体流态化

将固体颗粒悬浮于运动的流体中，从而使颗粒具有类似于流体的某些宏观特性，这种流固接触状态称为固体流态化。

（1）流化床压降

$$\Delta p = L_{mf}(1-\varepsilon_{mf})(\rho_P - \rho_f)g$$

（2）不正常流化现象

① 沟流现象：气体通过床层时形成短路。沟流现象包括贯穿沟流和局部沟流两种。

② 大气泡现象：流化过程中气体形成的大气泡不断搅动和破裂，导致床层波动大，操作不稳定。

③ 腾涌现象：当气泡直径大到与床径相等时，导致床层分为几段，使得颗粒层被气泡像活塞一样向上推动，达到一定高度后气泡破裂，引起部分颗粒的分散下落。

（3）流化速度

① 临界流化速度：颗粒层由固定床转为流化床时流体的表观速度。

② 颗粒带出速度：是流化床中流体速度的上限，即此时粒子将被气流带走。

③ 操作速度：处于临界流化速度和带出速度之间。

2. 流化床的传质和传热

① 传质：颗粒与流体间的传质；床层与浸没物体间的传质；气泡与乳化相间的传质。

② 传热：颗粒与颗粒之间的传热；气体与固体颗粒之间的传热；床层与内壁间和床层与浸没于床层中的换热器表面间的传热。

三、流化床反应器的计算

1. 流化床反应器结构尺寸的计算

（1）流化床直径

① 反应器直径

$$D_R = \sqrt{\frac{4.052 T q_V}{9.828 \pi u p}}$$

② 扩大段直径

$$D_d = \sqrt{\frac{4.052 T q_V}{9.828 \pi u_t p}}$$

（2）流化床高度

① 浓相段高度 h_1：$h_1 = R L_{mf}$，$L_{mf} = \dfrac{4 W_s \tau}{\pi D_R^2 \rho_P (1 - \varepsilon_{mf})}$

② 稀相段高度 h_2：床层面算起至气流中颗粒夹带量接近正常值处的高度。一般通过经验公式计算。

③ 锥底高度 h_3：$h_3 = \dfrac{D_R}{2 \tan \dfrac{\theta}{2}}$

2. 流化床内部构件的计算

① 气体分布板：主要是开孔率的计算，是通过气体分布板的布气临界压降和稳定性临界压降计算的。

② 换热器的换热面积：$A = \dfrac{Q}{K \Delta t_m}$

③ 旋风分离器：旋风分离器结构尺寸的确定，首先根据生产工艺的要求选择适宜的型号，选定型号后，就可以按照流化床稀相段或扩大段的气体流量选择进口气速 u_g，求得旋风分离器的进口面积，进而确定出各部分的尺寸。

3. 流化床反应器的数学模型

两相模型和鼓泡床模型。

四、流化床反应器的技能训练

流化床反应器的生产案例。

流化床反应器的实训操作。

流化床反应器的仿真操作。

 自测练习

填空题

1. 流化床反应器有其操作优点，比较适合 _____ 、_____ 、_____ 、_____ 等类型的反应体系。

2. 一般流化床反应器由 ____ 、____ 、____ 、____ 等主要部件构成。

3. 选取流化床反应器的操作速度时，应该使其在 ____ 与 ____ 之间。

4. 流化床反应器中气体分布板的作用是 _____ 、_____ 和 _____ 。其中开孔率的计算必须考虑 _____ 压降和 _____ 压降。

5. 流化床反应器的不正常流化现象主要有_____和_____。

6. 流化床反应器的主要优点是可采用____颗粒，传质传热效果____，催化剂更换____。

7. 流化床反应器内存在_____和____两相。反应主要在_____相中进行。

8. 流化床反应器的传热包括_____的传热、_____的传热和_____的传热三种形式。

9. 流化床反应器扩大段的主要作用是_____。

10. 旋风分离器的作用是_____，工艺尺寸的确定主要是根据工艺要求选择_____。

判断题

1. 流化床反应器的传质传热效果比固定床反应器的传质传热效果好。

2. 流化床的操作速度必须大于临界流化速度，同时要小于最大带出速度。

3. 当流化床反应器所使用的催化剂颗粒比较潮湿时，容易形成大气泡和腾涌现象。

4. 流化床反应器内的传质场所主要在乳化相，气泡相只是起搅动床层的作用。

5. 挡板和挡网的作用是破碎大气泡，改善流体流动。

6. 流化床的操作气速大于颗粒最大带出速度而颗粒夹带并不严重的主要原因是催化剂颗粒大部分存在于乳化相。

7. 勾流现象是在初始流态化时容易形成的不正常流态化现象。

8. 流化床反应器因为传质传热效果好，所以生产能力大。

9. 旋风分离器料腿的作用是既能顺利下料又能保持密封以防气体短路。

10. 采用粒子筛分窄的流化床易形成大气泡和腾涌现象。

思考题

1. 流化床反应器有哪些分类方法及各包括什么类型？

2. 流化床反应器的结构主要由哪几部分组成？其各自的作用是什么？

3. 流态化现象如何形成？有几个状态？

4. 什么是临界速度？

5. 流化床操作过程中有哪些异常现象？如何避免？

6. 旋风分离器的结构尺寸的确定原则是什么？

7. 在开车及运行过程中，为什么一直要保持氮封？

8. 流化床传热速率快、床层温度均匀的主要原因是什么？

9. 气相共聚反应的温度为什么绝对不能偏差所规定的温度？

10. 比较固定床反应器和流化床反应器的优缺点？

计算题

1. 已知催化剂颗粒的平均直径为 $55\mu m$，颗粒密度为 $2150kg/m^3$，在反应温度和压力条件下，进入流化床反应器的气体密度为 $1.2kg/m^3$，黏度为 $4\times10^{-5}Pa\cdot s$，试求此条件下的临界流化速度。

2. 在某流化床反应器中安置水平管冷却器，冷却器直径为 $22mm$，试计算流化床与管壁的给热系数。有关参数如下：

$d_P=1.5\times10^{-4}m$，$\rho_P=1509kg/m^3$，$c_s=0.733kJ/(kg\cdot K)$，$\lambda_f=4.91\times10^{-5}kW/(m\cdot K)$，$c_f=1.25kJ/(kg\cdot K)$，$\rho_f=0.85kg/m^3$，$\mu_f=2.5\times10^{-5}Pa\cdot s$，$u_{mf}=0.015m/s$，$\varepsilon_{mf}=0.48$，$u_0=0.27$，$\varepsilon_f=0.75$。

3. 某固定床反应器所采用催化剂颗粒的堆积密度与颗粒表观密度分别为 828kg/m³ 和 1300kg/m³，该床层的空隙率是多少？

4. 已知一反应体系，粒径为 80μm 的球形颗粒，气体为 20℃ 的空气，颗粒密度为 $\rho_P = 2500kg/m^3$，空气密度为 $\rho_f = 1.205kg/m^3$，空气黏度为 $\mu_f = 1.85 \times 10^{-5} Pa \cdot s$，计算此颗粒的带出速度。

5. 空气在 20℃ 下进入一流化床反应器，当床层静止时床层高度 $L_m = 0.56m$，床层空隙率 $\varepsilon_{mf} = 0.36$，床层温度为 850℃。若测得床层出口压力为 $p_2 = 1.029 \times 10^5 Pa$，其他数据为 $\varepsilon_{mf} = 0.44$，$d_P = 440\mu m$，$\rho_P = 2500kg/m^3$，$\mu = 4.5 \times 10^{-5} Pa \cdot s$。并假设空气一进入反应器，其温度直接升至 850℃。试求起始流化速度和床层压降。

6. 在内径为 1.2m 的丙烯腈流化床反应器中堆放了 3.62t 磷钼酸铋催化剂，其颗粒密度为 1100kg/m³，堆积高度为 10m，流化后床层高度为 10m。试求：（1）固定床空隙率；（2）流化床空隙率；（3）流化床压降。

7. 内径为 0.152m 的流化床反应器，已知反应器内流化高度为 0.305m，取单位体积催化剂为基准的气体体积流量为 125m³/(h·m³)，催化剂颗粒密度为 4400kg/m³，形状系数为 0.58，气体密度为 1.2kg/m³，气体黏度为 $1.8 \times 10^{-3} Pa \cdot s$，床层压降为 7000Pa。试计算：气体的表观流速及在此表观流速下不被气体带出的最小粒径。

8. 在一内径为 0.1m 的流化床反应器内装有 5kg 砂粒，其粒径分布如下：

$d_P \times 10^2/cm$	7.8	0.5	5.2	3.9	2.6
质量分数 x_i	0.2	0.25	0.4	0.1	0.05

若用 100℃ 的空气来使这些砂粒流化，试求临界流化速度和带出速度。已知床层出口处的压力 $p_2 = 1.029 \times 10^5 Pa$，$\mu = 0.21 \times 10^{-4} Pa \cdot s$，$\rho_P = 2600kg/m^3$。

9. 某厂有流化床反应器，临界流化速度为 0.01m/s，流化数为 100，催化剂球形颗粒的堆积密度为 650 kg/m³，反应接触时间为 8s，床层空隙率为 0.65，锥底角为 90°，床层直径为 1.3m，扩大段直径为 2m，求该流化床反应器的总高度。

10. 2000 吨/年丙烯腈反应器，已知气体的流量 $F_入 = 135kmol/h$，$F_出 = 135kmol/h$，反应器操作温度为 470℃，操作压力为 58.9 kPa（表）。若操作气速取为 0.6m/s，求床层直径。

 主要符号

A——流化床床层截面积或换热器换热面积，m²

C_D——曳力系数

D_d——扩大段直径，m

D_R——反应器直径，m

d_e——气泡当量直径，m

d_P——颗粒粒径，m

d_t——流化床直径，m

H——流化床高度，m

K——总传热系数，kJ/(m²·s·K)

L_{mf}——临界流化时的床高，m

N_{Ab}——组分 A 的物质的量，kmol

Δp——流体流过床层的压力降，Pa

q_v——气体体积流量，m³/s

R——床层膨胀比

u_0——气体表观速度（流化床空床气速），m/s

u_{mf}——流化床的临界流化速度，m/s

u_t——带出速度，m/s

V_b——气泡体积，m³

α_0——床层与器壁间的给热系数，W/(m²·K)

α_i——管内流体的给热系数，kJ/(m²·s·K)
ε——床层空隙率
ε_f——流化床的空隙率
ε_{mf}——开始流化时的床层空隙率
μ_f——流体黏度，Pa·s

ρ_B——催化剂床层堆积密度，kg/m³
ρ_f——流体密度，kg/m³
ρ_P——固体催化剂颗粒密度，kg/m³
φ——分布板开孔率
φ_S——催化剂形状系数

204

模块六　气液相反应器

- 了解气液相反应器的种类及基本结构。
- 了解气液相反应器的基本操作及日常维护。
- 掌握鼓泡塔反应器的生产原理。
- 掌握气液相反应动力学方程——确立。
- 掌握鼓泡塔反应器的简单计算。
- 能够完成鼓泡塔反应器的仿真操作。

气液相反应过程属于非均相反应过程。是指气相中的组分必须进入到液相中才能进行反应的过程。一种情况是所有反应组分是气相的，而催化剂是液相的；另一种情况可能是一种反应物是气相的，而另一种反应物是液相的。不管是哪种形式，气相的反应物必须进入到液相中才有可能发生反应。因此气液相反应需要进行相间传递才能进行。用来进行气液相反应的反应器称为气液相反应器。

项目一　气液相反应器的结构

由于气液相反应器内进行的是非均相反应，由此它的结构比均相反应器的结构复杂。需要具有一定的传递特性来满足气液相间的传质过程。气液相反应器的种类很多，从反应器的外形上则可以分为塔式如填料塔、板式塔、喷雾塔、鼓泡塔等和机械搅拌釜式反应器两类。而根据气液两相接触形态可以分为鼓泡式，即气体以气泡形式分散在液相中，液相是连续相，气相是分散相，如鼓泡塔、搅拌釜式反应器等；膜式反应器，即液体以膜状运动与气相进行接触，气、液两相均为连续相；液滴型反应器，即液体以液滴状分散在气相中，气相是连续相，液相是分散相，如喷雾塔、喷射塔、文丘里反应器等。下面介绍几种常用的反应器。

一、鼓泡塔反应器

气体以鼓泡形式通过催化剂液层进行化学反应的塔式反应器，称做鼓泡塔（床）反应器，简称鼓泡塔。

应用最为广泛的是简单鼓泡塔反应器，其基本结构是内盛液体的空心圆筒，底部装有气体分布器，壳外装有夹套或其他型式换热器或设有扩大段、液滴捕集器等。见图6-1。反应气体通过分布器上的小孔鼓泡而入，液体间歇或连续加入，连续加入的液体可以和气体并流或逆流，一般采用并流形式较多。气体在塔内为分散相，液体为连续相，液体返混程度较大。为了提高气体分散程度和减少液体轴向循环，可以在塔内安置水平多孔隔板。简单鼓泡塔内液体流型可近似视为理想混合模型，气相可近似视为理想置换模型。它具有结构简单、运行可靠、易于实现大型化，适宜于加压操作，在采取防腐措施（如衬橡胶、瓷砖、搪瓷等）后，还可以处理腐蚀性介质等优点。但是不能在简单鼓泡塔内处理密度不均一的液体，如悬浊液等。

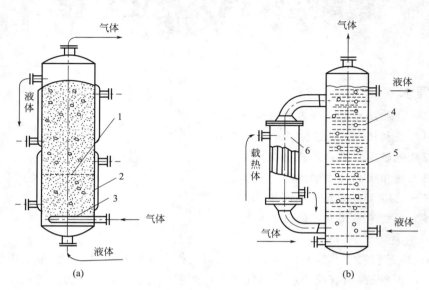

图 6-1　鼓泡塔反应器

1—分布隔板；2—夹套；3—气体分布器；4—塔体；5—挡板；6—塔外换热器

为了能够处理密度不均一的液体，强化反应器内的传质过程，可采用气体升液式鼓泡塔。该反应器结构较为复杂如图 6-2 所示。这种鼓泡塔与简单空床鼓泡塔的结构不同在于它的塔体内装有一根或几根气升管，它依靠气体分布器将气体输送到气升管的底部，在气升管中形成气液混合物。此混合物的密度小于气升管外的液体的密度，因此引起气液混合物向上流动，气升管外的液体向下流动，从而使液体在反应器内循环。因为气升管的操作像一个气体升液器，故有气体升液式鼓泡塔之称。在这种鼓泡塔中，虽然没有搅拌器，但气流的搅动要比简单鼓泡塔激烈得多。因此，它可以处理不均一的液体；如果把气升管做成夹套式，内通热载体或冷载体，则气升管同时还具有换热作用。在反应过程中，气升管中的气体流型可视为理想置换模型，整个反应器中的液体则可视为理想混合模型。

为了增加气液相接触面积和减少返混，可在塔内的液体层中放置填料，这种塔称作填料鼓泡塔。它与一般填料塔不同，一般填料塔中的填料不浸泡在液体中，只是在填料表面形成液层，填料之间的空隙中是气体。而填料鼓泡塔中的填料是浸没在液体中。填料间的空隙全是鼓泡液体。这种塔的大部分反应空间被填料所占据，因而液体在反应器中的平均停留时间很短，虽有利于传质过程，但传质效率较低，故不如中间设有隔板的多段鼓泡塔效果好。

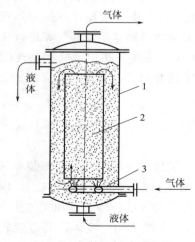

图 6-2　气体升液式鼓泡塔

1—筒体；2—气升管；3—气体分布器

鼓泡塔反应器的换热方式根据热效应的大小可采用不同的形式。当反应过程热效应不大时，可采用夹套式进行换热，如图 6-1（a）所示；热效应较大时，可在塔内增设换热装置如蛇管、垂直管束、横管束等。或者还可以设置塔外换热器，以加强液体循环，如图 6-1（b）所示。同时也可以利用反应液蒸发的方法带走热量。

鼓泡塔反应器结构简单，造价低、易控制、易维修、防腐问题容易解决。但鼓泡塔内液体的返混程度大，气泡易产生聚并，反应效率低。

二、鼓泡管反应器

鼓泡管反应器如图 6-3 所示。它是由管接头依次连接的许多垂直管组成，在第一根管下端装有气液混合器，最后一根管与气液分离器相连接。这种反应器中，既有向上运动的气液混合物，又有下降的气液混合物，而下降的物流的流型变化有其独特的规律，下降管的直径较小，在其鼓泡流动时，气泡沿管截面的分布较均匀，但当气流速度较小时，反应器中某根管子会出现环状流，从而造成气流波动，引起总阻力显著增加，会使设备操作引起波动而处于不稳定状态，因此气体空塔流速不应过小，一般控制在大于 0.4m/s。

鼓泡管反应器适用于要求物料停留时间较短（一般不超过 15～20min）的生产过程，若物料要求在管内停留时间长，则必须增加管子的长度，而这样会造成反应器内流动阻力增大。此外，这种反应器特别适用于需要高压条件的生产过程，例如高压聚乙烯生产。

鼓泡管反应器的最大优点是生产过程中反应温度易于控制和调节。由于反应管内流体的流动属于理想置换模型，故达到一定转化率时所需要的反应体积较小，对要求避免返混的生产体系更是十分有利。

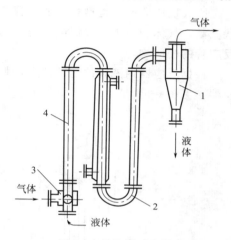

图 6-3　鼓泡管反应器
1—气液分离器；2—管接头；
3—气液混合器；4—垂直管

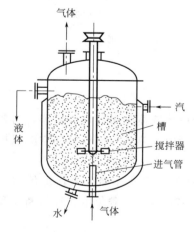

图 6-4　用于气液相反应的
搅拌釜式反应器

三、搅拌釜式反应器

用于气液相反应的搅拌釜式反应器结构如图 6-4 所示。它与鼓泡塔反应器不同，气体的分散不是靠气体本身的鼓泡，而是靠机械搅拌。由于釜内装有搅拌器，使得反应器内的气体能较好地分散成细小的气泡，增大气液接触面积，使液体达到充分混合。即使在气体流率很小时，搅拌也可以造成气体的充分分散。

一般搅拌釜式反应器的气体导入方式采用在搅拌器下设置各种静态预分布器的强制分散方法。搅拌器的型式有很多种，最好选用圆盘形涡轮。若进气的方式是单管，将其置于涡轮桨下方的中心处，并接近桨翼。由于圆盘的存在，气体不致短路而必须通过桨翼被击碎。当气量较大时，可采用环形多孔管分布器，环的直径不大于桨翼直径的 80%，气泡一经喷出便可被转动桨翼刮碎并卷到翼片后面的涡流中而被进一步粉碎，同时沿着半径方向迅速甩出，碰壁后又折向搅拌器上下两处循环旋转。气液混合物在离桨翼不远处气含率最高，成为传质的主要地区。当液层高度与釜直径之比大于 1.2 以上时，一般需要两层或多层桨翼，有时桨翼间还要安置多孔挡板。气体在搅拌釜中的通过能力受液泛限制，超过液泛的气体不能在液体中分散，它们只能沿釜壁纵向上升。液体流量由反应时间决定。

搅拌釜式气液相反应器的优点是气体分散良好，气液相界面大，强化了传质、传热过程，并能使非均相液体均匀稳定。主要缺点是搅拌器的密封较难解决，在处理腐蚀性介质及加压操作时，应采用封闭式电动传动设备。达到相同转化率时，所需要反应体积较大。

四、膜式反应器

膜式反应器的结构型式类似于管壳式换热器，反应管垂直安装，液体在反应管内壁呈膜状流动，气体和液体以并流或逆流形式接触并进行化学反应，这样可以保证气体和液体沿着反应管的径向均匀分布。

根据反应器内液膜的运动特点，膜式反应器可分为降膜式、升膜式和旋转气液流膜式反应器。见图 6-5。

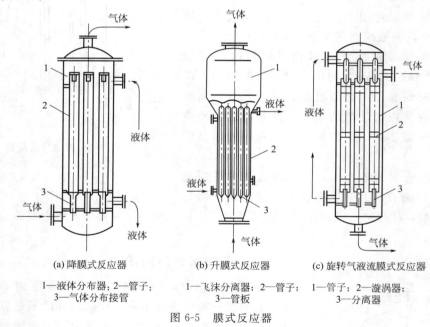

(a) 降膜式反应器　　　　(b) 升膜式反应器　　　(c) 旋转气液流膜式反应器

1—液体分布器；2—管子；　1—飞沫分离器；2—管子；　1—管子；2—漩涡器；
3—气体分布接管　　　　3—管板　　　　　　3—分离器

图 6-5　膜式反应器

1. 降膜式反应器

降膜式反应器是列管式结构，见图 6-5(a)。液体由上管板经液体分布器形成液膜，沿各管壁均匀向下流动，气体自下而上经过气体分布管分配进各管中，热载体流经管间空隙以排出反应热，因传热面积较大，故非常适合热效应大的反应过程。

因为这种反应器液体在管内停留时间较短，所以必要时可依靠液体循环来增加停留时间。在采取气液逆流操作时，管内向上的气流速度不大于 5～7m/s，以避免下流液体断流和夹带气体。如采取气液并流时，则可允许较大的气体流速。

降膜式反应器气体阻力小，气体和液体都接近于理想流动模型，结构比较简单，并具有操作性能可靠的特点。但当液体中掺杂有固体颗粒时，其工作性能将大大降低。

2．升膜式反应器

升膜式反应器的结构见图6-5(b)。液体加到管子下部的管板上,被气流带动并以膜的形式沿管壁均匀分布向上流动。在反应器上部装有用来分离液滴的飞沫分离器。

这种反应器在反应管内的气流速度可以在很大范围内变化,操作中可按照气体和液体的性质,根据工艺要求在10～50m/s范围选定。它比降膜式反应器中的气体传质强度更高。

3．旋转气液流膜式反应器

旋转气液流膜式反应器的结构见图6-5(c)。这种反应器中的每根管内都装有旋涡器,气流在旋涡器中将上部加入的液体甩向管壁,使其沿管壁呈膜式旋转流动。为使液膜一直保持旋转,在气液分离器前沿管装有多个旋涡器。

旋转气液流膜式反应器与前两种膜式反应器比较,提高了传质传热效率,降低喷淋密度,对管壁洁净和润湿性条件要求也低。但因每根管都装有旋涡构件,而使结构复杂,同时增大了流体的流动阻力。因此只适用于扩散控制下的反应过程。

在各类膜式反应器中,气液相均为连续相,适用于处理量大、浓度低的气体以及在液膜内进行的强放热反应过程。但不适用于处理含固体物质或能析出固体物质及黏性很大的液体,因为这样的流体容易阻塞喷液口。

目前,膜式反应器的工业应用尚不普遍。有待进一步研究和开发。

除以上各类气液反应器外,经常使用的还有板式塔反应器、喷雾塔反应器等。板式塔反应器与精馏过程所使用的板式塔结构基本相同,在塔板上的液体是连续相,气体是分散相,气液传质过程是在塔板上进行的。喷雾塔反应器结构较为简单,液体经喷雾器被分散成雾滴喷淋下落,气体自塔底以连续相向上流动,两相逆流接触完成传质过程,具有相接触面积大和气相压降小等特点。

总之,用于气液相反应过程的反应器种类较多,在工业生产上,可根据工艺要求、反应过程的控制因素等选用,尽量能够满足生产能力大、产品收率高、能量消耗低、操作稳定、检修方便及设备造价低廉等要求。不同的反应类型对反应器的要求也不同。同样的反应类型,侧重点不同,对反应器的要求也不同。

在一般情况下,当气液相反应过程的主要目的是利用气液相反应净化气体,即从气体原料或产物中除去有害的气体成分,也就是通常所说的化学吸收过程时,此时主要的问题是如何能够提供比较大的相界接触面积来提高吸收效果。因此对这类反应就应该考虑选用相界接触面积较大的填料塔和喷雾塔。

气液相反应是化工生产中应用较多的反应,根据使用目的的不同,主要有两种类型。一种是通过气液反应生产某种产品。如苯烃化生产乙苯。这类反应主要是侧重于研究传质过程如何影响化学反应速率,以求最大效率地生产所需产品。落脚点在反应速率的提高。另一种是通过气液反应净化气体,即从气体原料或产物中除去有害的气体成分,这种过程有时也叫化学吸收。如用碱溶液脱除煤气中的硫化氢。这类反应主要是侧重于研究化学反应如何强化传质速率,以期能够最大化从生产废气中除去对环境有污染的微量气体组分。落脚点在传质速率的提高上。

当气液相反应过程的主要目的是用于生产化工产品时,要根据不同的反应类型考虑。如果反应速率极快则可以选用填料塔和喷雾塔;如果反应速率极快,同时热效应又很大,就可以考虑选用膜式塔;如果反应速率为快速或中速时,宜选用板式塔和鼓泡塔;而对于要求在反应器内能处理大量液体而不要求较大相界面积的动力学控制、同时要求装设内换热器以便及时移出热量的气液相反应过程，以选用鼓泡塔更为适宜；另外若反应是要求有悬浮均匀的固体粒子催化剂存在的气液相反应过程，或者反应体系是高黏性物系，此时一般选用具有搅拌器的釜式反应器。

从能量的角度考虑，反应器的设计就应该考虑能量的综合利用并尽可能降低能量的消耗。若反应处于高于室温的条件下进行，就应考虑反应热量的利用和过程显热的利用。若反应在加压下进行，就应考虑反应过程压力能的利用。同时，反应过程中的温度控制对能量的消耗也有很大的影响。若气液相反应的热效应很大而需要综合利用时，选降膜式反应器比较合适，也可以采用塔内安置冷却盘管的鼓泡塔反应器，而填料塔反应器则不适应该类反应，因为填料塔反应器只能靠增加喷淋量来移出反应热。

项目二　鼓泡塔反应器的生产原理

鼓泡塔反应器具有容量大、液体为连续相、气体为分散相、气液两相接触面积大等特点，适用动力学控制的气液相反应过程，也可应用于扩散控制过程。又因其气体空塔速度具有较宽广的范围，而当采用较高气体空塔速度时，强化了反应过程传质和传热，因此，在化工生产中的气液相反应过程多选用鼓泡塔反应器。

一、鼓泡塔反应器中的流体流动

在鼓泡塔反应器中，气体是通过分布器的小孔形成气泡鼓入液体层中。因此气体在床层中的空塔速度决定了单位反应器床层的相界面积、气含率和返混程度等。最终影响反应系统的传质和传热过程，导致反应效果受到影响。所以，研究气泡的大小、气泡的浮升速度、气含率、相界面积以及流体阻力等，对鼓泡塔反应器的分析、控制和计算有着重要的意义。

因空塔气速不同液体会在鼓泡塔内出现不同的流动状态，一般分为安静区和湍动区以及介于二者之间的过渡区。

当气体的空塔速度一般小于 0.05m/s 时，气体通过分布器几乎呈分散的有次序的鼓泡，气泡大小均匀，规则地浮升；液体由轻微湍动过渡到有明显湍动，此时为安静区。在安静区操作，既能达到一定的气体流量，又很少出现气体的返混现象。

当气体的空塔速度一般大于 0.08m/s 时，则为湍动区。在湍动区内，由于气泡不断地分裂、合并，产生激烈的无定向运动，部分上升的气泡群产生水平和沟流向下运动，而使塔内液体扰动激烈，气泡已无明显界面。在生产装置中，简单鼓泡塔往往选择安静区操作，气体升液式鼓泡塔是在湍动区操作。

（一）气泡尺寸

气体在鼓泡塔中主要以两种方式形成气泡。当空塔气速较低时，利用分布器（多孔板或微孔板）使通过的气体在塔中分散成气泡；当空塔气速较高时，主要以液体的湍动引起喷出气流的破裂形成气泡。而气体分布器和液体的湍动情况不同，影响气泡大小也不同。通过实验观察可以看到，直径小于 0.002m 的气泡近似为坚实球体垂直上升，当气泡直径更大时，其外形好似菌帽状，近似垂直上升。

假设有一单个喷孔，当气体鼓入时，气泡逐渐在喷孔上长大，随着气泡的增长，浮力增大，直到浮力等于气泡脱离喷孔的阻力（表面张力）时，气泡便离开喷孔上浮。如果气泡是圆形的。则存在下列关系：

$$V_b = \frac{\pi}{6} d_b^3 = \frac{\pi d_0 \sigma_L}{(\rho_L - \rho_G) g} \tag{6-1}$$

式中　V_b——单个气泡体积，m^3；

　　　d_b——单个球形气泡直径，m；

　　　d_0——分布器喷孔直径，m；

　　　σ_L——表面张力，N/m；

ρ_L，ρ_G——液体、气体的密度，kg/m^3；

　　　g——重力加速度，$g = 9.81 m/s^2$。

气泡直径为：
$$d_b = 1.82 \left[\frac{d_0 \sigma_L}{(\rho_L - \rho_G) g} \right]^{1/3} \tag{6-2}$$

气泡产生的多少可以用发泡频率来计算。

发泡频率为
$$f = \frac{V_0}{V_b} = \frac{V_0 (\rho_L - \rho_G) g}{\pi d_0 \sigma_L} \tag{6-3}$$

式中，f 为发泡频率；V_0 为通过每个小孔的气体体积流量。从上式可以看出：在安静区，气泡直径与分布器小孔直径 d_0、表面张力 σ_L、液体与气体的密度差等有关。d_0 小则可以获得较小气泡；气泡尺寸和每个小孔中气体流量 V_0 无关；气泡频率与每个小孔中气体流量 V_0 成正比。

在工业操作中，气泡的大小并不均一，计算时仅以当量比表面平均直径 d_{vs} 计算。当量比表面平均直径 d_{vs} 是指当量圆球气泡的面积与体积比值与全部气泡加在一起的表面积和体积之比值相等时该气泡的平均直径 d_{vs}。

$$d_{vs} = \frac{\sum n_i d_i^3}{\sum n_i d_i^2} \tag{6-4}$$

当鼓泡塔在较高空塔气速条件下操作时，液体开始处于湍动状态，随着气速进一步增加，气液两相均处于湍动状态。气体离开分布器后以喷射状态进入液层，在分布器上方崩解为较小的气泡、气泡的直径由于激烈的湍动而分布很广，此时分布器孔径、经过小孔的气速对气泡尺寸的影响较小，分布器对气泡的尺寸已无影响。因此鼓泡塔内实际的气泡当量比表面平均直径可按下面的关系式近似估算

$$d_{vs} = 26 Bo^{-0.5} Ga^{-0.12} Fr^{1/2} \tag{6-5}$$

式中，$Bo = \dfrac{g d_t^2 \rho_L}{\sigma_L}$ 为邦德数；$Ga = \dfrac{g d_t}{\nu_L}$ 为伽利略数；$Fr = \dfrac{u_{OG}}{\sqrt{g d_t}}$ 为弗鲁德数；ν_L 为液体运动黏度；d_t 为鼓泡塔反应器的内径；u_{OG} 为空塔气速。

一般工业鼓泡式反应器中气泡直径小于 0.005m。分布器开孔率范围较宽，可达 0.03%～30%，采用较大开孔率往往引起部分小孔不出气甚至被堵塞，故应取偏低的开孔率。由于鼓泡塔液层较高，其上部还有气液分离空间，实际雾沫夹带并不严重，因此分布器小孔气速可以取得较高，实际反应器中有采用到 80m/s 者。

（二）气含率

单位体积鼓泡床（充气层）内气体所占的体积分数，称为气含率。鼓泡塔内的鼓泡流态使液层膨胀，因此在决定反应器尺寸或设计液位控制器时，必须考虑气含率的影响。气含率还直接影响传质界面的大小和气体、液体在充气液层中的停留时间，所以也对气液传质和化学反应有着重要影响。

气含率：
$$\varepsilon_G = \frac{V_G}{V_{GL}} = \frac{H_{GL} - H_L}{H_{GL}} \tag{6-6}$$

式中　V_G——气体的体积流量，m^3/h；

　　　V_{GL}——充气液层的体积流量，m^3/h；

　　　H_{GL}——充气液层的高度，m；

　　　H_L——静液层高度，m。

影响气含率的因素有很多，主要有设备结构、物性参数和操作条件。设备结构主要是鼓泡塔的直径和分布板小孔的直径。气含率随鼓泡塔的直径的增加而减小，但当 $D > 0.15$ 时，气含率不再随鼓泡塔的直径而变。当分布板小孔的直径 $d_0 < 0.00225m$ 时，气含率随孔径的增加而增大，分布板小孔的直径 d_0 为 $0.00225 \sim 0.005m$ 时，气含率与孔径无关。一般气体的性质对气含率的影响不大，可以忽略不计。而液体的性质对气含率的影响则不能忽略。操作条件主要是指空塔气速。当空塔气速增大时，气含率也随着增大，但当空塔气速增大到一定值时，气泡汇合，气含率反而下降。

在工业生产中，气含率可用下列经验式计算。

$$\varepsilon_G = 0.627 \left(\frac{u_{OG} \mu_L}{\sigma_L} \right)^{0.578} \left(\frac{\mu_L^4 g}{\rho_L \sigma_L^3} \right)^{-0.131} \left(\frac{\rho_G}{\rho_L} \right)^{0.062} \left(\frac{\mu_G}{\mu_L} \right)^{0.107} \tag{6-7}$$

（三）气泡浮升速度

单个气泡由于浮力作用在液体中上升，随着上升速度增加，阻力也增加。当浮力等于阻力和重力之和时，气泡达到自由浮升速度。而在鼓泡塔反应器中，气泡并不是单独存在的，而是许多气泡一起浮升。所以，工业鼓泡式反应器内气泡浮升速度可以用下式近似计算。

$$u_t = \left(\frac{2\sigma_L}{d_{vs} \rho_L} + g \frac{d_{vs}}{2} \right)^{0.5} \tag{6-8}$$

在鼓泡塔内，由于气泡相和液体相是同时流动，因此气泡与液体间存在一相对速度。该相对速度称为滑动速度，可通过气相和液相的空塔速度及动态气含率求出。在计算时分为两种情况处理。

液相静止时：
$$u_s = \frac{u_{OG}}{\varepsilon_{OG}} = u_G \tag{6-9a}$$

液相流动时：
$$u_s = u_G \pm u_L = \frac{u_{OG}}{\varepsilon_G} \pm \frac{u_{OL}}{1 - \varepsilon_G} \tag{6-9b}$$

式中　u_{OG}，u_{OL}——空塔气速、空塔液速，m/s；

　　　　　u_s——滑动速度，m/s；

　　　u_G，u_L——实际气体、液体的流动速度，m/s。

（四）气体压降

鼓泡塔中气体阻力由分布器小孔的压降和鼓泡塔的静压降两部分组成。即：

$$\Delta p = \frac{10^{-3}}{C^2} \times \frac{u_0^2 \rho_G}{2} + H_{GL} g \rho_{GL} \tag{6-10}$$

式中　Δp——气体压降，kPa；

　　　C^2——小孔阻力系数，约为 0.8；

　　　u_0——小孔气速，m/s；

　　　ρ_{GL}——鼓泡层密度，kg/m^3。

（五）比相界面积

比相界面积是指单位鼓泡床层体积内所具有的气泡的表面积。它的大小对气液相反应的传质速率有很大的影响。根据定义，比相界面积可由下式计算：

$$a = \frac{6\varepsilon_G}{d_{vs}}$$

在工业鼓泡塔内，比相界面积一般是由经验式计算。不同的操作条件，所选用的经验公式不同。当 $u_{OG} < 0.6\text{m/s}$，$0.02 \leqslant \dfrac{H_L}{D} \leqslant 24$，$5.7 \times 10^5 \leqslant \dfrac{\rho_L\sigma_L}{g\mu_L} \leqslant 10^{11}$ 时，比相界面积可用下式计算。

$$a = 26\left(\frac{H_L}{D}\right)^{-0.03}\left(\frac{\rho_L\sigma_L}{g\mu_L}\right)^{-0.003}\varepsilon_G \tag{6-11}$$

在工业使用的鼓泡塔内，当气液并流由塔底向上流动处于安静区操作时，气体的流动通常可视为理想置换模型。当气液逆向流动，液体流速较大时，夹带着一些较小的气泡向下运动，而且由于沿塔的径向气含率分布不均匀，气泡倾向于集中在中心，液流既有在塔中心的流动，又有沿塔内壁的反向流动，因而，即使在空塔气速很小的情况下，液相也存在着返混现象。当液体高速循环时，鼓泡塔可以近似视为理想混合反应器。返混可使气液接触表面不断更新，有利于传质过程，使反应器内温度和催化剂分布趋于均匀。但是，返混影响物料在反应器内的停留时间分布，进而影响化学反应的选择性和目的产物的收率。因此，工业鼓泡塔通常采用分段鼓泡的方式或在塔内加入填料或增设水平挡板等措施，以控制鼓泡塔内的返混程度。

二、鼓泡塔反应器中的传质

气液相反应要求气相反应物必须要溶解到液相中，反应才能够进行。因此，无论在液相中进行的是何种类型的反应，都可以把反应分解成传质和反应两部分。描述气液两相之间传质过程的模型有很多，如双膜理论、表面更新理论、渗透理论等，但应用最广的仍然是"双膜理论"。其优点是简明易懂，便于进行数学处理。

双膜理论假设在平静的气液相界面两侧存在着气膜与液膜，是很薄的静止层或层流层。当气相组分向液相扩散时，必须先到达气液相界面，并在相界面上达到气液平衡。而在气膜之外的气相主体和液膜之外的液相主体中，则达到完全的混合均匀，即在气相主体和液相主体中没有传质阻力，全部传质阻力都集中在膜内。例如下列反应：

A(气相)＋B(液相)→产物(液相)

根据双膜理论反应过程可描述如下（图6-6）：

① 气相中的反应组分 A 从气相主体通过气膜向气液相界面扩散，其分压从气相主体处 p_{AG} 的降至界面处 p_{Ai}。

② 在相界面处组分 A 溶解并达到相平衡。服从亨利定律。此时 $p_{Ai} = H_A c_{Ai}$，其中 H_A 是亨利系数，c_{Ai} 是相界面处组分 A 的浓度。

③ 溶解的组分 A 从相界面通过液膜向液相主体扩散。在扩散的同时，与液相中的反应组分 B 发生化学反应，生成产物。此过程是反应与扩散同时进行。

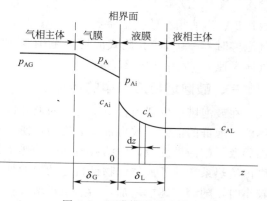

图 6-6　双膜模型示意图

④ 反应生成的产物向其浓度下降的方向扩散。产物若为液相，则向液体内部扩散；产物若为气相，则扩散方向为：液相主体-液膜-相界面-气膜-气相主体。

这就是用双膜理论描述的气液相反应的全过程。该过程中的传质速率 N 取决于通过气膜和液膜的分子扩散速率。即：

$$N = \frac{D_{AG}}{\delta_G}(p_{AG} - p_{Ai}) = \frac{D_{AL}}{\delta_L}(c_{Ai} - c_{AL}) \tag{6-12}$$

式中　D_{AG}，D_{AL}——组分 A 在气膜和液膜中的分子扩散系数，$kmol/(m \cdot s \cdot Pa)$；

　　　　δ_G，δ_L——气膜和液膜的有效厚度，m；

　　　　p_{AG}，c_{AL}——气相主体和液相主体中组分 A 的分压和浓度，Pa 和 $kmol/m^3$；

　　　　p_{Ai}——气液相界面处气相组分 A 的分压，Pa；

　　　　c_{Ai}——气液相界面处液相组分 A 的浓度，$kmol/m^3$。

由于在相界面处气液两相达到平衡。因此上式可变为：

$$N = K_{AG}(p_{AG} - p_A^*) = K_{AL}(c_{Ai} - c_A^*) \tag{6-13}$$

其中：

$$\frac{1}{K_{AG}} = \frac{\delta_G}{D_{AG}} + \frac{\delta_L}{HD_{AL}} = \frac{1}{k_{AG}} + \frac{1}{Hk_{AL}} \tag{6-14}$$

$$\frac{1}{K_{AL}} = \frac{\delta_L}{D_{AL}} + \frac{H\delta_G}{D_{AG}} = \frac{H}{k_{AG}} + \frac{1}{k_{AL}} \tag{6-15}$$

式中　k_{AG}，k_{AL}——组分 A 在气膜和液膜内的传质系数，m/s；

　　　　K_{AG}，K_{AL}——组分 A 以气相分压和液相浓度表示的总传质系数，m/s；

　　　　p_A^*，c_A^*——与液相主体和气相主体成平衡的组分 A 的分压和浓度，Pa 和 $kmol/m^3$。

在鼓泡塔内气液相际传质规律，也符合双膜理论。传质的阻力主要集中在液膜层，气膜层的阻力可以忽略不计。因此，要想提高鼓泡塔中的传质速率，就必须提高液相传质系数。影响鼓泡塔内液相传质系数系数的因素有很多。当反应在安静区操作时，气泡的尺寸、空塔气速、液体的性质及扩散系数等对传质系数的影响较大；当反应在湍动区进行时，液体的扩散系数、液体的性质、气泡的当量比表面积及气体的表面张力等则成为主要影响因素。

鼓泡塔中的液膜传质系数可用经验式计算。如：

$$Sh = 2.0 + C\left[Re_b^{0.484} Sc_L^{0.339}\left(\frac{d_b g^{\frac{1}{3}}}{D_{AL}^{\frac{2}{3}}}\right)^{0.72}\right]^{1.61} \tag{6-16}$$

式中，$Sh = \dfrac{k_{AL} d_b}{D_{AL}}$ 为舍吾德数；$Sc_L = \dfrac{\mu_L}{\rho_L D_{AL}}$ 为液体施密特数；$Re_b = \dfrac{d_b u_{OG} \rho_L}{\mu_L}$ 为气泡雷诺数；D_{AL} 为液有效扩散系数，m^2/s；k_{AL} 为液相传质系数，m/s；单个气泡时 $C = 0.081$，气泡群时 $C = 0.187$。此式的适用范围为：$0.2cm < d_b < 0.5cm$，液体空速 $u_{OL} \leqslant 10cm/s$，气体空速 $u_{OG} = 4.17 \sim 27.8cm/s$。

三、鼓泡塔反应器中的传热

在鼓泡塔反应器内，由于气泡的上升运动而使液体边界层厚度减小，同时，塔中部的液体随气泡群的上升而被夹带向上流动，使得近壁处液体回流向下，构成液体循环流动。这些都导致了鼓泡塔反应器内的鼓泡层的给热系数增大，比液体自然对流时大很多。另外，鼓泡塔内给热系数除了液体的物性数据的影响外，空塔气速的影响也是不能忽略的。当空塔气速较小时，随着气速的增加，给热系数增大；但当气速超过某一临界值时，气速的增加对给热系数没有影响。给热系数的计算依然是采用经验式。当鼓泡塔反应器的换热方式采用在反应器内设置换热器的方式进行时，给热系数可用下式计算：

$$\frac{\alpha_t D}{\lambda_L} = 0.25 \left(\frac{D^3 \rho_L^2 g}{\mu_L^2}\right)^{\frac{1}{3}} \left(\frac{c_{pL}\mu_L}{\lambda_L}\right)^{\frac{1}{3}} \left(\frac{u_{OG}}{u_s}\right)^{0.2} \tag{6-17}$$

式中　α_t——给热系数，$J/(m^2 \cdot s \cdot K)$；

　　　λ_L——液体的热导率，$J/(m \cdot s \cdot K)$；

　　　c_{pL}——液体的比热容，$J/(kg \cdot K)$；

　　　D——床层直径，m。

鼓泡塔反应器的总传热系数 K 的计算与换热器总传热系数 K 的计算公式相同。但管内侧给热系数必须通过上式计算，而管外侧的给热系数及传热壁的热阻计算等同于换热器的计算。通常情况下，鼓泡塔反应器的总传热系数 $K = 894 \sim 915 J/(m^2 \cdot s \cdot K)$。

项目三　鼓泡塔反应器的计算

鼓泡塔反应器计算的主要任务是计算完成一定的生产任务时所需要的鼓泡床层的体积。一般情况下，既可采用数学模型法计算，也可采用经验法计算。

一、经验法

根据实验或工厂提供的空塔气速、转化率和空时收率（单位时间、单位体积所得产物量）等经验数据计算。

（一）反应器的体积

鼓泡塔反应器的体积主要包括充气液层的体积、分离空间体积及反应器顶盖死区体积三部分。

1．充气液层的体积 V_R

充气液层的体积是指反应器床层内静止液层体积和充气液层中气体所占的体积。它是反应器在操作中所必须保证的气泡和液体混合物的体积。在计算时将纯液体以静态计的体积（简称液相体积）和纯气体所占体积分别考虑比较方便。可表示为：

$$V_R = V_G + V_L = \frac{V_L}{1 - \varepsilon_G} \tag{6-18}$$

式中　V_R——充气液层体积，m^3；

　　　V_L——液相体积，m^3；

　　　V_G——充气液层中的气体所占体积，m^3。

满足一定生产能力所需要的液相体积可用下式计算：

$$V_L = V_{OL}\tau \tag{6-19}$$

式中　V_{OL}——原料的体积流量；

　　　τ——停留时间（间歇操作时，为生产时间＋非生产时间），可由经验数据计算。

充气液层中气体所占的体积为：

$$V_G = V_L \frac{\varepsilon_G}{1 - \varepsilon_G} \tag{6-20}$$

2．分离空间体积 V_E

分离空间是在充气液层上方所留有的一定空间高度，它的主要作用是利用自然沉降的作用除去上升气体中所夹带的液滴。

分离空间体积为：$V_E = 0.785D^2 H_E$，其中 H_E 为分离空间高度。它是由液滴的移动速度决定。一般液滴的移动速度小于 0.001m/s，此时，分离空间可用下式计算：

$$H_E = \alpha_E D \tag{6-21}$$

当塔径 $D \geqslant 1.2 \text{m}$ 时，$\alpha_E = 0.75$；当 $D < 1.2 \text{m}$ 时，H_E 不应小于 1m。

3. 反应器顶盖死区体积 V_C

反应器顶盖部位一般起不到除去上升气体中所夹带的液滴的作用，因而常把该部分称为死区体积或无效体积。通常可用下式计算。

$$V_C = \frac{\pi D^3}{12\varphi} \tag{6-22}$$

式中，φ 为形状系数。若采用球形封封头，$\varphi = 1.0$，采用 2：1 的椭圆形封头 $\varphi = 2.0$。鼓泡塔反应器的总体积为 $V = V_R + V_E + V_C$

【例 6-1】 年产 3000t 乙苯的乙烯和苯烷基化反应生产乙苯的鼓泡塔反应器中，已知反应器的直径为 1.5m，产品乙苯的空时收率为 $180 \text{kg/(m}^3 \cdot \text{h)}$，年生产时间为 8000h，床层气含率为 0.34。试计算该反应器的体积。

解： 液相体积 $V_L = \dfrac{3000 \times 1000}{180 \times 8000} = 2.08$（$\text{m}^3$）

充气液层中的气体所占体积 $V_G = V_L \dfrac{\varepsilon_G}{1 - \varepsilon_G} = 2.08 \times \dfrac{0.34}{1 - 0.34} = 1.07$（$\text{m}^3$）

充气液层体积 $V_R = V_G + V_L = 2.08 + 1.07 = 3.15$（$\text{m}^3$）

因为反应器的直径为 1.5m＞1.2m，所以 $\alpha_E = 0.75$

分离空间高度：$H_E = \alpha_E D = 0.75 \times 1.5 = 1.13$（m）

分离空间体积为：$V_E = 0.785D^2 H_E = 0.785 \times 1.5^2 \times 1.13 = 1.99$（$\text{m}^3$）

采用 2：1 的椭圆形封头，则 $\varphi = 2.0$

反应器顶盖死区体积 $V_C = \dfrac{\pi D^3}{12\varphi} = \dfrac{3.14 \times 1.5^3}{12 \times 2} = 0.44$（$\text{m}^3$）

反应器的体积 $V = V_R + V_E + V_C = 3.15 + 1.99 + 0.44 = 5.58$（$\text{m}^3$）

（二） 反应器的结构尺寸

反应器的直径可以根据空塔气速的定义计算。

按气体空塔速度的定义式：$u_{OG} = \dfrac{V_{OG}}{3600A_t} = \dfrac{V_{OG}}{3600 \times \frac{\pi}{4}D^2}$

式中　V_{OG}——气体体积流量，m^3/h；

　　　A_t——反应器横截面积，m^2；

　　　u_{OG}——气体空塔速度，m/s。

则得反应器直径的计算式为：

$$D = \left(\frac{4V_{OG}}{3600\pi u_{OG}}\right)^{1/2} = 0.018\sqrt{\frac{V_{OG}}{u_{OG}}} \tag{6-23}$$

气体的空塔速度由实验或工厂提供的经验数据确定。当空塔气速很小时，计算所得塔径 D 必然较大，此时在确定 D 值时，主要应考虑保证气体在塔截面均匀分布，同时有利于气体在液体中的搅拌作用，从而加强混合和传质；当空塔气速很大时，计算所得的 D 值必然较小，液面高度将相应增大，此时应考虑气体在入口处随压强增高可能引起操作费用提高及由于液体体积膨胀可能出现不正常的腾涌现象等。所以应选择适当空塔气速，一般情况，取 $u_{OG}=0.0028\sim0.0085cm/s$ 的范围比较适宜，而塔高和塔径之比一般取 $3<H/D<120$。

反应器高度的确定，应全面考虑床层气含率、雾沫夹带、床层上部气相的允许空间（有时为了防止气相爆炸，要求空间尽量小些）、床层出口位置和床层液面波动范围等多种因素的影响而后确定。

【例 6-2】 某乙醛氧化生产醋酸的反应在一鼓泡塔反应器中进行，已知原料气的平均体积流量为 $4746m^3/h$，并以 $0.715m/s$ 的空塔气速通过床层。床层气含率为 0.26，乙酸的生产能力为 $200kg/(m^3$ 催化剂 $\cdot h)$，年生产时间为 8000h。试计算年产 1 万吨乙酸的反应器的结构尺寸。

解： 反应器的直径为：$D=0.018\sqrt{\dfrac{V_{OG}}{u_{OG}}}=0.018\sqrt{\dfrac{4746}{0.715}}=1.46$（m）

反应液的体积：$V_L=\dfrac{1\times10^7}{200\times8000}=6.25$（$m^3$）

充气液层的体积：$V_R=V_G+V_L=\dfrac{V_L}{1-\varepsilon_G}=\dfrac{6.25}{1-0.26}=8.45$（$m^3$）

因为反应器的直径为 1.46m>1.2m，所以 $\alpha_E=0.75$，分离空间高度
$$H_E=\alpha_E D=0.75\times1.46=1.10\text{（m）}$$

分离空间体积为 $V_E=0.785D^2H_E=0.785\times1.46^2\times1.10=1.84m^3$

采用球形封头，则 $\varphi=1.0$

反应器顶盖死区体积 $V_C=\dfrac{\pi D^3}{12\varphi}=\dfrac{3.14\times1.46^3}{12\times1}=0.81$（$m^3$）

反应器的体积 $V=V_R+V_E+V_C=8.45+1.84+0.81=11.10$（$m^3$）

反应器的高度为：$H=\dfrac{V}{0.785D^2}=\dfrac{11.10}{0.785\times1.46^2}=6.63$（m）

二、数学模型法

数学模型法的计算涉及气液相反应的宏观动力学，因此需要先介绍气液相反应的宏观动力学方程式的建立。

从气液相反应的过程可以看出：对于气液相反应而言，它是一个由传质和反应所构成的过程，反应的动力学方程不仅仅取决于化学反应过程，传质过程对反应的影响也很重要。因此，反应速率实际上是包括传质过程在内的综合反应速率，即宏观动力学。当传质速率远远大于化学反应速率时，实际的反应速率就完全取决于后者，这就叫动力学控制；反之，如果化学反应速率很快，而某一步的传质速率很慢，则称为扩散控制。当化学反应速率和传质速率具有相同的数量级时，则两者均对反应速率有显著的影响。

（一）宏观动力学方程的建立

和其他反应过程动力学方程式的推导一样，气液相反应宏观动力学方程的建立也可以通过物料衡算计算。对反应 $A(g)+\alpha_B B(l)\rightarrow C(l)$，在液膜内离相界面 Z 处选一厚度为 dz，与传质方向垂直的面积为 S 的微元作衡算范围，对组分 A 作物料衡算。根据物料衡算的基本方程式得：

$$-D_{AL}S\frac{dc_A}{dz}+D_{AL}S\frac{d}{dz}\left(c_A+\frac{dc_A}{dz}dz\right)=(-r_A)Sdz \qquad (6\text{-}24)$$

若组分 A 在液相中的扩散系数 D_{AL} 为常数，式(6-24) 为：

$$D_{AL}S\frac{d^2c_A}{dz^2}=(-r_A)=kc_Ac_B \qquad (6\text{-}25)$$

式中，S 为单位液相体积所具有的相界面积。对组分 B 作物料衡算同理可得：

$$D_{BL}S\frac{d^2c_B}{dz^2}=b(-r_A)=\alpha_B kc_Ac_B \qquad (6\text{-}26)$$

式(6-25) 和式(6-26) 是二级不可逆气液相反应的基础方程。是一个二阶微分方程。边界条件有两个：$z=0$，$c_A=c_{Ai}$，$dc_B/dz=0$。而另一个边界条件则与气液相反应类型有关。对于不同的气液相反应类型，则边界条件是不同的。

（二）反应类型

由于气液相反应过程中的传质速率和化学反应速率的不同，使得气液相反应存在下列几种不同的反应类型，如图 6-7 所示。

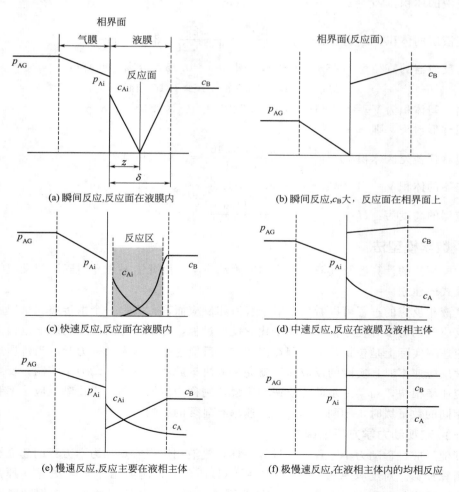

图 6-7　气液相反应类型示意图

1．瞬间反应

当组分 A 与组分 B 的反应速率远远大于组分 A 与组分 B 由液膜两侧向膜内的传质速率时，气相组分 A 与液相组分 B 之间的反应为瞬间完成，即两者不能在液相中共存。反应发生于液膜内某一个面上，该面称为反应面。在此反应面上 A 和 B 两组分至少有一个组分的浓度为零。而反应面在液膜中所处的位置由组分 A 在气相中的分压、组分 B 在液相主体内的浓度以及传质系数所决定。所以，A 和 B 扩散到此界面的速率决定了过程的总速率。

此时边界条件：$z = \delta_L$，$c_B = c_{BL}$，$c_A = 0$，且在反应面处，$c_B = c_A = 0$

$$(-R_A) = \frac{D_{AL}}{\delta_L} c_{Ai} \left[1 + \left(\frac{D_{BL}}{D_{AL}} \right) \left(\frac{c_{BL}}{\alpha_B c_{Ai}} \right) \right]$$

若因液相中组分 B 的浓度高，气相组分 A 扩散到达界面时即反应完毕，则反应面移至相界面上。此时，总反应速率取决于气膜内 A 的扩散速率。

$$(-R_A) = k_{AG} S p_{AG}$$

2．快速反应

当 A 与 B 的反应速率大于 A 与 B 由液膜两侧向膜内的传质速率时，通过相界面溶解到液膜内的组分 A 在膜内全部与组分 B 反应，反应面为整个液膜。在液相主体内组分 A 的浓度 $c_{AL} = 0$。故液相主体内无化学反应的发生。此时，总反应速率取决于化学反应速率常数、扩散系数和界面被吸收组分的浓度而与液膜传质系数 k_L 无关。

此时边界条件：$z = \delta_L$，$c_B = c_{BL}$，$c_A = 0$

$$(-R_A) = \frac{\gamma}{\tanh(\gamma)} k_{AL} c_{Ai}$$

其中，$\gamma = k \delta_L / k_{AL}$ 为八田数。

3．中速反应

当 A 与 B 的反应速率与 A 在液膜内的传质速率相接近时，通过相界面溶解到液膜内的组分 A 在膜内不可能全部与组分 B 反应，因此，在液相主体内仍然发生化学反应。即反应过程在液膜和液相主体内同时进行。总反应速率既和传质速率有关又和化学反应速率有关。

$$(-R_A) = \frac{\gamma}{\tanh\gamma} \left[1 - \frac{1}{\cosh\gamma} \left(\frac{c_{AL}}{c_{Ai}} \right) k_{AL} c_{Ai} \right]$$

4．慢速反应

当 A 与 B 的反应速率小于 A 与 B 由液膜两侧向膜内的传质速率时，通过相界面溶解到液膜内的组分 A 在液膜中与液相组分 B 发生反应，但由于液相主体内的反应速率已大于 A 在液膜内的传质速率，所以液膜内的传质阻力可以忽略，致使大部分 A 反应不完而扩散进入液相主体，并在液相主体中与 B 发生反应。故反应主要在液相主体中进行。实际上此时的宏观动力学方程即为物理吸收过程的规律。

$$(-R_A) = \frac{1}{1/k_{AG} + H/k_{AL}} (p_{AG} - H c_{AL}) S$$

5．极慢速反应

由于 A 与 B 的反应速率远远小于 A 与 B 由液膜两侧向膜内进行传质的速率，导致组分 A 在气膜和液膜内的传质阻力可以忽略。所以组分 A 在液相主体和相界面上的浓度是相等的，与气相主体中组分 A 的反应成相平衡。反应速率完全取决于化学反应动力学。

$$(-R_A)=kc_Ac_B$$

由此可知，不同的反应类型，其传质速率与本征反应速率的相对大小不同，导致宏观反应速率的表达形式相差很大。以上宏观反应动力学方程是通过解微分方程得到的，由于求解过程复杂，所以不一一推导。对于不同的反应类型，适宜的气液相反应设备也不相同。

（三）气液相反应过程的重要参数

从气液相反应的宏观动力学方程知道，对于不同的反应类型，动力学方程的表达式是不同的。表达式的形式也是很复杂的。为了能够比较清晰得描述气液相反应的特征，特给出以下几个在气液相反应过程中应用较多的参数。

1．化学增强系数 β

根据定义：
$$\beta=\frac{k'_{AL}}{k_{AL}}=\frac{\text{有化学反应时 A 在液相中的传质速率}}{\text{纯物理吸收时 A 在液相中的传质速率}} \tag{6-27}$$

其物理意义是：由于化学反应的发生使得传质系数增加的倍数。也可以认为是表观反应速率与物理传质速率的比值。对于不同的反应类型，表达式亦有所不同。

瞬间反应：
$$\beta=\left[1+\left(\frac{D_{BL}}{D_{AL}}\right)\left(\frac{c_{BL}}{\alpha_B c_{Ai}}\right)\right]$$

快速反应：
$$\beta=\frac{\gamma}{\tanh(\gamma)}$$

中速反应：
$$\beta=\frac{\gamma}{\tanh(\gamma)}\frac{[c_{Ai}-c_{AL}/\cosh(\gamma)]}{c_{Ai}-c_{AL}}$$

慢速反应：
$$\beta\approx1$$

极慢速反应：
$$\beta=1$$

2．膜内转换系数（八田数）γ

根据定义：
$$\gamma^2=\frac{kD_{AL}}{k_{AL}^2}=\frac{k\delta_L}{k_{AL}}=\frac{\text{液膜内最大可能的反应量}}{\text{液膜内最大的传质量}} \tag{6-28}$$

其物理意义是：液膜内化学反应速率与物理吸收速率的比值，或者说是膜内进行反应的那部分量占总反应量的比例。可以用膜内转换系数来判断反应进行的快慢或反应类型。通常情况下，当 $\gamma>2$ 时，可认为反应属于在液膜内进行的快速反应或瞬间反应，此时反应速率与液相传质速率 k_L 无关但与单位体积液相具有的表面积有关。当 $0.02<\gamma<2$ 时，反应属于中速反应，主体内反应的量大于液膜内反应的量，因此需要大量的存液量。$\gamma<0.02$ 时，反应属于全部在液相中反应的慢反应。反应速率取决于单位体积反应器内反应相所占有的体积。

3．效率因子

与气固相催化反应的处理方法相同，气液相反应也可以用效率因子来表示反应过程中液相传质过程对反应速率的影响。

$$\eta=\frac{(-R_A)}{(-r_A)}\frac{\text{受传质影响时的反应速率}}{\text{传质没影响时的反应速率}} \tag{6-29}$$

效率因子的大小也可以表示反应相内部总利用率。$\eta=1$ 说明化学反应在整个液相中反应，$\eta<1$ 说明液相的利用是不充分的。因此 η 又可称为液相利用率。

由于气液相反应主要有两类。一类是用于气体净化，另一类是用于制取产品。不同的反应可以用不同的参数来描述。如反应是用于气体净化时，可以用化学增强因子 β 来表示由于化学反应的存在而使传质速率增大的倍数，因为此类反应的着眼点是物理吸收过程。如反应是为了制取产品，用化学增强因子 β 来表示就不太合适。此时，用效率因子 η 来表示相间传质对液相化学反应速率的影响就比较合适，因为此类反应的着重点在于液相中化学反应进行的速率和反应物的转化率。

总之，气液相反应过程由于化学反应速率和传质速率相对大小的不同具有不同的反应特点。化学反应速率慢的气液相反应，反应主要在液相主体中进行。此时采用传质速率较快、存液量大的反应器效果比较好。化学反应速率大的反应，一般反应在液膜内已基本进行完毕。此时若要提高宏观反应速率，就需要提高反应温度使得速率常数 k 及扩散系数 D_{AL} 增大，同时减小气膜阻力即增大相界面处与气相呈平衡的组分 A 的浓度 c_{Ai}。而增加液相湍动，减小液膜厚度等对反应的影响是不大的。

（四） 数学模型

由于气液两相接触的传递过程和流动过程都比较复杂，使得利用数学模型法来进行鼓泡塔反应器的设计计算还不成熟。只能局限于几种比较简单的理想模型。目前，常用的简化数学模型有以下几种。

① 气相为平推流，液相为全混流。
② 气相和液相均为全混流。
③ 液相为全混流，气相考虑轴向扩散。

下面以气相为平推流，液相为全混流为例介绍鼓泡塔反应器的数学模型法计算。

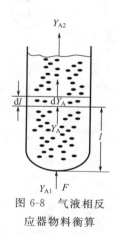

图 6-8 气液相反应器物料衡算

如图 6-8 所示，假设在鼓泡塔中进行气相组分 A 和液相组分 B 的反应，设塔内气相为平推流，液相为全混流，且塔内气相分压随塔高呈线性变化，单位体积气液混合物的相界面积不随位置变化，操作过程中液体的物性参数是不变的。在塔内取一微元进行物料衡算，得

$$F dY_A = (-r_A) a S_t dl \tag{6-30}$$

式中　F——气相中惰性气体的摩尔流量，$kmol/s$；

　　Y_A——气相中反应组分 A 的比摩尔分数；

　　$(-r_A)$——气相组分 A 的反应速率，$kmol/(m^3 \cdot s)$；

　　S_t——反应器的横截面积，m^2；

　　a——单位液相体积所具有的相界面积，m^2。

对式(6-30) 积分则为：

$$L = \int_0^L dl = \frac{F}{S_t} \int_{Y_{A0}}^{Y_A} \frac{dY_A}{a(-r_A)} \tag{6-31}$$

上式若要计算出完成一定生产任务所需的反应器的高度，则必须得到 $(-r_A)$ 与 Y_A 的关系。这就要求首先要得到动力学方程式。气液相反应的动力学方程形式与气液相反应的类型（快速反应、慢速反应、中速反应等）有很大的关系。反应类型不同，动力学方程式的表达式则不同。

由此可见，鼓泡塔反应器的计算用经验法比较简单直观，而用数学模型法则需要根据具体的反应特征分别处理。

项目四 气液相反应器的技能训练

在化工生产过程中，气液相反应的应用范围非常广泛，如苯的烃化反应（苯和乙烯烃化生产乙苯）、有机物的氯化反应（甲苯氯化反应生成氯化甲苯）、烃的氧化反应（乙醛氧化生产乙酸）等。

一、气液相反应器的生产案例

乙烯与苯进行烃化反应生产乙苯是一典型的鼓泡塔反应过程

（一）工艺流程

乙烯气体与苯在液相中以三氯化铝复合体为催化剂进行烃化反应，生成物中含有主产物乙苯，未反应的过量苯及反应的副产物二乙苯及三烃基苯、四烃基苯，统称多乙苯。苯、乙苯和多乙苯的混合物称为"烃化液"。在烃化反应的同时，由于三氯化铝复合体催化剂的存在，多烃基苯也能进行反烃化反应生成乙苯。工艺流程如图6-9所示。

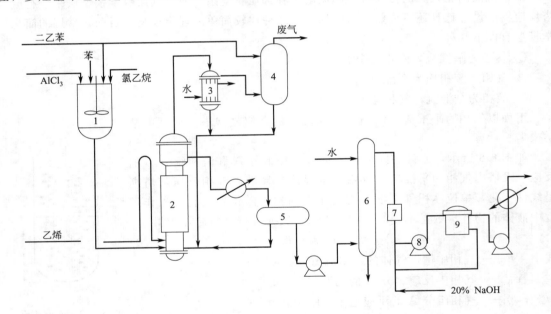

图6-9 乙苯生产短化反应流程

1—催化剂配制槽；2—烃化塔鼓泡塔反应器；3—冷凝器；4—二乙苯吸收器；5—沉降槽；

6—水洗塔；7—中间槽；8—中和泵；9—油碱分离器

精苯由苯贮槽用苯泵送入烃化塔（鼓泡塔反应器），乙烯气经缓冲器送入烃化塔，根据反应的实际情况，用乙烯间歇地将三氯化铝催化剂定量地压入烃化塔。苯和乙烯在三氯化铝催化剂的存在下起反应，烃化塔内的过量苯蒸气及未反应的乙烯气，经过捕集器捕集，使带出的烃化液回至烃化液沉降槽，其余气体进入循环苯冷凝器中冷凝。从烃化塔出来的流体经气液分离器以后，回收苯送入水洗塔。分离出来的尾气（即HCl气体）进入尾气洗涤塔洗涤。沉降槽上层烃化液流入烃化液缓冲罐，进入缓冲罐的烃化液，由于烃化系统本身的压力，压进水解塔底部进口，水解塔上部出口溢出的烃化液进入烃化液中间槽，水解塔中的污水由底部排至污水处理系统。由烃化液中间槽出来的烃化液，与由碱液罐出来的 NaOH 溶液一起经过中和泵混合中和。中和之后的混合液入油碱分离器沉降分离。从烃化塔出来的烃化液带有部分 AlCl₃ 复合体催化剂，这部分 AlCl₃ 复合体催化剂经过冷却沉降以后，有活性的一部分送回烃化塔继续使用，另一部分综合利用分解处理。

（二）烃化反应器

烃化反应器开车时首先组织开车人员全面检查本系统工艺设备，仪表、管线、阀门是否正常和安装正确，是否已吹扫，试压后的盲板是否已经拆除，即是否全部处于完善备用状态。同时保证制备好 AlCl₃ 复合体催化剂，打好苯和碱液，即原材料必须全部准备就绪。此时关闭所有入烃化塔阀门（即乙烯阀、苯阀、苯计量槽出口阀、多乙苯转子流量计前后的旁路阀）关各设备排污阀，关去事故槽阀，关烃化液沉降槽阀，关各取样阀，开各安全阀之根部阀，开各设备放空阀，开尾气塔进气阀门，关各泵进出口阀，开各种仪表调节阀，再进行一次全面检查。在开启烃化塔之前，先开启乙烯缓冲罐，用乙烯置换至氧气含量小于 0.2% 时，使乙烯罐内充乙烯至 0.3MPa。稳定后，切入压力自调阀。开入烃化塔苯管线上的阀门和苯泵，打开多乙苯转子流量计，向塔内打苯和多乙苯，停泵，沉降 2h 左右，从烃化塔底排水。开烃化塔上部第二节冷却水。往烃化塔下部第一节夹套通入 0.1MPa 的蒸汽。稍开乙烯阀，向塔内通乙烯，按照控制塔内温度上升速率为 30～40℃/h 来控制乙烯入烃化塔流量，并注意尾气压力和尾气塔中洗涤情况。根据通入乙烯后反应情况和夹套加热，可调节蒸汽量和冷却水量。当烃化塔内反应温度升至 85～90℃ 时，再开苯泵，稳定泵压 0.3MPa。开泵流量计调节苯进料流量，并加大乙烯流量，根据温度情况反复调节，保证温度在 95℃ 左右，并且苯量是乙烯量的 8～10 倍。反应过程中，每小时向塔内压入新 AlCl₃ 复合体一次，压入量可按进苯量的 5%～8% 计。经常巡回检查，根据设备、管道的温度估计烃化塔出料情况，当看到烃化液充满烃化液缓冲罐时，开始观察水洗塔，注意水洗塔下水情况，下水需清晰，但带有少量 Al(OH)₃。一般水洗塔进水量可控制在烃化塔（短化塔）进料量的 1～1.3 倍，使油水界面稳定于水洗塔中部位置。

生产正常时，烃化塔的操作主要是要控制好三个指标：烃化温度、烃化压力和流量。烃化温度的高低直接影响产品的质量，温度过高时深烃化物量增多，使选择性下降；温度过低时反应速率减小，产量下降。通常维持烃化温度在 (95±5)℃ 的范围内。生产中常采用三种方法来控制反应温度：第一种方法是控制苯进量，由于该烃化反应是放热反应，当反应温度偏高时，可以减小进苯量，反之则增大进苯量；第二种方法是采用向烃化塔外夹套通入水蒸气或冷却水的方法来控制；第三种方法是通过回流烃化液的温度进行调节。烃化压力的考虑因素主要是在反应温度下苯的挥发度，在 1atm 下，苯的沸点是 80℃，而反应温度为 (95±5)℃，因此必须维持一定的正压，通常反应压力为 0.03～0.5MPa（表压）。烃化压力的控制通常是采用控制苯进料量和控制回流烃化液温度的手段。鼓泡塔反应器在正常操作时，反应物苯在鼓泡塔中是连续相，乙烯是分散相。流量控制通常取苯的流量为乙烯流量的 8～11 倍，AlCl₃ 复合体加入量为苯流量的 4%～5%。

（三）异常现象及事故处理方法

异常现象及事故处理方法见表 6-1。

表 6-1 异常现象及事故处理方法

序	异常现象	原因分析判断	操作处理方法
1	反应压力高	①苯中带水 ②尾气管线堵塞 ③苯回收冷凝器断水 ④乙烯进料量过多	①立即停止苯及乙烯进料并将气相放空 ②停车检修 ③检查停水原因再行处理 ④减少乙烯进料量，或增加苯流量
2	反应温度高	①烃化塔夹套冷却水未开或未开足 ②AlCl₃复合体回流温度高 ③苯中带水 ④乙烯进料量过多	①开足夹套冷却水 ②增大烃化液冷却器进水量 ③停止苯进料，放出苯中存水 ④减少乙烯进料量，或增加苯流量
3	反应温度低	①烃化塔夹套冷却水过大 ②AlCl₃复合体回流温度低 ③AlCl₃复合体活性下降，或加水量太少 ④乙烯进料量过少或苯进料量过多	①减少或关闭夹套进水 ②减少烃化液冷却器进水量 ③放出废复合体，补充新复合体 ④增加乙烯进料量或减少苯流量
4	烃化塔底部堵塞	①苯中含硫化物或苯中带水 ②乙烯中含硫化物或带块烃多 ③AlCl₃质量不好 ④排放废AlCl₃量太少	①、②由烃化塔底部放出堵塞物或由复合体沉降槽底部排废复合体 ③退回仓库 ④增加排放废AlCl₃量
5	冷却、冷凝器下水 pH<7	设备防腐蚀衬里破裂或已烂穿，腐蚀严重	停止进水，放出存水，情况不严重者可继续开车
6	烃化塔底部阀门严重泄漏	腐蚀严重	停车调换阀门，紧急时可将塔内物料放入事故贮槽

二、气液相反应器的实训操作

下面以甲苯氧化生产苯甲酸为例介绍气液相反应器的操作。

（一）实训目的

① 了解苯氧化生产苯甲酸的工艺过程。

② 掌握该实训装置反应器的操作特点。

③ 掌握苯氧化生产苯甲酸工艺条件的确定和工艺条件的控制。

（二）实训原理

苯甲酸别名安息香酸，分子式 $C_7H_6O_2$，相对分子质量 122，熔点 122.4℃，沸点 249℃，密度 1.2659g/cm³，溶解性为油溶性，白色单斜晶系片状或针状结晶体，略带安息香或苯甲醛气味。在 100℃时迅速升华，它的蒸气有很强的刺激性，吸入后易引起咳嗽。苯甲酸是弱酸，比脂肪酸强。它们的化学性质相似，都能形成盐、酯、酰卤、酰胺、酸酐等，都不易被氧化。苯甲酸的苯环上可发生亲电取代反应，主要得到间位取代产物。苯甲酸在常温下微溶于水、石油醚，但溶于热水，水溶液呈酸性；易溶于醇、氯仿、醚、丙酮，溶于苯、二硫化碳、松节油、乙醚等有机溶剂，也溶于非挥发性油。在空气（特别是热空气）中微挥发，有吸湿性，大约常温下 0.34g/100mL。对微生物有强烈毒性，但对人体毒害不明显。最初苯甲酸是由安息香胶干馏或碱水水解制得，也可由马尿酸水解制得。工业上苯甲酸是在钴、锰等催化剂存在下用空气氧化甲苯制得；或由邻苯二甲酸酐水解脱羧制得。苯甲酸及其钠盐可用作乳胶、牙膏、果酱或其他食品的抑菌剂和防腐剂，也可作染色和印色的媒染剂。

反应原理

$$\text{CH}_3\text{-C}_6\text{H}_5 + \frac{3}{2}O_2 \longrightarrow \text{COOH-C}_6\text{H}_5 + H_2O$$

催化剂为环烷酸钴。

助催化剂为溴化物（四溴乙烷）。

原料：甲苯（纯度 99.8）；空气。

反应条件：压力 0.2～0.6MPa；温度（165±5）℃。

反应时间：8～12h（间歇反应），甲苯转化率在 25% 左右。

催化剂配比：0.71% 主催化剂，0.46% 助催化剂，甲苯与催化剂比例为 200。

（三）实训装置

本装置为塔式鼓泡反应器和玻璃精馏塔组成一套完整的苯甲酸制备实训装置，塔式设备广泛用于气液相反应或气液固相反应。它是一个非均相反应过程，气体可为一种或多种类型，而液体可以为反应物或催化剂，其反应速率决定化学反应速率和两界面上组分分子扩散速率，充分接触是加快反应的必要条件，实验室常用该反应器做有机化合物氧化，如烷烃氧化制有机酸、对二甲苯氧化生成对苯二甲酸、环己烷氧化生成环己醇和环己酮、乙醛氧化制乙酸、乙烯氧化制乙醛、苯氯化制氯苯、甲苯氯化制氯甲苯、乙烯氯化制氯乙烯、烯烃加氢、脂肪酸酯加氢等。此外，还可进行 SO_3、NO_2、CO_2、H_2S 的吸收反应、生化反应、污水处理等。

鼓泡塔式氧化反应器具有如下特点：①进气能以小气泡形式分布，可连续不断进入，保证气液接触反应效果良好；②反应器结构简单，容易稳定操作；③有较高的传质、传热效率，适于慢速反应和强放热反应；④换热件安装方便。可处理悬浮液体，塔内可填加构件。

该装置采用精馏塔分离的主要原因是：①从苯甲酸与甲苯混合液中分离回收甲苯；②从粗苯甲酸溶液中提纯苯甲酸。同时，反应装置中还采用了分相器。因为氧化反应会产生一些水，水会影响甲苯转化，故必须排水，而在排水过程中甲苯也会随着水排出，采用分相器可使甲苯与水分离。

1．技术指标

最高操作压力 0.6MPa，使用温度 170℃。

甲苯氧化反应器，下段 $\phi 57mm \times 4mm$，高度 440mm，外夹套 76mm，内插加热管 $\phi 10mm \times 1.5mm$；上段 $\phi 89mm \times 4mm$，外夹套 108mm，高度 150mm。气体分布器开孔率 10%。

转子流量计 N_2 0.1～10L/min、O_2 0.2～20L/min。

热液体循环齿轮泵 30L/h。

无油空压机 1000L/h。

导热油加热器 25～150℃。

甲苯加料电磁泵 0.79L/h。

精馏塔：塔釜 1L；电热包的加热功率为 400W；精馏塔直径 20mm；塔高 1400mm；塔外壁有两段透明膜导电加热保温，功率 200W。

摆锤式内回流塔头，回流比控制在 1～99s 内自动控制。

没有甲苯加料罐。

2．实训流程

如图 6-10 所示。

（四）实训步骤

1．连续生产过程

（1）准备工作

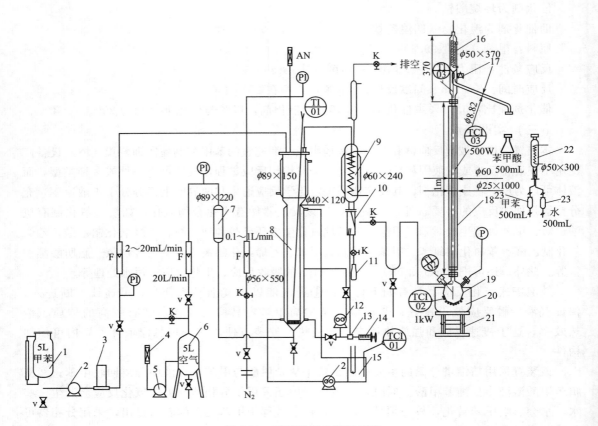

图 6-10　苯甲酸制备装置流程

1—原料罐；2,6—缓冲灌；3—电磁泵；4—过滤器；5—空压机；7—小缓冲器；8—鼓炮塔；9—冷凝器；
10—油水分相气；11—水收集器；12—齿轮泵；13—取样器；14—注射器；15—加热油浴；16—玻璃塔头；
17—电磁线圈；18—精馏塔；19—塔釜；20—加热包；21—升降台；22—冷却分相器；23—收集罐

① 将液体甲苯注入贮罐内，并接好进气管线 N₂ 与空气，将气体、液体出口阀门关死，通入 N₂ 或空气在 0.6MPa 下试漏，10min 内压力不变为合格，可以进料，并通入气体鼓泡，当液体加至在溢流口内有流出时，可加入催化剂，同时将恒温油浴升温至所需温度。

② 操作时将循环泵开动起来，调节变频调速装置，使循环量达到所需要求。连续进出物料和产品时，反应须用泵进料，气体流量控制在 20mL/min 左右，液体加料要求要根据选定的停留时间而定，高转化需低进料速度，但选择性要降低些；高液空速加料会使转化率下降，但选择性能够提高。

（2）操作注意事项

① 实验中要不断在溢流口调节阀门的开度，以排除反应后的液体，可保持鼓泡器内液位稳定。反应压力一旦确定，就不要随意改变系统压力，压力变化会造成排料数据不能稳定。一般来说：在一开始就调节好进气压力和出气压力，此后只能为微调动各阀门，不应该大起大落地调节。

② 当试验完成后继续通气反应一定时间，最后通 N₂ 清扫，并放出所有反应液，用清水充满鼓泡器，清洗干净，以防腐蚀生锈。

③ 实验中应注意安全问题、避免空气与原料气浓度进入爆炸极限内，时刻用 N_2 进行调整。

④ 当反应产物有一定数量时，可开启精馏塔。渐渐升温使塔顶温度达到110℃。收集甲苯原料，塔底产物用重结晶的方法处理得到纯苯甲酸。或者用多次累积量再精馏，控制塔底温度190℃，塔顶温度160℃，馏出物为苯甲酸纯品。

（3）停车操作　当反应结束后停止加料（液体），停止加热，关闭电源。电源关闭后要继续通气，待温度降至50℃以下可关闭气体（具体视催化剂的要求而定）。

精馏设备可用甲苯洗涤。塔底产物为催化剂与碳化物用其他溶剂稀释做废物处理。

（4）故障处理

① 开启电源开关时指示灯不亮，并且没有交流接触器吸合声，说明保险坏或电源线没有接好。

② 开启仪表各开关时指示灯不亮，并且没有继电器吸合声，说明分保险坏或接线有脱落的地方。

③ 开启电源开关时有强烈的交流震动声，则是接触器接触不良，应反复按动开关消除。

④ 仪表正常但仪表没有指示，可能保险坏或固态变压器或固态继电器发生问题。

⑤ 控温仪表、显示仪表出现四位数字，说明热电偶有断路现象。

⑥ 反应系统压力突然下降，则说明反应系统存在大泄漏点，应停车检查。

⑦ 电路时通时断，有接触不良的地方。

⑧ 压力不断增高，而尾气流量不变或减少，说明系统有堵塞的地方，应停车检查。

2．间歇操作过程

① 量取300mL甲苯和一定比例的催化剂环烷酸钴、溴化物及苯甲醛，依次加入反应器内。

② 打开冷凝管冷却水，使反应器升温。当温度升到100℃时，充压到预定压力。

③ 当反应釜内液相温度达到预定引发温度时，开始通空气，氧化反应开始，反应8～12h结束，其间有甲苯和水被带出，故反应中要补充一部分甲苯。停止加热后，缓慢泄压到大气压，温度降到110℃时放料。

④ 粗产物有两种处理方式。

a. 冷却至室温，有结晶析出，分离后用有机溶剂进行再结晶，称量，计算收率，通过色谱分析得出反应物组成，计算甲苯转化率。

b. 将粗产物倒入玻璃精馏塔釜内，开启精馏设备，使甲苯与水在塔顶蒸出，釜内留下的是粗苯甲酸，该物可以继续精馏，可在塔顶得到苯甲醛，最后得到苯甲酸，但此方法操作比较麻烦，必须有大量的粗苯甲酸产物，故可采用重结晶的方法得到精品。本实验的精馏装置有这种功能，但不推荐在此使用。有时脱甲苯也采用真空精馏的办法，但本实验未采用。

（五）实验数据处理

1．产品分析

分析条件：热导检测器，H_2 30mL/min，OV-101填充柱。

使用条件：柱温210℃，汽化230℃，检测器200℃，进样量0.8～1μL。

2．实验数据记录

组分	甲苯	催化剂	空气	反应混合物
体积/mL				

3．实验数据处理

苯甲酸的转化率 X：

$$X = \frac{\text{参加反应的苯甲酸量}}{\text{加入反应器的苯甲酸量}}$$

苯甲酸收率 Y：

$$Y = \frac{\text{苯甲酸的实际产量}}{\text{苯甲酸的理论产量}}$$

反应的选择性 S：

$$S = \frac{\text{苯甲酸收率}}{\text{甲苯转化率}}$$

4．结果分析与讨论

（略）

（六）思考题

① 甲苯氧化生产苯甲酸装置连续操作与间歇操作有何不同？
② 相分离器用于何处，作用有哪些？
③ 实训装置和工业生产装置有哪些主要区别？
④ 甲苯氧化生产苯甲酸生产中工艺条件如何确定？
⑤ 本装置还能进行哪些实训项目的训练？

三、气液相反应器的仿真操作

本培训单元以乙醛氧化生产醋酸的氧化反应工段为例来说明气液相反应器仿真的操作。

（一）训练目的

① 熟练掌握气液相反应器的开车、停车操作；
② 能够对操作过程中出现的异常事故进行处理。

（二）生产原理

乙酸又名醋酸，英文名称为 acetic acid，是具有刺激气味的无色透明液体，无水乙酸在低温时凝固成冰状，俗称冰醋酸。在 16.7℃ 以下时，纯乙酸呈无色结晶，其沸点是 118℃。乙酸蒸气刺激呼吸道及黏膜（特别是对眼睛的黏膜），浓乙酸可灼烧皮肤。乙酸的生产方法有很多种，应用最广的是乙醛氧化法制备乙酸，下面主要介绍。

乙醛氧化法制备乙酸的原理是乙醛首先与空气或氧气氧化成过氧醋酸，而过氧醋酸很不稳定，在醋酸锰的催化下发生分解，同时使另一分子的乙醛氧化，生成二分子乙酸。该氧化反应是放热反应。

$$CH_3CHO + O_2 \longrightarrow CH_3COOOH$$

$$CH_3COOOH + CH_3CHO \longrightarrow 2CH_3COOH$$

在氧化塔内，还会发生一系列的氧化反应，主要副产物有甲酸、甲酯、二氧化碳、水、醋酸甲酯等。

乙醛氧化制醋酸的反应机理一般认为可以用自由基的链接反应机理来进行解释，常温下乙醛就可以自动地以很慢的速度吸收空气中的氧而被氧化生成过氧醋酸。过氧醋酸以很慢的速度分解生成自由基。自由基 CH_3COO 引发一系列的反应生成醋酸。但过氧醋酸是一个极不安定的化合物，积累到一定程度就会分解而引起爆炸。因此，该反应必须在催化剂存在下才能顺利进行。催化剂的作用是将乙醛氧化时生成的过氧醋酸及时分解成醋酸，而防止过氧醋酸的积累、分解和爆炸。

（三）氧化工段工艺流程

乙醛氧化法生产乙酸的反应工段工艺流程总图见图 6-11，图 6-12 所示为第一氧化塔 DCS 图，图 6-13 所示为第二氧化塔 DCS 图，图 6-14 所示为尾气洗涤塔和中间贮罐 DCS 图。

乙醛氧化制醋酸装置系统采用双塔串联氧化流程，主要设备有第一氧化塔 T101、第二

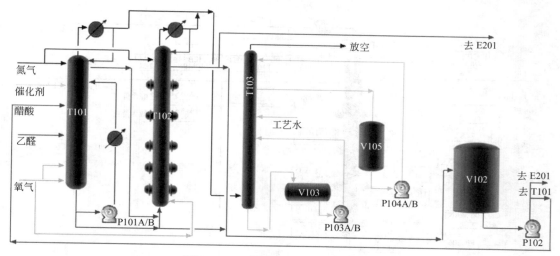

图 6-11　乙醛氧化工段工艺流程总图

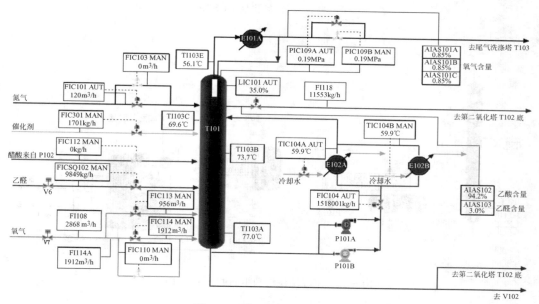

图 6-12　第一氧化塔 DCS 图

氧化塔 T102、尾气洗涤塔 T103、氧化液中间贮罐 V102、碱液贮罐 V105。其中 T101 是外冷式反应塔，反应液由循环泵从塔底抽出，进入换热器中以水带走反应热，降温后的反应液再由反应器的中上部返回塔内；T102 是内冷式反应塔，它是在反应塔内安装多层冷却盘管，管内以循环水冷却。

乙醛和氧气首先在全返混型的反应器第一氧化塔 T101 中反应（催化剂溶液直接进入 T101 内），然后到第二氧化塔 T102 中，通过向 T102 中加氧气，进一步进行氧化反应（不再加催化剂）。第一氧化塔 T101 的反应热由外冷却器 E102A/B 移走，第二氧化塔 T102 的反应热由内冷却器移除，反应系统生成的粗醋酸送往蒸馏回收系统，制取醋酸成品。

乙醛和氧气按配比流量进入第一氧化塔（T101），氧气分两个入口入塔，上口和下口通

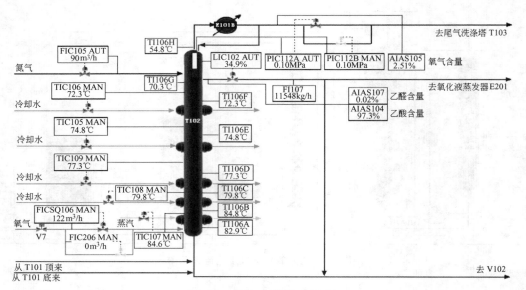

图 6-13　第二氧化塔 DCS 图

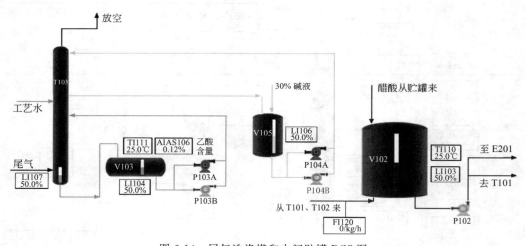

图 6-14　尾气洗涤塔和中间贮罐 DCS 图

氧量比约为 1∶2，氮气通入塔顶气相部分，以稀释气相中氧和乙醛。乙醛与催化剂全部进入第一氧化塔，第二氧化塔不再补充。氧化反应的反应热由氧化液冷却器（E102A/B）移去，氧化液从塔下部用循环泵（P101A/B）抽出，经过冷却器（E102A/B）循环回塔中，循环比（循环量∶出料量）约（110～140）∶1。冷却器出口氧化液温度为 60℃，塔中最高温度为 75～78℃，塔顶气相压力 0.2MPa（表），出第一氧化塔的氧化液中醋酸浓度在 92%～95%，从塔上部溢流去第二氧化塔（T102）。

第二氧化塔为内冷式，塔底部补充氧气，塔顶也加入保安氮气，塔顶压力 0.1MPa（表），塔中最高温度约 85℃，出第二氧化塔的氧化液中醋酸含量为 97%～98%。出氧化塔的氧化液一般直接去蒸馏系统，也可以放到氧化液中间贮罐（V102）暂存。中间贮罐的作用是：正常操作情况下做氧化液缓冲罐，停车或事故时存氧化液，醋酸成品不合格需要重新蒸馏时，由成品泵（P402）送来中间贮存，然后用泵（P102）送蒸馏系统回收。

两台氧化塔的尾气分别经循环水冷却的冷却器（E101）中冷却，凝液主要是醋酸，带少量乙醛，回到塔顶，尾气最后经过尾气洗涤塔（T103）吸收残余乙醛和醋酸后放空，洗涤塔采用下部为新鲜工艺水，上部为碱液，分别用泵（P103、P104）循环。洗涤液温度常温，洗涤液含醋酸达到一定浓度后（70%～80%），送往精馏系统回收醋酸，碱洗段定期排放至中和池。

（四）操作规程

● 冷态开车

1．开工应具备的条件

① 检修过的设备和新增的管线，必须经过吹扫、气密、试压、置换合格（若是氧气系统，还要脱酯处理）。

② 电气、仪表、计算机、联锁、报警系统全部调试完毕，调校合格、准确好用。

③ 机电、仪表、计算机、化验分析具备开工条件，值班人员在岗。

④ 备有足够的开工用原料和催化剂。

2．引公用工程、N_2 吹扫、置换气密、系统水运试车

以上操作在仿真操作过程不做，但实际开车过程中必须要做。

3．酸洗反应系统

① 首先将尾气吸收塔 T103 的放空阀 V45 打开；从罐区 V402（开阀 V57）将酸送入 V102 中，而后由泵 P102 向第一氧化塔 T101 进酸，T101 见液位（约为 2%）后停泵 P102，停止进酸。

② 开氧化液循环泵 P101，循环清洗 T101。

③ 用 N_2 将 T101 中的酸经塔底压送至第二氧化塔 T102，T102 见液位后关来料阀停止进酸。

④ 将 T101 和 T102 中的酸全部退料到 V102 中，供精馏开车。

⑤ 重新由 V102 向 T101 进酸，T101 液位达 30% 后向 T102 进料，精馏系统正常出料。

4．建立全系统大循环和精馏系统闭路循环

① 氧化系统酸洗合格后，要进行全系统大循环：

$$V402 \rightarrow T101 \rightarrow T102 \rightarrow E201 \rightarrow T201$$
$$T202 \rightarrow T203 \rightarrow V209$$
$$E206 \rightarrow V204 \rightarrow V402$$

② 在氧化塔配制氧化液和开车时，精馏系统需闭路循环。脱水塔 T203 全回流操作，成品醋酸泵 P204 向成品醋酸贮罐 V402 出料，P402 将 V402 中的酸送到氧化液中间罐 V102，由氧化液输送泵 P102 送往氧化液蒸发器 E201 构成下列循环（属另一工段）。

$$T201 \xrightarrow{\text{顶}} T202 \rightarrow T203 \quad \text{顶全回流}$$
$$\xrightarrow{\text{底}} E206 \rightarrow P204 \rightarrow V402 \rightarrow P402$$
$$E201 \leftarrow P102 \leftarrow V102$$

等待氧化开车正常后逐渐向外出料。

5．第一氧化塔配制氧化液

向 T101 中加醋酸，见液位后（LIC101 约为 30%），停止向 T101 进酸。向其中加入少量醛和催化剂，同时打开泵 P101A/B 打循环，开 E102A 通蒸汽为氧化液循环液加热，循环

流量保持在 700000kg/h（通氧前），氧化液温度保持在 70～76℃，直到使浓度符合要求（醛含量约为 7.5％）。

6．第一氧化塔投氧开车

① 开车前联锁投入自动。

② 投氧前氧化液温度保持在 70～76℃，氧化液循环量 FIC104 控制在 700000kg/h。

③ 控制 FIC101N$_2$ 流量为 120m^3/h。

④ 按如下方式通氧。

用 FIC110 小投氧阀进行初始投氧，氧量小于 100m^3/h 开始投。当 FIC110 小调节阀投氧量达到 320m^3/h 时，启动 FIC114 调节阀，在 FIC114 增大投氧量的同时减小 FIC110 小调节阀投氧量直到关闭。FIC114 投氧量达到 1000m^3/h 后，可开启 FIC113 上部通氧，FIC113 与 FIC114 的投氧比为 1∶2。

操作时注意：

① LIC101 液位上涨情况；尾气氧含量 AIAS101 三块表是否上升；同时要随时注意塔底液相温度、尾气温度和塔顶压力等工艺参数的变化。

② 原则上要求：当投氧量在 0～400m^3/h 之内，投氧要慢。如果吸收状态好，要多次小量增加氧量。400～1000m^3/h 之内，如果反应状态好要加大投氧幅度，特别注意尾气的变化，及时加大 N$_2$ 量。

③ 当 T101 塔液位过高时要及时向 T102 塔出料。当投氧到 400m^3/h 时，将循环量逐渐加大到 850m^3/h；当投氧到 1000m^3/h 时，将循环量加大到 1000m^3/h。循环量要根据投氧量和反应状态的好坏逐渐加大。同时根据投氧量和酸的浓度适当调节醛和催化剂的投料量。

④ 操作时要注意温度的调节。当 T101 塔顶 N$_2$ 达到 120m^3/h，氧化液循环量 FIC104 调节为 500000～700000m^3/h，塔顶 PIC109A/B 控制为正常值 0.2MPa 时，投用氧化液冷却器 E102A，使氧化液温度稳定在 70～76℃。待液相温度上升至 84℃时，关闭 E102A 加热蒸汽。当反应状态稳定或液相温度达到 90℃时，关闭蒸汽，开始投冷却水。开 TIC104A，注意开水速度应缓慢，注意观察气液相温度的变化趋势，当温度稳定后再提投氧量。投水要根据塔内温度勤调，不可忽大忽小。

7．第二氧化塔投氧

① 待 T102 塔见液位后，向塔底冷却器内通蒸汽保持氧化液温度在 80℃，控制液位 35％±5％，并向蒸馏系统出料。取 T102 塔氧化液分析。

② T102 塔顶压力 PIC112 控制在 0.1MPa，塔顶氮气 FIC105 保持在 90m^3/h。由 T102 塔底部进氧口，以最小的通氧量投氧，注意尾气氧含量。在各项指标不超标的情况下，通氧量逐渐加大到正常值。当氧化液温度升高时，表示反应在进行。停蒸汽开冷却水 TIC105、TIC106、TIC108、TIC109 使操作逐步稳定。

8．吸收塔投用

① 打开 V49，向塔中加工艺水湿塔。

② 开阀 V50，向 V105 中备工艺水。

③ 开阀 V48，向 V103 中备料（碱液）。

④ 在氧化塔投氧前开 P103A/B 向 T103 中投用工艺水。

⑤ 投氧后开 P104A/B 向 T103 中投用吸收碱液。

⑥ 如工艺水中醋酸含量达到 80％时，开阀 V51 向精馏系统排放工艺水。

9．氧化塔出料

当氧化液符合要求时，开 LIC102 和阀 V44 向氧化液蒸发器 E201 出料。用 LIC102 控制出料量。

● 正常工艺过程控制

熟悉工艺流程，维护各工艺参数稳定；密切注意各工艺参数的变化情况，发现突发事故时，应先分析事故原因，并做及时正确的处理。

1．第一氧化塔

塔顶压力 0.18～0.2MPa（表），由 PIC109A/B 控制。

循环比（循环量与出料量之比）为 110～140 之间，由循环泵进出口跨线截止阀控制，由 FIC104 控制，液位 35％±15％，由 LIC101 控制。

进醛量满负荷为 9.86t 乙醛/h，由 FICSQ102 控制，根据经验最低投料负荷为 66％，一般不许低于 60％负荷，投氧不许低于 1500m³/h。

满负荷进氧量设计为 2871m³/h 由 FI108 来计量。进氧，进醛配比为氧∶醛＝0.35～0.4（质量比），根据分析氧化液中含醛量，对氧配比进行调节。氧化液中含醛量一般控制为 3％～4％（质量比）。

上下进氧口进氧的配比约为 1∶2。控制塔顶气相温度与上部液相温差大于 13℃，主要由充氮量控制。塔顶气相中的氧含量＜5％，主要由充氮量控制。塔顶充氮量根据经验一般不小于 80m³/h，由 FIC101 调节阀控制。循环液（氧化液）出口温度 TI103 为 60℃±2℃，由 TIC104 控制 E102 的冷却水量来控制。塔底液相温度 TI103A 为 77℃±1℃，由氧化液循环量和循环液温度来控制。

2．第二氧化塔

塔顶压力为 0.1MPa±0.02MPa，由 PIC112A/B 控制；液位 35％±15％，由 LIC102 控制；进氧量 0～160m³/h，由 FICSQ106 控制，根据氧化液含醛量来调节；氧化液含醛量为 0.3％以下；塔顶尾气氧含量＜5％，主要由充氮量来控制；控制塔顶气相温度 TI106 与上部液相温差大于 15℃，主要由氮气量来控制；塔中液相温度主要由各节换热器的冷却水量来控制；塔顶 N_2 流量根据经验一般不小于 60m³/h 为好，由 FIC105 控制。

3．洗涤液罐（V103）

V103 液位控制为 0～80％，含酸大于 70％～80％就送往蒸馏系统处理。送完后，加盐水至液位 35％。

● 正常停车

① 将 FIC102 切至手动，关闭 FIC102，停醛。

② 通过 FIC114 逐步将进氧量下调至 1000m³/h。注意观察反应状况，当第一氧化塔 T101 中醛的含量降至 0.1 以下时，立即关闭 FIC114、FICSQ106，关闭 T101、T102 进氧阀。

③ 开启 T101、T102 塔底排料阀，逐步退料到 V-102 罐中，送精馏处理。停 P101 泵，将氧化系统退空。

● 事故处理

事故产生的原因及处理方法见表 6-2。

表 6-2　事故产生的原因及处理方法

原　　因	现　　象	处 理 方 法
循环泵坏,球罐压力波动	T101 液面波动	开启 T101 的循环泵 P101B;关闭泵 P101A,调节液位至正常值
冷却水调节阀坏	T101 温度波动	开启 T101 的换热器 E102B 的调节阀 TIC104B,同时关闭 T101 的换热器 E102A 的调节阀 TIC104A,调节温度至正常值
进料球罐中乙醛物料用完	T101 塔进醛流量波动,不稳定	①将 INTERLOCK 打向 BP ②将 T101 的进醛控制阀关闭,停止进醛。并关闭 T101 的进催化剂控制阀 FIC301 ③当 T101 中醛的含量 AIAS103 降至 0.1% 以下时,关闭进氧阀 FIC114、FIC113 及 T102 的进氧阀 FICSQ106。同关闭时 T102 的蒸汽控制阀 TIC107 和 V65 ④醛被氧化完后,打开阀门 V16、V33、V59 逐步退料到 V102 中 ⑤停 T101 塔的循环操作并关闭换热器 E102A 的冷却水控制阀 TIC104A ⑥退料结束后,关闭 T102 的冷却水控制阀 TIC105～TIC108 和 V61～V64 ⑦关闭 T101、T102 的进氮气阀 FIC101 和 FIC105
催化剂的量不够,或催化剂的质量下降	T101 塔顶尾气中醛含量高	开大第一氧化塔 T101 的进催化剂控制阀 FIC301,使其开度大于 70%,增加催化剂的用量;或补充新鲜的催化剂
塔顶放空阀调节失控	T101 塔顶压力升高	①打开 T101 的塔顶压力控制阀 PIC109B ②关闭 PIC109A,用 PIC109B 调节压力 ③在保证尾气中氧含量的同时,可以减小氮气的进料量
进料中乙醛和氧气的配比不合适	T101、T102 尾气中含氧高	①开大乙醛进料阀 FICSQ102,调节进料配比 ②开大催化剂进料阀 FIC301 增加催化剂的用量

 分析与思考

1. 如何操作避免氧化塔尾气中氧含量超标。
2. 总结操作中如何控制乙醛和氧气的配比。
3. T101 塔和 T102 塔的换热方式有何不同。
4. 操作中 T101 塔和 T102 塔的液位如何控制。

 知识点归纳

一、气液相反应器的结构
① 鼓泡塔反应器。
② 鼓泡管反应器。
③ 搅拌釜式反应器。
④ 膜式反应器:a. 升膜式反应器;b. 降膜式反应器;c. 旋转气液流膜式反应器。
二、鼓泡塔反应器的工作原理
① 流体流动:气体是通过分布器的小孔形成气泡鼓入液体层中。

单个气泡直径为：
$$d_b = 1.82 \left[\frac{d_0 \sigma_L}{(\rho_L - \rho_G) g} \right]^{1/3}$$

气泡当量比表面平均直径：$d_{vs} = 26 Bo^{-0.5} Ga^{-0.12} Fr^{1/2}$

气含率：
$$\varepsilon_G = \frac{V_G}{V_{GL}} = \frac{H_{GL} - H_L}{H_{GL}}$$

气泡浮升速度：
$$u_t = \left(\frac{2\sigma_L}{d_{vs}\rho_L} + g \frac{d_{vs}}{2} \right)^{0.5}$$

气体压降：
$$\Delta p = \frac{10^{-3}}{C^2} \times \frac{u_0^2 \rho_G}{2} + H_{GL} g \rho_{GL}$$

比相界面积：$a = \dfrac{6\varepsilon_G}{d_{vs}}$

② 传质传热：双膜理论。

三、鼓泡塔反应器反应器计算

（1）经验法

鼓泡塔反应器的总体积为：$V = V_R + V_E + V_C$

充气液层的体积 V_R：$V_R = V_G + V_L = \dfrac{V_L}{1 - \varepsilon_G} = \dfrac{V_{OL} \tau}{1 - \varepsilon_G}$

分离空间体积 V_E：$V_E = 0.785 D^2 H_E$，$H_E = \alpha_E D$

反应器顶盖死区体积 V_C：$V_C = \dfrac{\pi D^3}{12\varphi}$

反应器的直径和高度

反应器直径为：$D = \left(\dfrac{4 V_{OG}}{3600 \pi u_{OG}} \right)^{1/2} = 0.018 \sqrt{\dfrac{V_{OG}}{u_{OG}}}$

反应器高度：$H = \dfrac{4V}{\pi D^2}$

塔高和塔径之比一般取 $3 < H/D < 120$

（2）数学模型法

化学增强系数 β：表示由于化学反应的发生使得传质系数增加的倍数。
$$\beta = \frac{k'_{AL}}{k_{AL}} = \frac{\text{有化学反应时 A 在液相中的传质速率}}{\text{纯物理吸收时 A 在液相中的传质速率}}$$

八田数 γ：液膜内化学反应速率与物理吸收速率的比值
$$\gamma^2 = \frac{k D_{AL}}{k_{AL}^2} = \frac{k \delta_L}{k_{AL}} = \frac{\text{液膜内最大可能的反应量}}{\text{液膜内最大的传质量}}$$

宏观动力学方程式：根据不同的反应类型，方程式的表达形式亦不同。

数学模型：$\begin{cases} \text{气相为平推流，液相为全混流。} \\ \text{气相和液相均为全混流。} \\ \text{液相为全混流，气相考虑轴向扩散。} \end{cases}$

四、气液相反应器的技能训练

气液相反应器的生产案例。

气液相反应器的实训操作。

气液相反应器仿真操作。

自测练习

填空题

1. 双膜模型假设在气-液两相的相界面处存在着_____流动的气膜和液膜，而假定气相主体和液相主体内组成_____，不存在着传质阻力。

2. 当气液相反应用于化学吸收时，主要目的是为了提高_____，因而应选择_____反应器。

3. 在鼓泡塔内的流体流动中，一般认为_____为连续相，_____为分散相。

4. 鼓泡塔反应器分离空间的作用是_____，它是靠_____实现分离的。

5. 鼓泡塔中当空塔气速较低时，气泡是通过_____方式形成的，空塔气速较高时，气泡是通过_____方式形成的。

判断题

1. 喷雾反应器适用于气液瞬间快速反应。

2. 鼓泡塔反应器的特点是结构简单，存液量大，适用于动力学控制的气液相反应。

3. 鼓泡塔反应器内的气含率大小与塔径的大小有关。塔径越大，气含率越小；塔径越小，气含率越大。

4. 在气液相反应过程中，化学反应即可以在气相中进行，也可在液相中进行。

5. 中速反应是指反应不仅发生在液膜区，在主体相中也存在化学反应的反应过程。

思考题

1. 简述气液相反应器的设计所包含的内容。

2. 分析选择气液相反应器型式时应考虑的因素。

3. 鼓泡塔反应器有哪些传热方式，如何选择。

4. 试述气泡在鼓泡塔反应器中所起的作用。

5. 鼓泡塔内气体的阻力由哪几部分构成。压降如何计算。

计算题

1. 在鼓泡塔内进行乙烯和苯的烃化反应。已知该塔的生产能力为 $200kg/m^3$ 时，要求乙苯产品的纯度为 99%，分离过程中乙苯的损失为产品量的 5%。试求年产 10000t 乙苯时该鼓泡塔的塔高和塔径。

2. 乙醛氧化生产醋酸的反应在一鼓泡塔内进行。已知该塔的生产能力为 $200kg/(m^3 \cdot h)$。静液层的高度为 12m，设备安全系数为 1.1。每小时生产醋酸为 2012kg。分离空间的高度是反应器直径的 5 倍，采用椭圆形封头。确定反应器的总高度。

3. 年产 2 万吨异丙苯的鼓泡塔反应器中，已知反应器的直径为 1m，产品异丙苯的空时收率为 $180kg/(m^3 \cdot h)$，年生产时间为 8000h，床层气含率为 0.34。试计算该反应器的体积。

4. 乙烯氧化生产乙醛 $C_2H_4 + \frac{1}{2}O_2 \longrightarrow CH_3CHO$ 在一气升管式鼓泡塔反应器内进行。

工艺数据如下：进料配比 $C_2H_4 : O_2 : (CO_2 + N_2) = 65 : 17 : 18(mol)$；乙醛的空时收率为 $0.15kg/(L \cdot h)$，乙烯的单程转化率 35%，每吨产品单耗乙烯 700kg、氧 $280m^3$（标准状况）；反应温度 398K，塔顶表压 294kPa；含气率 0.3417。用经验法确定当每小时生产

85kmol 乙醛时反应器的工艺尺寸。

5. 某鼓泡塔的操作条件如下：气液采用并联操作，其中空塔气速 $u_{OG}=0.715\mathrm{m/s}$，空塔液速 $u_{OL}=0.43\mathrm{m/s}$。物性数据：液相黏度 $\mu_L=2.96\times10^{-4}\mathrm{Pa\cdot s}$，气相黏度 $\mu_G=0.013\times10^{-3}\mathrm{Pa\cdot s}$，液相表面张力 $\sigma_L=80\times10^{-3}\mathrm{kg/s}$，液相密度 $\rho_L=1120\mathrm{kg/m^3}$。假设气泡的自由浮升速度 $u_t=0.25\mathrm{m/s}$。试求该反应器内流体的气含率。

 主要符号

a —— 比相界面积（传质比表面积），$\mathrm{m^2/m^3}$

A_t —— 反应器横截面积，$\mathrm{m^2}$

Bo —— 邦德数，$Bo=\dfrac{gd_t^2\rho_L}{\sigma_L}$

C^2 —— 小孔阻力系数

c_{Ai} —— 液相界面处组分 A 的浓度，$\mathrm{kmol/m^3}$

c_{AL} —— 液相主体中组分 A 的浓度，$\mathrm{kmol/m^3}$

c_{pL} —— 液体的比热容，$\mathrm{J/(kg\cdot K)}$

d_0 —— 分布器喷孔直径，m

d_b —— 单个球形气泡直径，m

d_t —— 鼓泡塔反应器的内径，m

d_{vs} —— 气泡当量比表面平均直径，m

D —— 床层直径，m

D_{AG} —— 组分 A 在气膜中的分子扩散系数，$\mathrm{mol/(s\cdot m\cdot Pa)}$

D_{AL} —— 组分 A 在液膜中的分子扩散系数，$\mathrm{mol/(s\cdot m\cdot Pa)}$

Fr —— 费鲁德数，$Fr=\dfrac{u_{OG}}{\sqrt{gd_t}}$

Ga —— 伽利略数，$Ga=\dfrac{gd_t^3\rho_L^2}{\mu_L^2}$

G_M —— 气体质量流速，$\mathrm{mol/(m^2\cdot s)}$

G_L —— 液体质量流速，$\mathrm{mol/(m^2\cdot s)}$

H_E —— 分离空间高度，m

H_{GL} —— 充气液层的高度，m

H_L —— 静液层高度，m

k_{AG}、k_{AL} —— 组分 A 在气膜和液膜内的传质系数，$\mathrm{m/s}$

N —— 分子扩散速率，$\mathrm{kmol/(m^2\cdot s)}$

p_{AG} —— 气相主体中组分 A 的分压，Pa

$(-r_A)$ —— 气相组分 A 的反应速率，$\mathrm{kmol/(m^3\cdot s)}$

Re_b —— 气泡雷诺数，$Re_b=\dfrac{d_b u_{OG}\rho_L}{\mu_L}$

Sc_L —— 液体施密特数，$Sc_L=\dfrac{\mu_L}{\rho_L D_{LA}}$

Sh —— 舍伍德数，$Sh=\dfrac{k_{LA}d_b}{D_{LA}}$

u_G、u_L —— 实际气体、液体的流动速度，$\mathrm{m/s}$

u_0 —— 小孔气速，$\mathrm{m/s}$

u_{OG}、u_{OL} —— 气体和液体空塔气速，$\mathrm{m/s}$

u_s —— 滑动速度，$\mathrm{m/s}$

V_C —— 顶盖死区体积，$\mathrm{m^3}$

V_E —— 分离空间体积，$\mathrm{m^3}$

V_G —— 气体的体积流量或充气液层中的气体所占体积，$\mathrm{m^3/h}$ 或 $\mathrm{m^3}$

V_{GL} —— 充气液层的体积流量，$\mathrm{m^3/h}$

V_L —— 液相体积，$\mathrm{m^3}$

V_{OG} —— 气体体积流量，$\mathrm{m^3/h}$

V_{OL} —— 原料的体积流量

α_t —— 给热系数，$\mathrm{J/(m^2\cdot s\cdot K)}$

β —— 化学增强系数

γ —— 膜内转换系数

γ_L —— 液体运动黏度，$\mathrm{m^2/s}$

ε_G —— 气含率

λ_L —— 液体的热导率，$\mathrm{J/(m^2\cdot s\cdot K)}$

μ_G —— 气体黏度，$\mathrm{Pa\cdot s}$

μ_L —— 液体黏度，$\mathrm{Pa\cdot s}$

ρ_G —— 气体密度，$\mathrm{kg/m^3}$

ρ_{GL} —— 鼓泡层密度，$\mathrm{kg/m^3}$

ρ_L —— 液体密度，$\mathrm{kg/m^3}$

σ_L —— 表面张力，$\mathrm{N/m}$

τ —— 停留时间，s

φ —— 形状系数

模块七　其他反应器简介

- 了解气液固三相反应器、生化反应器、电化学反应器和聚合反应器的分类和基本特征。
- 理解气液固三相反应器、生化反应器、电化学反应器和聚合反应器中流体流动、传质与传热的特点。
- 掌握常见气液固三相反应器、生化反应器、电化学反应器和聚合反应器的特点和工业应用。

项目一　气液固三相反应器

气液固三相反应，如许多矿石的湿法加工过程中固相为矿石的三相反应，石油加工和煤化工中许多存在固相催化剂的三相催化反应等。气液固三相反应是反应工程中的一个新兴领域，具有巨大的、现实的以及潜在的应用价值。

一、气液固三相反应器的类型

根据气、液、固三相的物料在反应物系中所起的作用，可以将反应器分为下列几种类型。

① 反应器中同时存在三相物质，各相不是反应物，就是反应产物。譬如气体和液体反应生成固体反应产物就属于这一类，例如氨水与二氧化碳反应生成碳酸氢铵结晶等。

② 采用固相为催化剂的气液催化反应，例如煤的加氢催化液化，石油馏分加氢脱硫等。

③ 气、液、固三相中，有一相为惰性物料，虽然有一相并不参与化学反应，但从工程的角度看，仍属于三相反应的范畴。例如采用惰性气体搅拌的液固反应，采用固体填料的气液反应，以惰性液体为传热介质的气固反应等等都属此类。

工业上常用的气液固三相反应器按照床层的性质主要分成两种类型，即固体处于固定床和固体处于悬浮床，下面分别进行介绍。

1. 固定床三相反应器

所谓固定床三相反应器是指固体静止不动，气液流动的气液固三相反应器。根据气体和液体的流向不同，可以分为三种操作方式：气体和液体并流向下流动，气体和液体并流向上流动以及气体和液体逆向流动（通常液体向下流动，气体向上流动），见图7-1。在不同的流动方式下，反应器中的流体力学、传质和传热条件都有很大的区别。

三相反应器中液体向下流动，在固体催化剂表面形成一层很薄的液膜，和与其并流

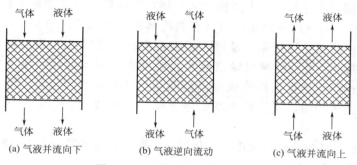

气体 液体	液体 气体	气体 液体

(a) 气液并流向下　　　　　　(b) 气液逆向流动　　　　　　(c) 气液并流向上

图 7-1　固定床三相反应器类型

或逆流的气体进行接触，这种反应器统称为滴流床或涓流床反应器。正常操作中大多采用气流和液流并流向下流动的方式，见图 7-1(a)。这种反应器对石油加工中的加氢反应特别有利。

工业滴流床反应器使用广泛，具有许多优点：整个操作处于置换流状态，催化剂被充分润湿，可以获得较高的转化率；反应器操作液固比很小，能够使均相反应的影响降至最小。在气液固反应过程中，气液界面和液固界面的传质及传热阻力都很重要，滴流床反应器中液膜很薄，这两种界面阻力能结合起来，使总的液膜阻力比其他类型三相反应器要小，并流操作的滴流床反应器不存在液泛问题。滴流床三相反应器的压降比鼓泡反应器小。

滴流床反应器也有缺点。在大型滴流床反应器中，低液速操作的液流径向分布不均匀，如沟流、旁路可能引起固体催化剂润湿不完全，并且引起径向温度不均匀，形成局部过热，使催化剂迅速失活并使液层过量汽化，这些都不利于滴流床反应器的操作。滴流床反应器中，催化剂颗粒不能太小，而大颗粒催化剂存在明显的内扩散影响。加氢脱硫过程中催化剂孔道堵塞将引起催化剂严重失活。滴流床反应器中还可能存在明显的轴向温升，形成热点，有时可能飞温，这时，可以沿轴向引入一股或多股"冷激流体"，以控制升温。

2．悬浮床三相反应器

气液固三相反应器中，当固体在反应器内以悬浮状态存在时，都称为悬浮床三相反应器。它一般使用细颗粒固体，根据使固体颗粒悬浮的方式，将其分为：①机械搅拌悬浮式；②不带搅拌的悬浮床三相反应器，用气体鼓泡搅拌，也称为淤浆鼓泡反应器；③不带搅拌的气液两相并流向上而颗粒不被带出床外的三相流化床反应器；④不带搅拌的气液两相并流向上而颗粒随液体带出床外的三相输送床反应器，或称为三相携带床反应器；⑤具有导流筒的内环流反应器。

机械搅拌悬浮三相反应器依靠机械搅拌使固体悬浮在三相反应器中，适用于三相反应器的开发研究阶段及小规模生产。淤浆鼓泡三相反应器从气-液鼓泡反应器变化而来，将细颗粒物料加入到气-液鼓泡反应器中去，固体颗粒依靠气体的支撑而呈悬浮状态、液相是连续相，与机械搅拌悬浮三相反应器一样，适用于反应物和产物都是气相，固相是细颗粒催化剂的淤浆鼓泡三相床催化反应器，强化了床层传热及保持等温。显然淤浆鼓泡三相反应器比机械搅拌悬浮三相反应器更适于大规模生产，这是三相床催化反应器中使用最广泛的型式。如果液相连续地流入和流出三相床反应器，而固体颗粒仍然保留在反应器内，即三相流化床。

三相流化床是液-固流态化的基础上鼓泡通入气体，固体颗粒主要依靠液相支持而呈悬浮状态。如果固体颗粒随同液相一起呈输送状态而连续地进入和流出三相床，固体夹带在液相中，即三相输送床或三相携带床。显然三相流化床反应器需要有从液相分离固体颗粒的装置，而三相携带床需要有淤浆泵输送浆料。如果将三相床催化反应器中的惰性液相热载体改为能对气相产物进行选择性吸收的高沸点选择性吸收溶剂，则溶剂需要脱除所吸收的气体而再生循环使用，就要将淤浆鼓泡三相反应器改为三相流化床反应器或三相携带床反应器。

具有导流筒的内环流反应器常用于生化反应工程。若用于湿法冶金中的浸取过程，称为气体提升搅拌反应器或巴秋卡槽。

悬浮床三相反应器由于存液量大，热容量大，并且悬浮床与传热元件间的给热系数远大于固定床，所以容易回收反应热，并且容易控制床层在等温下操作。对于强放热复合反应并且其副反应是生成二氧化碳和水的深度氧化反应，悬浮床三相反应器可抑制其超温从而提高选择率；悬浮床三相反应器可以使用高浓度反应物的原料气，并控制在等温下操作，这在气-固相催化反应器中由于温升太大而不可能进行。悬浮床三相反应器使用细颗粒催化剂，可以消除内扩散过程的影响，但由于增加了液相，不可避免地增加了气体中反应组分通过液相的扩散阻力。悬浮床三相反应器采用易于更换、补充失活的催化剂，但又要求催化剂耐磨损。如果必需使用三相流化床或三相携带床，则三相流化床操作时液固分离的技术问题及三相携带床淤浆输送的技术问题。

二、滴流床三相反应器

滴流床三相反应器与前面讨论的用于气固相催化反应的固定床反应器相类似。区别是后者只有单相流体在床内流动，而前者的床层内则为两相流体（气体和液体）。显然，两相流的流动状况要比单相流复杂。原则上讲在滴流床中气液两相可以并流，也可以逆流，但在实际中以并流操作为多数。并流操作可以分为向上并流和向下并流两种形式。流向的选择取决于物料处理量、热量回收以及传质和化学反应的推动力。逆流时流速会受到液泛现象的限制，而并流则无此限制，可以允许采用较大的流速。因此，滴流床反应器是一种气、液、固三相固定床反应器，由于液体流量小，在床层中形成滴流状或涓涓细流，故称为滴流床或涓流床反应器。

滴流床反应器一般都是绝热操作。如果是放热反应，轴向有温升。为防止温度过高，一般总是使气体或部分冷却后的产物循环。

对于常用的气、液并流向下的滴流床反应器，滴流床内气液两相并流向下的流动状态很复杂，它取决于气液流速、催化剂的颗粒大小与性质、流体的性质等，而且直接影响滴流床的持液量和返混等反应器性能。所以，确定床层的流动状态是研究滴流床反应器性能的基础。一般按气液不同的表观质量流速〔$kg/(m^2 \cdot h)$〕或表观体积流速〔$m^3/(m^2 \cdot h)$〕，可以把气液并流向下滴流床内的流动状态大致分为四个区，即气液稳定流动滴流区、过渡流动区、脉冲流动区、分散鼓泡区。

（1）气液稳定流动滴流区

当气速较低时，液体在颗粒表面形成层流液膜，气相为连续相，这时的流动状态称为"滴流状"。若气速增加、颗粒表面出现波纹状或湍流状的液流，由于气流曳力的作用，有些液体呈雾滴状悬浮在气流中，称为"喷射流"。滴流与喷射流的转变不明显，喷射时气相仍为连续相。

（2）过渡流动区

继续提高气体流速，就进入过渡区，这时床层上部基本上是喷射流，床层下部则出现脉冲现象。在过渡区流动既不完全是喷射流，又不完全是脉冲流，两者交替并存。

（3）脉冲流动区

随着气速进一步增大，脉冲不断出现，并充满整个床层。液体流速一定时，脉冲的频率和速度基本不变，脉冲现象具有一定的规律性。当液体流速增加时，脉冲频率也增加。

（4）分散鼓泡区

若再增大气速，各脉冲间的界限变得不易区分，达到一定程度后，形成分散鼓泡区。这时液相成为连续相，气体则呈气泡状存在，形成分散相。

形成不同区域的最大气速与液体流速有关。液体流速越大，越易形成脉冲区与鼓泡区。

三、淤浆鼓泡反应器

浆态反应器与滴流床反应器的基本区别是前者所采用的固体催化剂处于运动状态，而后者则处于静止状态；此外，前者的气相为分散相，而后者则为连续相。浆态反应器广泛用于加氢、氧化、卤化、聚合以及发酵等反应过程。

浆态反应器主要有四种不同的类型，即机械搅拌釜、环流反应器、鼓泡塔和三相流化床反应器，如图 7-2 所示。机械搅拌釜及鼓泡塔在结构上与气液反应所使用的没有原则上的区别，只是在液相中多了悬浮着的固体催化剂颗粒而已。环流反应器的特点是器内装设一导流筒，使流体以高速度在器内循环，一般速度在 20m/s 以上，大大强化了传质。三相流化床反应器的特点是液体从下部的分布板进入，使催化剂颗粒处于流化状态。与气固流化床一样，随着液速的增加，床层膨胀，床层上部存在一清液区，清液区与床层间具有清晰的界面。气体的加入较之单独使用液体时的床层高度要低。液速小时，增大气速也不可能使催化剂颗粒流化。三相流化床中气体的加入使固体颗粒的运动加剧，床层的上界面变得不那么清晰和确定。

图 7-2(b)、(c) 和 (d) 所示的三种浆态反应器，其中催化剂颗粒的悬浮全靠液体的作用。由于三者结构上的差异和所采用的气速和液速的不向，器内的物系处于不同的流体力学状态。图 7-2 (a) 所示的机械搅拌釜则是靠机械搅拌器的作用使固体颗粒悬浮。

图 7-2(c) 所示的鼓泡塔是以气体进行鼓泡搅拌，也称为淤浆鼓泡（鼓泡淤浆床）

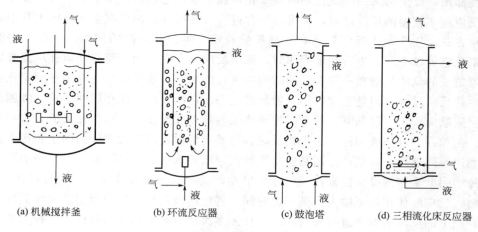

(a) 机械搅拌釜　　　(b) 环流反应器　　　(c) 鼓泡塔　　　(d) 三相流化床反应器

图 7-2　浆态反应器

反应器。它是从气液鼓泡反应器变化而来，将细颗粒物料加入到气液鼓泡反应器中去，固体颗粒依靠气体托起而呈悬浮状态，液相是连续相，所以它的基础是气液鼓泡反应器。

与其他浆态反应器类似，作为催化反应器的鼓泡淤浆床反应器有如下优点：①床内催化剂粒度细、不存在大颗粒催化剂颗粒内传质和传热过程对化学反应转化率、收率及选择性的影响；②床层内充满液体，所以热容大，与换热元件的给热系数高，使反应热容易移出，温度容易控制，床层处于恒温状态；③可以在停止操作的情况下更换催化剂；④不会出现催化剂烧结现象。但此类反应器也存在一些不足，如对液体的耐氧化和惰性要求较高，催化剂容易磨损，气相呈一定的返混等。

鼓泡淤浆床反应器是以气液鼓泡反应器为基础的，床内的流体力学特性与气液鼓泡反应器相同或接近。主要有流型、固体完全悬浮时的临界气速、气含率与气泡尺寸分布。

项目二　生化反应器

生化反应器是利用生物催化剂进行生化反应的设备，是生化产品生产中的主体设备。它在理论、外形、结构、分类和操作方式等方面基本上类似于化学反应器。但是生化反应器用于进行酶反应、动植物细胞培养、常规微生物和基因工程菌的发酵，所以底物的成分和性质一般比较复杂，产物类型很多，且常常与细胞代谢等过程紧密相关。因此，生化反应器又有其自身的特点，一般应满足：①能在不同规模要求上为细胞增殖、酶的催化反应和产物形成提供良好的环境条件，即易消毒，能防止杂菌污染，不损伤酶、细胞或固定化生物催化剂的固有特性，易于改变操作条件，使之能在最适合条件下进行各种生化反应；②能在尽量减少单位体积所需功率输入的情况下，提供较好的混合条件，并能增大传热和传质速率；③操作弹性大，能适应生化反应的不同阶段或不同类型产品生产的需要。

一、生化反应器的类型

生化反应器可以从多个角度进行分类，最常用的是根据反应器的操作方式，将其分为间歇操作、连续操作和半间歇操作等多种方式。根据操作方式对生化反应器进行分类能反映出反应器的某些本质特征，因而是常用的一种分类方法。间歇操作反应器的反应物料一次性投料一次性卸出，反应物系的组成仅随时间变化，属于非稳态过程。由于它适合于多品种、小批量、反应速率较慢的反应过程，又可以经常进行灭菌操作，因此在生化反应工程中常采用这种操作方式。连续操作反应器具有产品质量稳定、生产效率高的优点，适合于大批量生产。特别是它可以克服在进行间歇操作时，细胞反应所存在的由于营养基质耗尽或有害代谢产物积累造成的反应只能在一段有限的时间内进行的缺点。连续操作主要用于固定化生物催化剂的生化反应过程。但是连续操作一般易发生杂菌污染，而且操作时间过长，细胞易退化变异。半间歇操作是一种同时兼有上两种操作某些特点的操作，它对生化反应有着特别重要的意义。例如存在有基质抑制的微生物反应，当基质浓度过高时会对细胞的生长产生抑制作用。若利用半间歇操作，则可控制基质浓度处在较低的水平，以解除其抑制作用的微生物反应。此种半间歇半连续操作又常称补料分批培养，或称流加操作技术。在此种操作过程中，由于加料，反应液体积逐渐增大，到一定时间应将反应液从反应器中放出。如果只取出部分反应液，剩下的反应液继续进行补料培养，反复多次进行放料和补料操作，此种方法又称重复补料或重复流加操作。

常用的另一种分类方法是根据反应器的结构特征来进行。其中包括釜式、管式、塔式、膜式等。它们之间的主要差别反映在其外形和内部结构上的不同。还有一种分类方法是根据反应器所需能量的输入方式来进行的，其中有机械搅拌式、气体提升式（气升式）、液体喷射环流式等。

二、机械搅拌式反应器

机械搅拌式反应器是目前工业生产中使用最广泛的一种生化反应器。医药工业中第一个大规模的微生物发酵工程是青霉素生产，它是在机械搅拌式反应器中进行的。迄今为止，对新的生物过程，首选的生物反应器仍然是机械搅拌式反应器。机械搅拌式反应器能适用于大多数的生物过程，是已经形成标准化的通用设备。对于工厂来说，使用的通用设备，对不同的微生物发酵具有更大的灵活性。因此通常只有在机械搅拌式反应器的气液性质或剪切力不能满足生物过程时才会考虑选用其他类型的反应器。

机械搅拌式反应器最大特点是操作弹性大，对各种物系及工艺的适应性强，但其效率偏低，功率消耗较大，放大困难。

三、气升式反应器

气升式反应器是在鼓泡塔反应器的基础上发展起来的，它以通入的气体为动力，靠导流装置的引导，形成气液混合物的总体有序循环。器内分为上升管和下降管，通入气体的部分，气含率高，相对密度轻，随气泡上升，气液混合物向上升，至液面处大部分气泡破裂，气体由排气口排出；剩下的气液混合物相对密度较上升管内的气液混合物大，由下降管下沉，形成循环。

根据上升管和下降管的布局，可将气升式反应器分为两类。一类称为内循环式，上升管和下降管在反应器内，具有同一轴心线，在器内形成循环；内循环式的结构比较紧凑，导流筒可以做成多段，用以加强局部及总体循环，导流筒内还可以安装筛板，使气体分布得以改善，并可抑制液体循环速度。另一类称为外循环式，通常将下降管置于反应器外部，可以在下降管内安装换热器以加强传热，且更有利于塔顶及塔底物料的混合与循环，加强传热。

气升式反应器结构简单，不需搅拌，因此造价较低，易于清洗和维修，不易染菌，传质和传热效果好，易于放大，剪切应力分布均匀，能耗较低，装填系数可达 $80\% \sim 90\%$。但是要求的通气量和通气压头较高，使空气净化工段的负荷增加，而且对于黏度较大的发酵液，氧传递系数较低。

四、其他型式的生化反应器

1. 液体喷射环流型反应器

液体喷射环流型反应器有多种型式。它们是利用泵的喷射作用使液体循环，并使液体与气体间进行动量传递达到充分混合。该类反应器有正喷式和倒喷式两类。其特点是气液间接触面积大，混合均匀，传质、传热效果好和易于放大。

2. 固定床生化反应器

固定床生化反应器的基本原理是反应液连续流动通过静止不动的固定化生物催化剂。固定床生化反应器主要用于固定化生物催化剂反应系统。根据物料流向的不同，可分为上流式和下流式两类。其特点是可连续操作，返混小，底物利用率高和固定化生物催化剂不易磨损。

3．流化床生化反应器

通过流体的上升运动使固体颗粒维持在悬浮状态进行反应的装置称为流化床反应器。多用于底物为固体颗粒，或有固定化生物催化剂参与的反应系统。

流化床中固体颗粒与流体的混合程度高，所以传质和传热效果好，床层压力降较小，但是固体颗粒的磨损较大。流化床生化反应器不适合有产物抑制的反应系统。

为改善其返混程度，现又出现了磁场流化床反应器，即在固定化生物催化剂中加入磁性物质，使流化床在磁场下操作。

流化床可用于絮凝微生物、固定化酶、固定化细胞反应过程以及固体发酵，近年来也有用于培养贴壁动物细胞的例子。流化床的典型例子为固体基质制曲过程（气固流化床），以及用絮凝酵母酿造啤酒（液固流化床）。固定化细胞流化床已应用于生产乙醇和废水的硝化和反硝化，在生化行业中液固流化床更为常见。

4．膜反应器

是将酶或微生物细胞固定在多孔膜上，当底物通过膜时，即可进行酶催化反应。由于小分子产物可透过膜与底物分离，从而可防止产物对酶的抑制作用。这种反应与分离过程耦合的反应器，简化了工艺过程。

生化反应器目前正向大型化和自动化的方向发展，而生化反应器的规模与生物过程的特性紧密相关。重组人生长激素的大规模生产只有 200L，医药工业中传统的微生物次级代谢发酵产品青霉素已经达到了 $200m^3$ 的规模，大的废水处理生物反应器有 $15000m^3$。这些生物反应器的型式和操作方法是各不相同的。反应器体积的增大，可以使生产成本下降。但反应器的大型化也会受到传热和传质能力的限制，随着生物催化剂活性的提高和反应器体积的增大，对生化反应器传递性能的要求将会更高。

项目三　电化学反应器

一、电化学反应器的特点及分类

（一）电化学反应器的特点

实现电化学反应的设备或装置统称为电化学反应器，它被广泛地应用于化工、能源等各个部门。在电化学工程的三大领域，即工业电解、化学电源、电镀中应用的电化学反应器，包括各种电解槽、电镀槽、一次电池、二次电池、燃料电池。它们结构与大小不同，功能与特点迥异，然而却具有以下一些基本特征。

① 都由两个电极（第一类导体）和电解质（第二类导体）构成。

② 都可归入两个类别，即由外部输入电能，在电极和电解液界面上促成电化学反应的电解反应器，以及在电极和电解质界面上自发地发生电化学反应产生电能的化学电源反应器。

③ 反应器中发生的主要过程是电化学反应，并包括电荷、质量、热量、动量的四种传递过程，服从电化学热力学、电极过程动力学及传递过程的基本规律。

④ 电化学反应器是一种特殊的化学反应器。首先它具有化学反应器的某些特点，在一定条件下可以借鉴化学工程的理论和研究方法；其次它又具有自身的特点，如在界面上的电子转移及在体相内的电荷传递、电极表面的电势及电流分布、以电化学方式完成的新相生成

（电解析气及电结晶）等，而且它们与化学及化工过程交叠、错综复杂，难以沿袭现有的化工理论及方法解释其现象，揭示其规律。

（二）电化学反应器的类型

电化学反应器作为一种特殊的化学反应器，可以从不同的角度进行分类。通常是根据反应器结构和反应器工作方式进行分类。

1．按照反应器结构分类

（1）箱式电化学反应器

这是应用最广的电化学反应器，一般为长方形，具有不同的三维尺寸（长、宽、高），电极常为平板状，大多为垂直平行地放置于其中。

（2）板框式或压滤机式电化学反应器

这类电化学反应器由单元反应器重叠并加压密封组合，每一单元反应器均包括电极、板框和隔膜等部分。在工业电解和化学电源中应用广泛。

（3）结构特殊的电化学反应器

为增大反应器中的比电极面积、强化传质、提高反应器的时空产率，而研制的多种特殊结构的电化学反应器。

2．按反应器工作方式分类

可以分为间歇式电化学反应器、置换流式电化学反应器和连续搅拌箱式电化学反应器。

3．按反应器中工作电极的形状分类

可以分为二维电极反应器和三维电极反应器。

（三）电化学反应器的主要构件

尽管按不同的分类方式，电化学反应器有许多型式，每一种型式的电化学反应器又是由各种构件组成。但是几乎所有的电化学反应器，在设计或选型时都要遇到对三个主要方面的选择，即电解槽、电极材料、隔膜。

1．电解槽

电解槽是由槽体及其内部的阳极、阴极、电解液、膜和参比电极组成。最简单的电解槽内部只有阳极、阴极和电解液。当电解槽内只有阳极和阴极时，称为两电极型；有参比电极时称为三电极型；电解槽内没有隔膜时称为一室型；用隔膜将阳极室和阴极室分开的称为两室型。电解槽的具体型式很多，根据需要可以设计成各种形状。

2．电极材料

电极材料应该对所进行的电化学反应具有最高的效率，为此，它至少应该有以下几种特性。

① 电极表面对电极反应具有良好的催化活性，电极反应的超电势要低。

② 一般来说，它在所用的环境下应该是稳定的、不会受到化学或电化学的腐蚀破坏。

③ 是电的良导体。

④ 容易加工，具有足够的机械强度。

实际上，很难同时满足上述所有要求。电极催化活性随反应而异，而且一般具有催化性能的物质都是比较昂贵的。工业上常将它们涂布在某种较便宜的基底金属上，如阳极基体用钛，阴极基体用铁、锌和铝等。稳定性的问题也是相对的，所谓惰性阳极也是有一定的使用寿命。目前氯碱工业中应用的 DSA 阳极寿命已远超过电解槽里的其他部件，而且受到导电

245

性和力学性能的限制。

3．隔膜

有些电化学过程，必须把阴极液和阳极液隔开，以防止两室的反应物或产物相互作用或混合，从而造成不良的影响。选择隔膜的原则如下。

① 电阻率低，具有良好的导电性能，以便减少电解槽的欧姆压降。

② 能防止某些反应物质的扩散渗透。

③ 足够的稳定性和长的使用寿命。

④ 价廉、易加工、无污染等。

事实上，这些原则也是相对的，可根据电解过程的实际而确定所选用的隔膜。隔膜通常分为两大类，即非选择性的隔膜和选择性的离子交换膜。

非选择性隔膜是多孔材料，其作用只是降低两极间的传递速率，而不能完全防止因浓度梯度存在所发生的渗透作用，这类物质一般价廉、容易得到。离子交换膜是具有高选择性的隔离膜，它仅让某种离子通过，而阻止其他离子穿透，性能十分优良，但价格昂贵。在隔膜材料中，聚四氟乙烯是一种新型材料，它具有耐浓酸、浓碱和所有的有机溶剂的特性，即使温度高达 530K，它仍然保持稳定。

二、常用结构的电化学反应器

1．箱式电化学反应器

箱式电化学反应器既可间歇工作，也可半间歇工作。蓄电池是典型的间歇反应器，在制造电池时，电极、电解质被装入并密封于电池中，当使用电池时，这一电化学反应器既可放电，也可充电；电镀中经常使用敞开的箱式电镀槽，周期性地挂入零件和取出镀好的零件，这显然也是一种间歇工作的电化学反应器；然而在电解工程中例如电解炼铝、电解制氟及很多传统的工业电解应用更多的是半间歇工作的箱式反应器。大多数箱式电化学反应器中电极都垂直交错地放置，并减小极距，以提高反应器的时空产率。然而极距的减小往往受到一些因素的限制，例如在电解冶金槽中，要防止因枝晶成长导致的短路，在电解合成中要防止两极产物混合产生的副反应，为此，有时需在电极之间使用隔膜。箱式反应器中很少引入外加的强制对流，而往往利用溶液中的自然对流，例如电解析气时，气泡上升运动产生的自然对流可有效地强化传质。

箱式反应器多采用单极式电联结，但采用一定措施后也可实现复极式连接。

箱式反应器应用广泛的原因是结构简单、设计和制造较容易、维修方便，但缺点是时空产率较低，难以适应大规模连续生产以及对传质过程要求严格控制的生产。

2．板框式或压滤机式电化学反应器

如前所述，这类电化学反应器由很多单元反应器组合而成，每一单元反应器都包括电极、板框、隔膜，电极可垂直或水平安放，电解液从中流过，不需另外制作反应器槽体。一台压滤机式电化学反应器的单元反应器数量可达 100 个以上。

压滤机式电化学反应器的特点：

① 单元反应器的结构可以简化及标准化，便于大批量的生产；

② 可选用各种电极材料及膜材料，满足不同的需要；

③ 电极表面的电位及电流分布较为均匀；

④ 可采用多种湍流促进器来强化传质及控制电解液流速；

⑤ 可以通过改变单元反应器的电极面积及单元反应器的数量较方便地改变生产能力，

形成系列，适应不同用户的需要；

⑥ 适于按复极式联接（其优点为可减小极间电压降，节约材料，并使电流分布较均匀），也可按单极式连接。

压滤机式电化学反应器还可组成多种结构的单元反应器。

压滤机式电化学反应器的单极面积增大时，除可提高生产能力外，还可提高隔膜的利用率，降低维修费用及电槽占地面积。

压滤机式电化学反应器的板框可用不同材料制造，如非金属的橡胶和塑料以及金属材料，前者价格较低，但使用时间较短，维修更换耗费时间，后者使用时间长，但价格较高。

在电化学工程中压滤机式电化学反应器已成功用于水电解、氯碱工业、有机合成（如己二腈酯电解合成）以及化学电源（如叠层电池、燃料电池）。

项目四　聚合反应器

聚合反应是把低分子量的单体转化成高分子量的聚合物的过程，实现这一过程的反应器称为聚合反应器。从本质上讲，聚合反应器与前面讨论的其他化学反应器没有多少区别，只是针对聚合反应系统的高黏度、高放热的特点，在解决传热与流动两大问题上采取了一些措施。

一、聚合反应器的类型

聚合反应器的种类多种多样，按反应器的型式可分为搅拌釜（槽）式、塔式和管式反应器，还有一些特殊型式的聚合反应器。聚合反应器的型式，根据聚合工艺的要求而定。同一类反应器有它自己的规律，但可以用于多种反应系统。因此聚合反应工程的任务就是要设法找到聚合反应的特性与聚合反应器的特性两者之间的最佳匹配。下面对部分聚合反应器做一简单介绍，便于读者对它们的特性和应用有个概括性的了解。

二、常用聚合反应器

1. 釜（槽）式聚合反应器

应用最广泛的是釜式聚合反应器，这是进行聚合反应的主要反应器型式。此类反应器的主要特点是依靠搅拌器使物料得以良好的混合。搅拌作用使物料处于流动状态，从而增大了物料与反应器换热面之间的给热系数。在连续操作时，由于物料的返混，使得反应器内反应物料的浓度比进料浓度低得多。在全混流状态下，它就等于反应器的出口浓度。这就大大降低了反应速率，导致放热速率也就大大减小。因此釜式聚合反应器的一个突出优点就在于它缓和了聚合热的去除问题。此外，为了保持非均相聚合中粒子的悬浮，也要依靠搅拌。选用搅拌器的型式主要根据物料的黏度而定，当反应物料黏度较低时，搅拌桨直径与釜径之比可以小些，转速则较快。当黏度较大时，搅拌桨叶直径应增大，并与釜径接近，桨叶末端与反应器内壁空隙减小，这样可以使所有物料都能承受到搅拌作用。但此时转速较慢，也可以达到同样的要求而不使消耗功率过大。当釜的高径比大于 2.0～2.5 时，可设置多层桨，各层间距为桨叶直径的 1.0～1.5 倍。

2. 塔式聚合反应器

塔式聚合反应器多用于连续生产，并且对物料的停留时间有一定要求。在合成纤维中，塔式聚合反应器所占的比例有 30％ 左右，主要用于一些缩聚反应。在本体聚合反应和溶液聚合反应中，应用也很广泛。如生产聚己内酰胺（尼龙-6）的连续塔。单体己内酰胺从顶部加入，这时物料黏度较小，缩聚的初始阶段所生成的水变成气泡从顶部排出，而物料则沿塔下流。由于依靠壁外夹套的加热，使物料黏度不致太高，所以使物料得以依靠重力而流动。塔内还装有横向碟形挡板，使物料返混减少，停留时间均一。对于聚己内酰胺的连续塔，根据其结构不同，还有不少改进的型式。再如本体聚合法生产聚苯乙烯的塔式反应器、三个塔串联操作的苯乙烯连续本体聚合的方塔式反应器等。

3. 管式聚合反应器

在聚合物的生产中，管式反应器的应用远不及在其他化工产品的生产中普遍，只在少部分聚合物的生产中有所运用。在尼龙-66（聚己二酰己二胺）的熔融缩聚生产中，其预聚合反应器即为管式反应器。另一个例子是乙烯的高压聚合，管内压力可达 300MPa 以上，管长可达 1000m。内于物料黏度高，易于粘壁，故操作中常使压力做周期性的脉动，以便把附着于管壁处的物料冲刷下来。

三、特殊型式聚合反应器

实际生产中，除了上述常见的聚合反应器外，还有许多特殊型式的反应器，以便满足一些特殊的聚合体系或者对聚合物的特殊要求。这些特殊类型的聚合反应器都是以处理高黏度下的聚合系统为目的。例如供本体聚合或缩聚后阶段用的所谓后聚合反应器在继续进行聚合的同时，还需要把残余单体或缩聚生成的小分子物质脱除。所以往往一方面要通过间壁传热以保持相当高的温度，一方面还要减压，并且使表面不断更新，以便于小分子的排出。此外，为了防止粘壁或存在死区，在结构上还有种种特殊的考虑。目前特殊型式的聚合反应器中有的已在工业上应用，但更多的还处在研究阶段。

根据反应器的结构型式的不同，特殊型式的聚合反应器有板框式聚合反应器、卧式聚合反应器、捏合机式聚合反应器、螺杆挤出式聚合反应器、履带式聚合反应器、流化床聚合反应器等。

 知识点归纳

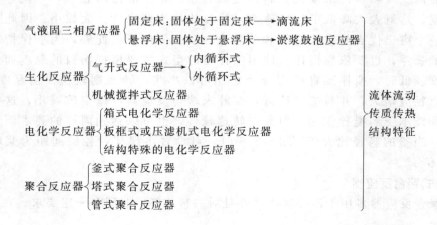

 自测练习

思考题

1. 常用的工业聚合反应器有哪几种型式？简述其工业实例。

2. 查阅资料，聚氯乙烯在工业上是采用什么方法进行生产的？

3. 常用的气液固三相反应器按照床层的性质主要有哪些类型？各举出一些工业实例。

4. 什么是生化反应器？与其他反应器有哪些不同？

5. 生化反应器最常用的分类方法是什么？不同的操作方式有哪些特点？

6. 电化学反应器根据反应器结构和反应器工作方式分为哪几类？

7. 电化学反应器有哪些主要部件？其作用是什么？

8. 试查阅资料了解其他新型反应器的发展动态。

249

附录　高等数学常用微积分公式

一、基本导数公式

(1) $(c)' = 0$

(2) $x^\mu = \mu x^{\mu-1}$

(3) $(\sin x)' = \cos x$

(4) $(\cos x)' = -\sin x$

(5) $(\tan x)' = \sec^2 x$

(6) $(\cot x)' = -\csc^2 x$

(7) $(\sec x)' = \sec x \tan x$

(8) $(\csc x)' = -\csc x \cot x$

(9) $(e^x)' = e^x$

(10) $(a^x)' = a^x \ln a$

(11) $(\ln x)' = \dfrac{1}{x}$

(12) $(\log_a x)' = \dfrac{1}{x \ln a}$

(13) $(\arcsin x)' = \dfrac{1}{\sqrt{1-x^2}}$

(14) $(\arccos x)' = -\dfrac{1}{\sqrt{1-x^2}}$

(15) $(\arctan x)' = \dfrac{1}{1+x^2}$

(16) $(\operatorname{arccot} x)' = -\dfrac{1}{1+x^2}$

(17) $(x)' = 1$

(18) $(\sqrt{x})' = \dfrac{1}{2\sqrt{x}}$

二、基本初等函数的 n 阶导数公式

(1) $(x^n)^{(n)} = n!$

(2) $(e^{ax+b})^{(n)} = a^n \times e^{ax+b}$

(3) $(a^x)^{(n)} = a^x \ln^n a$

(4) $[\sin(ax+b)]^{(n)} = a^n \sin\left(ax+b+n \times \dfrac{\pi}{2}\right)$

(5) $[\cos(ax+b)]^{(n)} = a^n \cos\left(ax+b+n \times \dfrac{\pi}{2}\right)$

(6) $\left(\dfrac{1}{ax+b}\right)^{(n)} = (-1)^n \dfrac{a^n n!}{(ax+b)^{n+1}}$

(7) $[\ln(ax+b)]^{(n)} = (-1)^{n-1} \dfrac{a^n (n-1)!}{(ax+b)^n}$

三、微分运算法则

(1) $\mathrm{d}(u \pm v) = \mathrm{d}u \pm \mathrm{d}v$

(2) $\mathrm{d}(cu) = c\,\mathrm{d}u$　(c 为常数)

(3) $\mathrm{d}(uv) = v\,\mathrm{d}u + u\,\mathrm{d}v$

(4) $\mathrm{d}\left(\dfrac{u}{v}\right) = \dfrac{v\,\mathrm{d}u - u\,\mathrm{d}v}{v^2}$

四、基本积分公式

(1) $\displaystyle\int k\,\mathrm{d}x = kx + c$

(2) $\displaystyle\int x^\mu\,\mathrm{d}x = \dfrac{x^{\mu+1}}{\mu+1} + c$

(3) $\displaystyle\int \dfrac{\mathrm{d}x}{x} = \ln|x| + c$

(4) $\displaystyle\int a^x\,\mathrm{d}x = \dfrac{a^x}{\ln a} + c$

(5) $\displaystyle\int e^x\,\mathrm{d}x = e^x + c$

(6) $\displaystyle\int \cos x\,\mathrm{d}x = \sin x + c$

(7) $\displaystyle\int \sin x\,\mathrm{d}x = -\cos x + c$

(8) $\displaystyle\int \dfrac{1}{\cos^2 x}\,\mathrm{d}x = \int \sec^2 x\,\mathrm{d}x = \tan x + c$

(9) $\displaystyle\int \dfrac{1}{\sin^2 x} = \int \csc^2 x\,\mathrm{d}x = -\cot x + c$

(10) $\displaystyle\int \dfrac{1}{1+x^2}\,\mathrm{d}x = \arctan x + c$

(11) $\displaystyle\int \dfrac{1}{\sqrt{1-x^2}}\,\mathrm{d}x = \arcsin x + c$

参 考 文 献

[1] 张濂，许志美，袁向前编著. 化学反应工程原理. 上海：华东理工大学出版社，2000.
[2] 郭锴，化学反应工程. 第2版. 北京：化学工业出版社，2007.
[3] 袁乃驹，丁富新编著. 化学反应工程基础. 北京：清华大学出版社，1988.
[4] 袁渭康，朱开宏编著. 化学反应工程分析. 上海：华东理工大学出版社，1995.
[5] 陈敏恒，翁元垣编著. 化学反应工程基本原理. 北京：化学工业出版社，1986.
[6] 朱炳辰主编. 化学反应工程. 第5版. 北京：化学工业出版社，2012.
[7] 尹芳华，李为民主编. 化学反应工程基础. 北京：中国石化出版社，2000.
[8] 史子瑾主编. 聚合反应工程基础. 北京：化学工业出版社，1991.
[9] 李绍芬编著. 反应工程. 第2版. 北京：化学工业出版社，2000.
[10] 陈甘棠主编. 化学反应工程. 第2版. 北京：化学工业出版社，2002.
[11] 杨春晖，郭亚军主编. 精细化工过程与设备. 哈尔滨：哈尔滨工业大学出版社，2000.
[12] 周波. 反应过程与技术. 北京：高等教育出版社，2006.
[13] 佟泽民. 化学反应工程. 北京：中国石化出版社，1993.
[14] 赵杰民. 基本有机化工工厂装备. 北京：化学工业出版社，1996.
[15] 戚以政，汪叔雄. 生化反应动力学与反应器. 北京：化学工业出版社，1996.
[16] 陈炳和，许宁. 化学反应过程与设备. 第3版. 北京：化学工业出版社，2014.
[17] 廖晖，辛峰，王富民. 化学反应工程习题精解. 北京：科学出版社，2003.
[18] 王安杰，赵蓓. 化学反应工程学. 北京：化学工业出版社，2005.
[19] 刘承先，文艺. 化学反应器操作实训. 北京：化学工业出版社，2005.
[20] 廖传华，任晓乾，王重庆. 反应过程与设备. 北京：中国石化出版社，2008.